RUANTU DIJI CHULI JISHU

软土地基处理技术

第2版

杨仲元　杨泽良　编著

本书共11章，系统地讲述了软土地基处理技术的发展概况，并对振动水冲法、水泥粉煤灰碎石桩（CFG桩）、强夯法、加筋土法、排水固结法、深层搅拌法、高压喷射注浆法、钻孔咬合桩，以及新工艺的等厚度水泥土搅拌墙等软土地基处理方法的适用土类、作用机理、设计与计算、施工工艺、质量检验及工程实例等做了全面的阐述。全书内容注重吸收新的科技成果，紧密结合工程实际，重点突出，便于自学。

本书适合作为高职高专院校交通土建类专业教学用书，也可作为相关专业的继续教育及职业培训教材，还可供道路桥梁、地下工程、市政工程、铁道工程、建筑工程等专业的工程技术人员参考。

图书在版编目（CIP）数据

软土地基处理技术 / 杨仲元，杨泽良编著. —2版. —北京：中国电力出版社，2021.4
ISBN 978-7-5198-5346-4

Ⅰ.①软…　Ⅱ.①杨…②杨…　Ⅲ.①软土地基—地基处理　Ⅳ.①TU471.8

中国版本图书馆CIP数据核字（2021）第022646号

出版发行：中国电力出版社
地　　址：北京市东城区北京站西街19号（邮政编码100005）
网　　址：http：//www.cepp.sgcc.com.cn
责任编辑：王晓蕾（010-63412610）
责任校对：黄　蓓　李　楠
装帧设计：赵姗姗
责任印制：杨晓东

印　　刷：三河市万龙印装有限公司
版　　次：2009年7月第一版　2021年4月第二版
印　　次：2021年4月北京第四次印刷
开　　本：787毫米×1092毫米　16开本
印　　张：14.5
字　　数：356千字
定　　价：48.00元

前　言

随着我国交通强国建设、城镇化建设的不断推进，高层建筑越来越多，地下工程快速发展，高速公路和城市基础设施大量涌现，对现代土木工程提出了更高标准的要求。由于沿海地区和内陆平原地带广泛地分布着软土地层，在软土地基上从事工程建设活动，对于软土地基性质的研究、加固处理技术的探索已成为土木工程界所瞩目的重点、难点和热点。

众多的软土地基处理方法，不仅适用于黏土、淤泥等软土地基，同时对于松散地层，如粉土、杂填土、黄土等地基土层也能酌情应用，故在编写过程中一并予以介绍。为了突出实用性和针对性，本书讲述了振动水冲法、水泥粉煤灰碎石桩（CFG 桩）、强夯法、加筋土法、排水固结法、深层搅拌法、高压喷射注浆法、钻孔咬合桩，以及新工艺的等厚度水泥土搅拌墙等多种常见软土地基处理方法，全面介绍了各种方法的概念、加固机理、设计计算、施工工艺、质量检验和工程案例。全书内容简明扼要、通俗易懂、理实结合、图文并茂，可提高教学和学习效果。

为了适应《建筑地基处理技术规范》（JGJ 79—2012）、《建筑地基基础工程施工质量验收标准》（GB 50202—2018）、《公路路基施工技术规范》（JTG/T 3610—2019）等新规范的内容变化，编者逐章进行了完善与修订。特别是在第 1 版的基础上，本书增加了等厚度水泥土搅拌墙技术。

参加本书编写工作的有浙江交通职业技术学院杨仲元（第 1、2、3、4、5、8 章），浙江大学杨泽良（第 6、7、9、10、11 章）。本书由杭州市地铁集团有限责任公司龙军主审。

限于编者的水平，书中难免有缺点、错误和不足之处，敬请读者批评指正。

编著者

第1版前言

改革开放30年来，我国的国民经济建设取得了飞速发展，许多高楼大厦拔地而起，各种城市基础设施建设日臻完备。作为国民经济重大支柱产业之一的交通土建行业，遇到了空前发展的良好机遇。特别在经济发达的沿海地区和内陆平原地带，其发展速度更为迅猛。

由于沿海地区和内陆平原地带广泛地分布着软土地层，在软土地基上从事工程建设活动，对于软土地基性质的研究、加固处理技术的探索，无疑成为土木工程界所关注的重点、难点和热点。编者针对目前经常使用的各种软土地基处理方法，从机理分析到设计计算、施工工艺、检测手段等全方位做了比较详细的介绍，并附有较为典型的工程实例，力求系统性、完整性和实用性。

众多的软土地基处理方法，不仅适用于黏土、淤泥等软土地基，同时对于松散地层，如粉土、杂填土、黄土等地基土层也能酌情应用，故在编写过程中一并予以介绍。

参加本书编写工作的有浙江交通职业技术学院杨仲元（第1、2、5、7、10章），石家庄铁道职业技术学院吕玉梅（第9章、附录1、附录2），吉林交通职业技术学院王东杰（第3、8章），南京交通职业技术学院汪莹（第4章），吉林交通职业技术学院姜仁安、郭梅（第6章）。

由于编者学识水平有限，书中难免有缺点、错误和不足之处，恳请读者批评指正。

编　者

目　　录

第1章　概　　述

知识目标

1. 了解软土地基处理的目的与意义。
2. 掌握各种处理方法的分类与适宜的土类。
3. 能够描述各种处理方法的加固机理。
4. 了解软土地基处理的基本原则。

软土地基处理加固问题是工程建设中的技术关键之一，并在很大程度上控制着工程投资总额和工期的长短。它的任务在于减小地基变形和减少建（构）筑物的沉降量，提高地基承载能力，保证上部结构的安全和正常使用。但是，软土具有多相性、高压缩性以及时空变异性而表现出十分复杂的力学性能，国内各地区的地形、地质条件也有较大差别，这也给地基处理增加了很大的难度。

软土地基处理是岩土工程领域最新发展迅速的一门学科，在我国改革开放40多年来的建设和经济发展中起着重要的作用。它是以土力学为基本原理，以工程勘测、设计、施工、监测及检测为基本内容的综合性技术学科，是土木工程的一个组成部分。到目前为止，我们掌握了一些处理方法，改进了处理工艺，建造起道路、桥梁、港湾海堤、城市轨道、高层建筑以及工业厂房等。但是应当承认，目前软土地基处理的理论与工程实践之间还有相当大的差距，仍然是有待进一步发展和试验的学科。

1.1　软土地基处理的目的与意义

为了保证道路、桥梁、港湾海堤、城市轨道、高层建筑以及工业厂房等建（构）筑物的结构安全和正常使用，减少下述不利因素造成的影响，必须进行地基处理。

（1）当地基的抗剪强度不足以支承上部结构的自重及外荷载时，地基就会产生局部或整体的剪切破坏。

（2）当地基在上部结构的自重及外荷载作用下产生过大的变形时，会影响结构物的正常使用，特别是超过建筑物所允许的不均匀沉降量时，结构可能开裂破坏。沉降量较大时，不均匀沉降量往往也较大。

（3）渗漏是由于地下水在运动中出现了问题，地基的渗漏量或水力比降超过允许值时，会发生水量损失，或因潜蚀和管涌可能导致失事。渗漏也影响地基处理施工和施工质量。

（4）动力荷载（包括地震、机器及车辆振动、波浪和爆破等）的作用可能会引起软土地基土失稳和震陷等危害。

软土地基只要存在以上某一个或几个问题就须进行处理。如何进行处理，如何做到经济、合理、有效，这就要从本书中选择恰当的软土地基处理技术。所以地基处理的重要性目前已被越来越多的人所认识。

软土地基处理的具体意义在于以下几点；

（1）对软土地基进行改造和加固，改善地基土的剪切特性、压缩特性、渗透特性、动力特性。

（2）提高软土地基的强度和稳定性，降低地基的压缩性，减少沉降和不均匀沉降。

（3）防止地震时软土地基的震动液化、消除区域性土的湿陷性、膨胀性和冻涨性。

（4）软土地基经过处理后，防止各类建（构）筑物倒塌、下沉、倾斜等恶性事故的发生，确保上部基础和建（构）筑物的使用安全和耐久性。

（5）代替造价高昂的深基础或桩基础，具有较好的经济效益。

1.2 软土地基处理技术的发展概况

最近30年来，国内外在软土地基处理技术方面发展十分迅速，传统方法得到改进，新的技术不断涌现。例如：20世纪60年代中期，从如何提高土的抗拉强度这一思路中，发展出了土的“加筋法”；从如何提高土的排水固结这一观点出发，发展了土工聚合物、砂井预压和塑料排水带技术；从如何进行深层密实处理方法考虑，采用了加大击实功的“强夯法”和“振动水冲法”等。现代工业的发展给地基工程提供了先进的生产手段，如制造重达几十吨的专用地基加固施工机械（“强夯法”使用的起重机械）；潜水电动机的出现，带来了“振动水冲法”；真空泵的问世，才会出现“真空预压法”；开发出了大于20MPa的压缩空气机，从而产生了“高压喷射法”。深基坑支护工程的建设发展，“咬合桩”的新技术也随之开发出来，而后在地铁建设中得到广泛应用。

随着科技发展，人们在改造土的工程性质的同时，不断丰富了对土的特性研究和认识，从而又进一步推动了软土地基处理技术和方法的更新，因而成为土力学基础工程领域中一个较有生命力的分支。

近年来，工程建设规模不断扩大，在建筑、水利、石化、电力、交通和铁道等土木工程建设中，人们越来越多地遇到不良地基问题，各种不良地基需要进行地基处理才能满足建造上部构筑物的要求。地基处理是否恰当关系到整个工程质量、进度和投资。合理地选择地基处理方法和基础形式是降低工程造价的重要手段之一。因此，地基处理日益得到工程建设部门的重视。

全国地基处理学术讨论会已召开了十五届，其影响日益广泛。同时，国内在各种地基处理技术的普及和提高两个方面都得到较大发展，积累了丰富的经验。中国建筑科学研究院会同有关高等院校和科研单位，组织编写了《建筑地基处理技术规范》（JGJ 79—2012）。上海、天津、广东、深圳、浙江、福建等地还编制了有关地区性地基和地基处理规范。

近几年来，地基处理的发展主要表现在以下几个方面。

（1）对各种地基处理方法的适用条件和优、缺点有了进一步的认识，在根据工程实际选用合理的地基处理方法上减少了盲目性；能够注意从实际出发，因地制宜，选用技术先进、确保质量、经济合理的地基处理方案；对有争议的问题，能够采取科学的态度，注意调查研究，开展试验研究，在确定地基处理方案时持慎重态度；能够注意综合应用多种地基处理方法，使选用的地基处理方案更加合理。

(2) 地基处理能力的提高。一方面，已有的地基处理技术本身发展较快，如施工机具、工艺的改进，使地基处理能力得以提高；另一方面，近年来各地在实践中因地制宜，发展了一些新的地基处理方法，取得了很好的社会、经济效益。各类地基处理技术的发展情况将在本章后面介绍。

(3) 复合地基理论和数值计算的发展。随着地基处理技术的发展和各种地基处理方法的推广使用，复合地基概念在土木工程中得到广泛应用。工程实践要求加强对复合地基理论的研究。然而，目前对复合地基承载力和变形计算理论的研究还很不够，复合地基理论正处于发展之中，还不够成熟，甚至对什么是复合地基，无论是学术界还是工程界目前尚未统一认识。

复合地基是指部分土体被增强或置换形成增强体，并由增强体和周围地基土共同承担荷载的地基。加固区是由基体（天然地基土体）和增强体两个部分组成的人工地基。加固区整体是非均质和各向异性的。根据地基中增强体的方向，又可分为纵向增强体和横向增强体复合地基。

纵向增强体复合地基根据纵向增强体的性质，可分为散体材料桩复合地基和柔性及半刚性桩复合地基（见图1-1）。

- 复合地基
  - 纵向增强体复合地基
    - 散体材料桩复合地基（如碎石桩复合地基、砂桩复合地基等）
    - 柔性及半刚性桩复合地基［如深层搅拌桩、旋喷桩、水泥粉煤灰碎石（CFG桩）等复合基地］
  - 横向增强体复合地基（主要包括由各种加筋材料，如土工聚合物、金属材料格栅等形成的复合地基）

图1-1 复合地基的分类

横向增强体复合地基、散体材料桩复合地基和柔性桩复合地基的荷载传递机理是不同的，应该分别加以研究。国内也有人狭义地将通过以桩柱形式置换形成的由填料与地基土相互作用并共同承担荷载的地基定义为复合地基。

复合地基有两个基本特点：①由基体和增强体组成，是非均质和各向异性的；②在荷载作用下，基体和增强体共同承担荷载。第二个特点使复合地基区别于桩基础。

一般说来，荷载是先传给桩，然后通过桩侧摩阻力和桩底端承力把荷载传递给地基土体的。若钢筋混凝土摩擦桩桩径较小，桩距较大，形成所谓疏桩基础，桩土共同承担荷载，也可视为复合地基，应用复合地基理论来计算。

人工地基中有均质地基、双层地基和复合地基等。事实上，对人工地基进行精确分类是很困难的。大家知道，天然地基是非均质、非连续、各向同性的半无限体。但天然地基往往是分层的。而对于每一层土，土体的强度和刚度也是随着深度的变化而变化的。

天然地基需要进行地基处理时，被处理的区域在满足设计要求的前提下尽可能小，以求较好的经济效果。各种地基处理方法在加固地基的原理上又有很大差异。因此，将形成的人工地基进行精确分类是很困难的；然而，上述的分类有利于我们对各种人工地基的承载力和变形计算理论的研究。按照上述思路，常见的各种地基（包括天然地基和人工地基）大致上可分为均质地基、双层地基（或多层地基）、复合地基和桩基四大类。以往人们对均质地基和桩基础的承载力和变形计算理论研究得较多，而对双层地基和复合地基的计算理论研究得则较少，特别是对复合地基，其承载力和变形计算的一般理论尚未形成，需加强研究。

国内学者对碎石桩复合地基研究的较多，通过荷载试验积累了不少资料，并提出多个碎石桩复合地基承载力计算公式。随着深层搅拌法和高压喷射注浆法形成的水泥土桩的应用，人们开始注意柔性桩复合地基的研究。小桩技术的应用还促使人们注意小桩复合地基设计计算方法的研究。复合地基承载力计算应以增强体和天然地基土体共同作用为基础。对于桩体复合地基，人们不仅注意散体材料桩和柔性桩的承载力研究，还应注意桩间土承载力的研究。以前，人们用天然地基承载力作为桩间土承载力，现在则已开始考虑由固结引起强度增大、周围桩体的围护、成桩过程中的挤压以及扰动等因素对桩间土承载力的影响。近年来，人们对桩土应力比的确定及影响因素开展了大量研究。试验资料分析表明，桩土应力比除与桩体性质、桩距、天然地基承载力，复合地基强度发挥度等因素密切相关之外，还与施工方法、质量控制等因素有关。桩土应力的确定通常采用现场荷载试验，其测定值也受荷载板尺寸的影响。近几年来，各类复合地基承载力与变形计算的研究工作越来越受到人们的重视。然而，复合地基的计算理论发展还远不能适应和满足工程实践的要求。

1.3 软土地基处理方法及其适用条件

1.3.1 地基处理方法的分类与加固机理

地基处理按处理深度分为浅层处理和深层处理；按土性对象可分为砂性土处理和黏性土处理、饱和土处理和非饱和土处理；也可按照地基处理的作用机理进行分类。一般按地基处理的作用机理进行的分类方法较为妥当，它体现了各种处理方法的主要特点。

地基处理的基本方法包括置换、夯实、挤密、排水、胶结、加筋等。这些方法都是多年以来的有效方法。值得注意的是，很多地基处理的方法效果多样。例如碎石桩具有置换、挤密、排水和加筋的多重作用；石灰桩又挤密又吸水，吸水后又进一步挤密等。因此，采用一种处理方法可能具有多种处理效果，现将各种地基处理方法汇总于表1-1中。

表1-1　　处理方法的分类与加固机理

名称	方　法	地基处理的加固机理	适宜的土类
换土垫层法	垫层法	其基本原理是挖除浅层软弱土或不良土，分层碾压或夯实土，按回填的材料可分为砂（或砂石）垫层、碎石垫层、粉煤灰垫层、干渣垫层、土（灰土、二灰）垫层等。干渣分为分级干渣、混合干渣和原状干渣；粉煤灰分为湿排灰和调湿灰。换土垫层法可提高持力层的承载力，减少沉降量；消除或部分消除土的湿陷性和胀缩性；防止土的冻胀作用及改善土的抗液化性。常用机械碾压、平板振动和重锤夯实进行施工	浅层较弱地基及不均匀地基
	强夯挤淤法	采用边强夯、边填碎石、边挤淤的方法，在地基中形成碎石墩体。可提高地基承载力和减小变形	高饱和度粉土与软塑至流塑的黏性土

续表

名称	方 法	地基处理的加固机理	适宜的土类
振冲挤密法	表层压实法	采用人工或机械夯实、机械碾压或振动对填土、湿陷性黄土、松散无黏性土等软弱或原来比较疏松表层土进行压实。也可采用分层回填压实加固	浅层较弱地基及不均匀地基
	重锤夯实法	利用重锤自由下落时的冲击能来夯击浅层土，使其表面形成一层较为均匀的硬壳层	浅层填土，疏松非黏性土，非饱和黏性土，湿陷性黄土
	强夯法	利用强大的夯击能，迫使深层土液化和动力固结，使土体密实，用以提高地基土的强度并降低其压缩性，消除土的湿陷性、胀缩性和液化性	碎石土、砂土、低饱和度的粉土与黏性土、湿陷性黄土、素填土和杂填土等
	振冲挤密法	振冲挤密一方面依靠振冲器的强力振动使饱和砂层发生液化，颗粒重新排列，孔隙比减少：另一方面依靠振冲器的水平振动力，形成垂直孔洞，在其中加入回填料，使砂层挤压密实	砂土、粉土粉质黏土、素填土和杂填土等
	土（或灰土、粉煤灰加石灰）桩法	利用打入钢套管（或振动沉管、炸药爆破）在地基中成孔，通过“挤”压作用，使地基土得到加“密”，然后在孔中分层填入素土（或灰土、粉煤灰加石灰）夯实而成土桩（或灰土桩、二灰桩）	地下水位以上的湿陷性黄土、杂填土、素填土等，地下水位以下则宜采用水泥土桩
	砂桩	在松散砂土或人工填土中设置砂桩，能对周围土体产生挤密作用，或同时产生振密作用。可以显著提高地基强度，改善地基的整体稳定性，并减少地基沉降量	松散砂土、粉土、黏性土、素填土、杂填土等
	爆破法	利用爆破产生振动使土体产生液化和变形，从而获得较大密实度，用以提高地基承载力和减小沉降	饱和净砂。非饱和的但经灌水饱和的砂、粉土、湿陷性黄土
排水固结法	堆载预压法	在建造建筑物以前，通过临时堆填土石等方法对地基加载预压，达到预先完成部分或大部分地基沉降，并通过地基土固结提高地基承载力，然后撤除荷载，再建造建筑临时的预压堆载，一般等于建筑物的荷载，但为了减少由于次固结而产生的沉降，预压荷载也可大于建筑物荷载，称为超载预压。为了加速堆载预压地基固结速度，常可与砂井法或塑料排水带法等同时应用。如果黏土层较薄，透水性较好，也可单独采用堆载预压法	淤泥质土、淤泥和冲填土等饱和黏性土地基
	砂井法	在软黏土地基中，设置一系列砂井，在砂井之上铺设砂垫层或砂沟，人为地增加土层固结排水通道，缩短排水距离，从而加速固结，并加速强度增长。砂井法通常辅以堆载预载压，称为砂井堆载预压法	对深厚软黏土地基设塑料排水带或砂井等排水竖井
	真空预压法	在黏土层上铺设砂垫层，然后用薄膜密封砂垫层，用真空泵对砂垫层及砂井抽气和抽水，使地下水位降低，同时在大气压力作用下加速地基固结	能形成加固区，稳定负压边界条件的软土地基
	降低地下水位法	通过降低地下水位使土体中的孔隙水压力减小，从而增大有效应力，促进地基固结	地下水位接近地面而开挖深度不大，特别适用于饱和粉、细砂地基

续表

名称	方　法	地基处理的加固机理	适宜的土类
排水固结法	电渗排水法	在土中插入金属电极并通以直流电，由于直流电场作用，土中的水从阳极流向阴极，然后将水从阴极排除，且不让水在阳极附近补充，借助电渗作用可逐渐排除土中水。在工程上常利用这种方法降低黏性土中的含水量或降低地下水位来提高地基承载力或边坡的稳定性	饱和软黏土地基
置换法	振冲置换法	碎石桩法是利用一种单向或双向振动的冲头，边喷高压水流边下沉成孔，然后边填入碎石边振实，形成碎石桩。桩体和原来的黏性土构成复合地基，以提高地基承载力和减小沉降	砂土、粉土、粉质黏土、素填土和杂填土等地基
	石灰桩法	在软弱地基中用机械成孔，填入作为固化剂的生石灰并压实形成桩体，利用土与石灰的物理化学作用，改善桩体周围土体的物理力学性能，同时桩与土形成复合地基，以达到地基加固的目的	饱和黏性土、淤泥、淤泥质土、素填土和杂填土等地基
	强夯置换法	对厚度小于6m的软弱土层，边夯边填碎石，形成深度3～6m、直径为2cm左右的碎石柱体，与周围土体形成复合地基	软塑至半固体的黏性土等地基
	水泥粉煤灰碎石桩（CFG桩），低标号素混凝土桩（LCG桩）	在碎石桩基础上加进一些石屑、粉煤灰和少量水泥，加水拌和，用振动沉管打桩机或其他成桩机具制成的一种具有一定黏结强度的桩。桩和桩间土通过褥垫层形成复合地基。当无粉煤灰时可用低强度等级水泥代替	黏性土、粉土、砂土和已自重固结的素填土等地基
加筋法	土工聚合物	利用土工聚合物的高强度、韧性等力学性能，扩散土中应力，增大土体的抗拉强度，改善土体或构成加筋土以及各种复合土工结构	砂土、黏性土和素填土，或用作反滤、排水和隔离作用
	加筋土	把抗拉能力很强的拉筋埋置在土层中，通过土颗粒和拉筋之间的摩擦力形成一个整体，用以提高土体的稳定性	较密实的黏性土和素填土等地基
	土钉	在土体内放置一定长度和分布密度的土钉体，与土共同作用，用以弥补土体自身强度的不足。不仅提高了土体整体刚度，又弥补了土体的抗拉和抗剪强度的弱点，显著提高了整体稳定性	开挖支护和天然边坡的加固
	树根桩法	在地基中沿不同方向，设置直径为75～250mm的细桩，可以是竖直桩，也可以是斜桩，形成如树根状的群桩，以支撑结构物；可用以挡土，稳定边坡	淤泥、淤泥质土、黏性土、粉土、砂土、碎石土、黄土和人工填土等地基
	土层锚杆	土层锚杆是依赖于土层与锚固体之间的固结强度来提供承载力的，它使用在一切需要将拉应力传递到稳定土体中的工程结构，如边坡稳定、基坑围护结构的支护，地下结构抗浮、高耸结构抗倾覆等	一切需要将拉应力传递到稳定土体中的工程

续表

名称	方 法	地基处理的加固机理	适宜的土类
胶结法	注浆法	用压力泵把水泥或其他化学浆液注入土体，以达到提高地基承载力、减小沉降、防渗、堵漏等目的	砂土、粉土、黏性土和人工填土等地基
	高压喷射注浆法	将带有特殊喷嘴的注浆管通过钻孔置入需要处理土层的预定深度，然后将水泥浆液以高压冲切土体，在喷射浆液的同时，以一定的速度旋转、提升，形成水泥土圆桩体。可以提高地基承载力、减少沉降，防止砂土液化、管涌和基坑隆起	淤泥、淤泥质土、流塑软塑或可塑黏性土、粉土、砂土、黄土、素填土和碎石土等地基
	水泥土搅拌法	利用水泥、石灰或其他材料作为固化剂的主剂，通过特制的深层搅拌机械，在地基深处就地将软土和固化剂（水泥或石灰的浆液或粉体）强制搅拌，形成坚硬的拌合柱体，与原地层共同形成复合地基	淤泥与淤泥质土、粉土、素填土、黏性土以及无流动地下水的饱和松散砂土等地基
其他	柱锤冲扩法	宜用直径 50～120cm，长度 1.5～3m，质量 8～20t 的柱状锤进行，孔内可分多次填入碎砖和碎石或生石灰，边冲击边将填料挤入孔壁及孔底，冲击复打成孔，成为加固后的复合地基	杂填土、粉土、素填土和黄土、块石填土等地基
	锚杆静压桩	结合锚杆和静压桩技术而发展起来的，它是利用建筑物的自重作为反力架的支撑，用千斤顶把小直径的预制桩逐段压入地基，在将桩顶和基础紧固成一体后卸荷，以达到减少建筑物沉降的目的	加固处理淤泥质土、黏性土、人工填土和松散粉土
	热桩技术 解决多年冻土	冻土，严格地说应该叫“含冰土壤”，或者叫“温度低于零摄氏度的土壤或岩石”。这种土在冻结时，它的强度很大，但是一旦温度上升，土中的冰发生融化，就会使原先的承载力大大降低，采用热桩处理技术可有效提高多年冻土地基的稳定性和承载力，防止地基发生冻胀	永冻土
	沉降控制复合桩基	指桩与承台共同承担外荷载，按沉降要求确定用桩数量的低承台摩擦桩基。目前，我国的上海地区沉降控制复合桩基中的桩，宜采用桩身截面边长 25cm、长细比在 80 左右的预制混凝土小桩，同时工程中实际应用的平均桩距一般在 5～6 倍桩径	较深厚较弱地基土，以沉降控制为主的八层以下多层建筑
	钻孔咬合桩	钻孔咬合桩的排列方式为超缓凝型混凝土 A 桩和钢筋混凝土 B 桩间隔布置，施工时先施工 A 桩后施工 B 桩，并要求 A 桩的超缓凝混凝土初凝之前必须完成 B 桩的施工。B 桩施工时采用全套管钻机切割掉相邻 A 桩相交部分的素混凝土，从而实现咬合。 由于在桩与桩之间形成相互咬合排列的，钻孔咬合桩具有支护加固、承重和止水三重功能	黏性土、砂性土等土层、小颗粒（直径小于 50mm）砂砾层等，特别是砂性土层、地下水丰富易产生流砂、管涌等不良条件地质及城市建筑物密集区的地基支护结构
	水泥土搅拌墙	通过将链锯型刀具插入地基至设计深度后，在全深度范围内对成层地基土整体上下回转切割喷浆搅拌，并持续横向推进，构筑成上下强度均一的等厚度连续水泥土搅拌墙	

为了突出重点、掌握、涵盖新技术，本书只针对较为常用的软土地基处理方法，即振动水冲法、水泥粉煤灰碎石桩（CFG 桩）、强夯法、加筋土法、排水固结法、深层搅拌法、高压喷射注浆法，以及新工艺的钻孔咬合桩、水泥土搅拌墙等多种处理方法进行了较详细的介绍。

1.3.2 各种处理方法的适用条件

表 1 - 2 为常用地基处理方法的适用土质情况、加固效果和所能达到的最大有效处理深度，可供参考应用。

表 1 - 2　　常用处理方法的适用范围和加固效果

按处理深浅分类	序号	处理方法	适用情况						加固效果				最大处理深度/m
			淤泥质土	人工填土	黏性土		非黏性土	湿陷性黄土	降低压缩性	提高抗剪性	形成不透水性	改善动力特性	
					饱和	非饱和							
浅层加固	1	换土垫层法	*	*	*	*		*	*	*		*	3
	2	机械碾压法		*		*	*	*	*	*			3
	3	子板振动法		*		*	*	*	*	*			10
	4	重锤夯实法		*		*	*	*	*	*			10
	5	土工聚合物法	*		*				*	*			
深层加固	6	强夯法		*		*	*	*	*	*		*	20
	7	砂桩挤密法	慎重	*	*	*	*		*	*		*	20
	8	振动水冲法	慎重	*	*	*	*		*	*		*	18
	9	灰土桩挤密法		*		*		*	*	*		*	15
	10	石灰桩挤密法	*		*	*			*	*			15
	11	砂井堆载预压法	*		*				*	*			15
	12	真空预压法	*		*				*	*			15
	13	降水预压法	*		*				*	*			30
	14	电渗排水法	*		*				*	*			20
	15	水泥灌浆法	*		*	*	*	*	*	*	*	*	20
	16	硅化法			*	*	*	*	*	*	*	*	20
	17	电动硅化法	*		*				*	*	*		
	18	高压喷射注浆法	*	*	*	*	*		*	*	*		20
	19	深层搅拌法	*		*	*			*	*	*		18
	20	粉体喷射搅拌法	*		*	*			*	*	*		13
	21	热加固法				*		*	*	*			15
	22	冻结法	*	*	*	*	*	*		*	*		
	23	咬合桩	*	*	*	*	*	*	*	*			30
	24	水泥土搅拌墙	*	*	*	*	*	*	*	*			30

注：* 表示适用土层。

1.3.3 软土地基处理发展中存在的问题

近30多年来，我国地基处理技术得到很大的发展，为了进一步提高地基处理特别是高含水量厚度大的软基处理水平，了解与讨论发展中存在的问题是必要的。目前存在的问题主要有以下几个方面。

1. 未能合理选用处理方案

在选用地基处理方案时存在一定的盲目性。例如，饱和软黏土地基不适宜采用振密、挤密法加固，强夯法不适宜于高含水量软土地基。根据工程地质条件、上部结构特点和地基加固原理，针对性地合理选用处理方案至关重要。目前，通常对几个技术上可行方案进行比较优化不够。可以说，方案的选择是地基处理成败与投资多少的最关键环节。

2. 设计的针对性不够

有了一种合理的处理方法，但若不能针对具体工程的各方面条件（特别是广东地区地质条件复杂且变化很大的情况下）进行细致考虑、优化设计，往往得不到理想的效果。在许多软基处理设计参数的确定中，控制合适的“度”是非常重要的。

3. 施工问题影响地基处理质量

这方面的典型例子之一是深层搅拌桩施工。上海市建委曾发文在上海市区禁用喷粉深层搅拌法，接着不少地区也采取类似措施。深层搅拌法不能满足地基处理要求不是深层搅拌技术本身不成熟，也不是深层搅拌法加固地基设计方法不正确。造成施工质量存在问题的根本主要是施工单位素质和施工机械两方面问题。地基处理施工队伍的快速扩张，使绝大多数施工队伍缺乏必要的技术培训，熟练技术工人缺乏是普遍现象；现行体制中，重视总包单位是否具有高资质，而忽视对具体施工实体的资质考核与管理，于是难以形成熟练的专业化施工队伍。此外，还存在偷工减料现象。其他地基处理方法或多或少也存在类似问题。

需要特别指出的是，对于软基处理，目前常常忽视对信息化施工的重视，以至于不能及时发现与处理问题，造成质量后患。

4. 施工机械简陋影响地基处理水平和质量

近30多年来，我国地基处理施工机械发展很快，许多已形成系列化产品；但应看到与我国工程建设需要相比较，施工机械技术的差距还很大。还以深层搅拌法为例，不能很好保证施工质量不仅与施工单位队伍素质有关，也与目前应用的施工机械水平有关，简单的机械要保持稳定良好的施工质量是困难的。

5. 地基处理理论落后于实践

从实践—理论—再实践的角度看，实践先于理论是一般规律，对土木工程及软土工程更是如此。但重视理论研究，用理论指导实践也是很重要的。对地基处理的各种施工方法及一般理论缺乏深入、系统的研究也是发展中存在的问题。

6. 不少施工方法缺乏可靠的质量监测与检验手段

可靠的质量监测与检验手段是保证施工质量的重要措施，目前不少施工方法缺乏这样的质量检验手段。

7. 人为因素干扰

目前，一些地基处理项目，因受到“政绩”因素的影响，要赶工期，不按地基处理自身固有科学规律办事，往往导致工程质量受到严重影响，并且会造成巨大的经济浪费。

1.3.4 对今后软土地基处理发展的几点意见

随着基本建设规模的发展，人们将愈来愈多地遇到软土及不良地基的处理问题。笔者认为在今后软土地基处理发展中应重视下述几个方面的问题。

（1）软土地基处理的设计和施工应符合技术先进、确保质量、安全适用、经济合理和环境保护的要求。各种地基处理方法都有一定的适用范围，在选用时一定要特别重视。提倡用多因素法优选地基处理方案。根据前些年发展情况看，因地制宜特别重要。对大、中型工程，要强调通过现场试验提供设计参数，检验处理效果。

（2）进一步研究各种地基特别是饱和软土地基处理的加固机理与软土工程性质，为优化设计及施工提供更为坚实、可靠的基础。

（3）提倡与发展信息化施工技术，实行软基处理的过程控制与点的控制，确保施工质量。

（4）注意发展能消纳工业废料与减少对环境不利影响的地基处理技术。

（5）重视复合地基理论的研究。与均质地基的桩基承载力和变形计算理论相比，复合地基计算理论还很不成熟，正处于发展过程中。为了满足工程实践的要求，应重视复合地基一般理论的研究，开展复合材料以及各类复合土体基本性状的研究。

（6）在发展软基处理技术理论的同时，还应重视研制先进的软基处理机械设备，开发多功能的地基加固机械。因地制宜，广泛发展适用于各地、各种条件下软基处理施工技术，避免片面性。

（7）进一步重视软基处理过程中的监测与检测工作，进行质量控制，保证地基处理施工质量，努力研究、开发新的可靠的监测与检测地基处理效果的方法。

（8）在软土地基处理的研究工作中应重视科研、高校、设计和施工单位的协作，共同努力，不断提高软土地基处理水平。

（9）既要重视普及工作，又要重视在普及基础上提高。要提高从事地基及软土地基处理工作队伍的整体素质；其中不仅包括人们对现有地基处理技术的认识，包括机具、施工工艺的提高，还包括新的地基处理技术的发展。

（10）有意识地去逐渐建立地基处理信息库。信息库可以包括在各种工程及水文地质、上部建筑物特点、工期要求等条件下地基处理方法的选择实例与建议，以及最新技术发展等。信息库可由地区做起，逐步向全省甚至全国联通，建议最好由政府建设主管部门牵头负责。

1.4 软土地基处理的基本原则与方法选用

任意一种软土地基处理方法都有其适用范围、局限性和优缺点，没有一种方法是万能的。在具体的地基处理工程，情况是非常复杂的，工程地质条件千变万化，具体的处理要求也各不相同，而且各施工单位的设备、技术、材料也不同。所以，对每一项具体地基处理工程要进行具体细致分析，应从地基条件、处理要求（包括经处理后地基应达到的各项指标、处理的范围、工程进度等）、工程费用以及材料、设备等方面进行综合考虑，以确定合理的地基处理方法。合理的地基处理方法原则上一定要技术上是可靠的，经济上是合理的，且同时能满足施工进度要求。对于一个具体工程可以采用一种地基处理方法，也可采用两种或两种以上的地基处理方法。在确定地基处理方法时，还要注意节约能源以及环境保护，避免因为地基处理对地表水或地下水产生污染以及设备噪声对周围环境产生的不良影响等。

1.4.1 基本原则

（1）基本原则。软土处理应以“安全适用，技术先进，经济合理，确保质量，保护环境”为基本原则。

（2）应考虑的因素：

①设计基准期内预定功能；

②场地条件、土性质及其变化；

③工程结构特点；

④施工环境，相邻工程的影响；

⑤施工技术条件对设计实施的可行性；

⑥地方材料及设备资源；

⑦投资和工期；

⑧对环境与社会的影响。

（3）注意场地条件、防治灾害。应充分搜集场地的地形、地质、水文、水文地质等资料，作为设计的依据。场地可能出现的自然灾害，如暴雨、洪水、地震、滑坡、泥石流等；由于工程建设引起的灾害，如采空塌陷、抽水塌陷、边坡失稳、管涌、突水等；均应在勘察、预测和评价的基础上，采取有效防治措施。

（4）合理选用岩土参数。选用岩土参数时，应注意其非均质性与参数测定方法、测定条件与工程原型之间的差异、参数随时间和环境的改变，以及由予工程建设而可能产生的变化等。

由于土体参数是随机变量与模糊量，故在划分工程地质单元的基础上，应进行统计分析，算出各项参数的平均值、标准差、变异系数；确定其特征值和设计值。在选定测试方法时，应注意其适用性。

（5）定性分析与定量分析结合。定性分析是岩土工程分析的首要步骤和定量分析的基础。对于下列问题一般只作定性分析：

①工程选址和场地适宜性评价；

②场地地质背景和地质稳定性评价；

③土体性质的直观鉴定。

定量分析可采用解析法、图解法或数值法，都应有足够的安全储备以保证工程的可靠性。考虑安全储备时，可用定值法或概率法。

定性分析和定量分析，都应在详细占有资料的基础上，运用较为成熟的理论和类似工程的经验，进行论证，并宜提出多个方案进行比较。

（6）注意与结构设计的配合。在软土工程设计中，岩土工程师与上部结构工程师应密切配合，使岩土工程设计与上部结构工程设计协调一致。

1.4.2 方法选用

软土地基处理技术的方法选用可按以下程序来进行设计（见图1-2）。

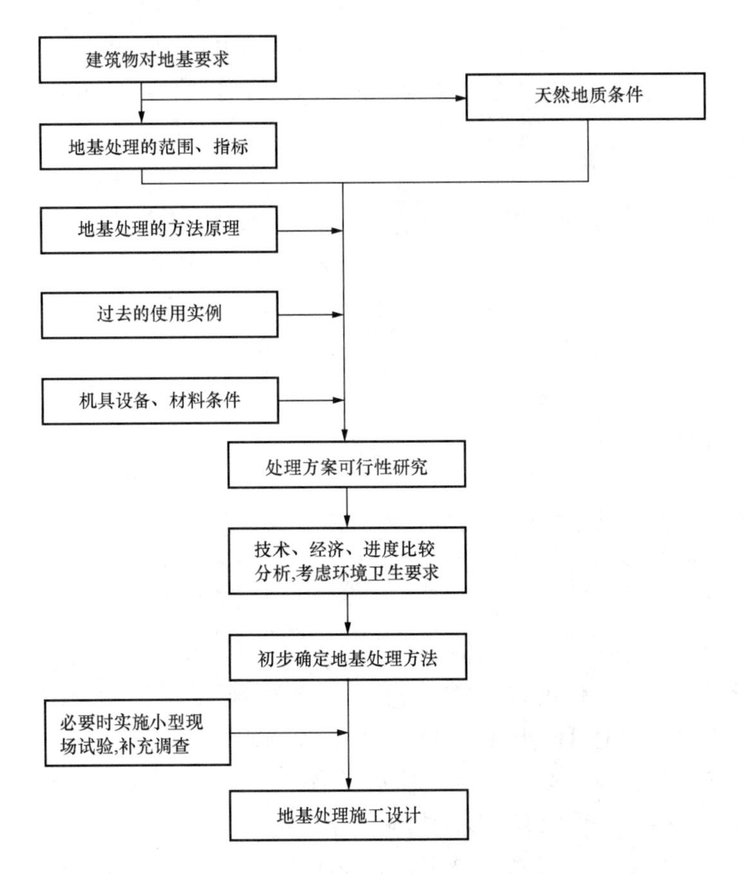

图1-2　软土地基处理方法的程序

选用地基处理方法时，应考虑以下几点内容。

（1）选择地基处理方法，应根据场地地质条件、建筑结构类型、使用要求，对周围环境影响、材料情况、施工条件以及技术经济指标等因素进行综合考虑，做到技术先进、经济合理、安全适用、质量保证。

（2）对已选定的地基处理方法，应按建筑物安全等级和场地复杂程度，选择有代表性的场地进行相应的现场试验，并进行必要的测试，以检验设计参数和处理效果。

（3）地基处理前后应进行必要的勘察试验，布置一定的现场检测和短期或长期观测。现场检测与观测一般包括动、静触探、标贯、静载试验及沉降观测，必要时尚可适当布置地面沉降、深层沉降、孔隙水压力、现场十字板剪切或波速等观测或试验。

（4）地基处理后，在受力层范围内仍存在软弱下卧层时，应验算软弱下卧层的承载力，并符合下式要求：

$$p_z + p_{cz} \leqslant f_z$$

式中　p_z——软弱下卧层顶层处的附加压力设计值；

p_{cz}——软弱下卧层顶面处土的自重压力标准值；

f_z——软弱下卧层顶面处经深度修正后的地基承载力设计值。

本 章 小 结

本章主要介绍了软土地基处理的目的与意义、发展概况、分类及适宜土类，并介绍了软土地基处理的基本原则与方法选用。

(1) 随着科技发展，进一步推动了软土地基处理技术和方法的更新。这主要是由于一方面已有的地基处理技术本身发展较快，如施工机具、工艺的改进，使地基处理能力提高；另一方面，近年来各地在实践中因地制宜发展了一些新的地基处理方法，取得了很好的社会、经济效益。

(2) 按处理深度分为浅层处理和深层处理；按土性对象可分为砂性土处理和黏性土处理，饱和土处理和非饱和土处理；也可按照地基处理的作用机理进行分类，有置换、夯实、挤密、排水、胶结、加筋等方法。

(3) 为了突出重点、掌握、涵盖新技术，本书只针对较为常用的软土地基处理方法，即振动水冲法、水泥粉煤灰碎石桩（CFG桩）、强夯法、加筋土法、排水固结法、深层搅拌法、高压喷射注浆法、钻孔咬合桩以及等厚度水泥土搅拌墙等10多种处理方法进行了较详细的介绍。

(4) 地基处理方法及适用土层可按照《建筑地基处理技术规范》(JGJ 79—2012) 进行选用。

(5) 软土地基处理方法都有它的适用范围、局限性和优缺点，应从地基条件、处理要求（包括经处理后地基应达到的各项指标、处理的范围、工程进度等）、工程费用以及材料、设备等各方面进行综合考虑。

复 习 思 考 题

1. 软土地基处理的目的与意义是什么？
2. 常用的软土地基处理方法有哪些？
3. 简述软土地基处理的基本设计原则。

第2章　软土地基工程性质

知识目标

1. 能够描述软土的定义。
2. 了解软土的成因与分类。
3. 掌握软土的工程性质。

软土包括淤泥、淤泥质土及泥炭等，是自第四纪全新世以来，在静力或缓慢流水环境下沉积，并经过长期生物化学作用而形成的饱和软黏土。软土一般是指直径小于 0.075mm 颗粒一般占土样重量的 50%以上。软土天然含水量大、压缩性高、承载力低、渗透性小。

软土的天然含水量大于液限；天然孔隙比大于或等于 1.0，压缩系数大于 $0.5MPa^{-1}$；不排水抗剪强度小于 20kPa。当软土由生物化学作用形成，并含有机质，其天然孔隙比 $e>1.5$ 时为淤泥；天然孔隙比 $1.0\leqslant e\leqslant 1.5$ 时为淤泥质土。工程上将淤泥，淤泥质土，泥炭，泥炭质土，杂填土和饱和含水黏性土统称为软土。软土地层还包括软土与砂土，碎石土，角砾土及块土等形成的互层。因此，软土地层还可包括岩石以外的所有含有软弱土层的地层。

2.1　我国软土沉积的成因与分类

我国软土按成因可分为三大类别：第一类是属于海洋沿岸的淤积（简称沿海软土）；第二类是内陆、山区以及河、湖盆地的淤积（简称内陆平原淤泥质土）；第三类是山前谷地的淤积（简称山前型软土）。大体上说，前者分布较稳定，厚度较大，后两者常呈零星分布，沉积厚度较小。

2.1.1　沿海软土

分布于沿海的软土大致可分为四种类型，即滨海相、三角洲相、潟湖相和溺谷相。

1. 滨海相

滨海的水动力状况比较复杂，主要受到波浪和潮汐作用，使砂土沉积。中粗砂在近海岸处沉积，而细颗粒物质向海方向搬运，并在海滩边缘形成一系列平行于海岸的连续的砂脊或沙丘，从而使滨海相软土在沿岸与垂直岸方向有较大的变化。交错层理是其沉积特征。

2. 三角洲相

当河流汇入海洋时，流速急剧减小，因此河水携带的沉积物质在河口沉积，以这种方式堆积在陆相和海相环境边上的沉积物构成了三角洲。由于河流和海洋的复杂交替作用，而使软土层与薄层砂交错沉积，形成不规则的透镜夹层，分选程度差、结构疏松、颗粒细。表层为褐黄色的黏性土，其下则为厚层的软土或软土夹薄砂层。三角洲相沉积是一个多种沉积环境的沉积体系，包括三角洲平原、三角洲前缘和前三角洲。

3. 潟湖相

沉积物颗粒细微，分布范围较广阔，常形成滨海平原。表层为较薄的黏性土层，其下为厚层淤泥层，在潟湖边缘常有泥炭堆积。

4. 溺谷相

分布范围略窄，结构疏松，在其边缘表层常有泥炭堆积。

2.1.2　内陆平原淤泥质土

这类软土主要包括湖泊、河流漫滩和牛轭湖三类。

1. 湖泊

湖泊如滇池东部及其周围地区，洞庭湖，洪泽湖盆地，太湖流域的杭嘉湖地区等。其组成和构造特点是组成颗粒细微、均匀，富含有有机质，淤泥层较厚，不夹或很少夹砂，且往往具有厚度和大小不等的肥淤泥与泥炭夹层或透镜体。因此，其工程性质往往比一般滨海相沉积者差。例如，昆明的滇池由于受基岩地址的构造影响，湖体向西偏移，湖体东部淤泥和淤泥质土夹泥炭层沉积大面积出露，淤积厚度近湖边最厚达10m多，靠外面逐渐变薄，一般为1～5m。其中肥淤泥和泥炭层土质极差，厚2m左右，其天然含水量达200%，压缩系数一般为1～2MPa^{-1}。

2. 河流漫滩

河流漫滩的典型粒径分布为：砂粒5%～10%，粉粒20%～40%，黏粒35%～60%，有机质含量为1%～10%（主要由含黏粒的悬液沉积的碎屑带来）。其中间粒径在0.005～0.06mm之间。河漫滩相沉积的工程地质特征是具有层理和纹理特性，有时夹细砂层，不会遇到很厚的均匀沉积，有明显的二元结构。上部为粉质黏土、砂质粉土，具微层理，但比滨海相的间隔厚些，一般层厚为3～5cm，甚至十几厘米；下部为粉砂、细砂。由于河流的复杂作用，常夹有各种成分的透镜体（淤泥、粗砂、砂卵石等），特别是局部淤泥透镜体的存在，造成地基不均一、强度小，承载力变化大（变化幅度可大60～150kPa）。

3. 牛轭湖

废河道牛轭湖相沉积物一般由淤泥、淤泥质黏性土及泥炭层组成，处于流动或潜流状态。它是由河道淤塞沉积而成，工程性质与一般内陆湖相相近，通常处于正常固结状态，液性指数接近1.0。

苏北及界首一带，在数十米后的冲积沙质粉土、粉质黏土与强度较大的砂质粉土夹粉细砂之间，埋藏有一些废河道相淤泥层，呈较大范围的透镜体，一般厚度为2～6m，工程性质很差。

另外，在苏北黄河故道在历史上经常决口地段，土层复杂，淤泥深塘较多，最深达24m，其土质与前者相近。

2.1.3　山地型软土

在我国广大山区，沉积有一类形成环境和性质不同于一般内陆平原和沿海地区的淤泥和淤泥质土。其成因主要是由于当地的泥灰炭、灰质页岩、泥沙质页岩等风化产物和地表的有机物经水流搬运，沉积于原始地形的低洼处，长期饱水软化，间有微生物作用而形成。成因类型以洪积、湖积和冲积三种为主。它们在分布上总的特点是，分布面积不大、厚度变化悬殊。这是因为，山区软土的分布严格受到成土母岩的出露位置和地形地貌（沉积环境）的限制，一般分布在冲沟、谷地、河流阶地和各种洼地。广大山区，特别是属于山地型高原的西南地区，宜于沉积和形成软土的上述地貌形态数量多、面积小、起伏大，兼之山区地表径流易于涨潮，沉积物质分选条件极差，上述条件决定了这些地区软土分布位置和厚度变化悬殊的特点，从而构成了软土地基的严重不均匀性。在贵州省，有的软土水平分布面积不超过5m^2，总厚度不超过20m，但厚度变化较大，多呈透镜状或鸡窝状分布，有时相距不过2～3m，厚度相差竟达7～8m之多。这种情况在平原地区是少见的。

在山地型软土的几个主要成因类型中，常以洪积相分布最广。其物理力学性质差异很大：冲积相的土层很薄，土质好些；湖沼相一般有较厚的泥炭层和肥淤泥，土质往往比平原湖相的还差；坡洪积相的性质介于两者之间（见表2-1）。

表2-1　　我国软土的类型和特征

类型		厚度/m	特征	分布概况
沿海软土	滨海相	＞60	面积广，厚度大，常夹有砂层，极疏松，透水性较强，易于压缩固结	沿海地区
	三角洲相	5～60	分选性差，结构不稳定，粉砂薄层多，有交错层理，不规则尖灭层及透镜体	
	潟湖相	5～60	颗粒极细，孔隙比大，强度低，常夹有薄层泥炭	
	溺谷相	1～8	颗粒极细，孔隙比大，结构疏松，含水量高，分布范围较窄	
内陆平原	湖相	5～25	分布颗粒占主要成分，层理均匀清晰，泥炭层多是透镜体状，但分布不多，表层多有小于5m的硬壳	洞庭湖、太湖、鄱阳湖周边
	河床相、河漫滩相、牛轭湖相	＜20	成层情况不均匀，以淤泥及软黏土为主，含砂与泥炭夹层	长江中下游、珠江下游及河口、淮河平原、松辽平原
山地沉积	山谷相	＜10	呈片状、带状分布，谷底有较大横向坡度，颗粒由山前到谷中心逐渐变细	西南、南方山区或丘陵地区

2.2 软土的工程性质

2.2.1 软土的工程性质

（1）天然含水率高。软土的天然含水率一般都大于30%，有的达70%，甚至高达200%，多呈软塑或流塑状态，一经扰动很容易破坏其结构而流动。含水率往往与液限呈正比关系变化，即随着液限增加，含水率也随之而增加。含水率大是软土的主要物理特征之一。

（2）孔隙比大。软土的孔隙比e在1.0～2.0之间，孔隙比越大，说明土中孔隙体积越大，则土质越松，越易被压缩，土的力学强度越低。

（3）高压缩性。软土的压缩系数一般都在0.5～2.0MPa^{-1}以上，最大可达4.5MPa^{-1}，属于高压缩性土。压缩性随天然含水量及液限的增加而增高。软土多属近代沉积，为欠固结土。同时它的矿物成分、粒度成分及结构决定了它具有高亲水性及低透水性，水不易排出，也不易压密。因此，软土在建筑物荷载作用下，土体沉降变形量大，而且地基沉降不均匀，持续时间较长。如在闽、浙、沪、津、粤等沿海地带上的建筑物及道路、机场、油罐、仓库、堆场等构造物在建成后 5 年之后，仍然有每年 1cm 左右的沉降速率，有的甚至厚达 3～5cm。

(4) 抗剪强度低。软土的内摩擦角 φ 值大多小于或等于 10°，最大也不超过 20°，有的甚至接近于 0；黏聚力 c 值一般在 5～15kPa，很少超过 20kPa，有的趋于 0，故其抗剪强度很低。经排水固结后，软土的抗剪强度虽有所提高，但由于软土孔隙水渗出很慢，其强度增长也很缓慢。因此，要提高软土的强度，必须在建筑物的施工和使用期间控制加荷速度，特别是开始阶段的加荷不能过大，否则土中水分来不及排出，不但土体强度不能提高，反而会由于土中孔隙水压力的急剧增大而破坏土体结构，呈橡皮土。

(5) 触变性。软土是“海绵状”结构性沉积物，当原状土的结构未受到破坏时，常具有一定结构强度，但一经扰动，结构强度便被破坏。如果在含水量不变的条件下，静置不动又可恢复原来的强度。这种因受扰动而强度减弱，再静置而又增强的特性，称为软土的触变性。软土中含亲水性矿物（如蒙脱石）多时，其触变性较显著。从力学观点来鉴别触变性的大小，用灵敏度来表示。软土的灵敏度一般在 3～4 之间，个别情况要达 8～9，属中高灵敏性土。灵敏度高的土，其触变性也大，所以，软土地基受动荷载后，易产生侧向滑动，沉降或基底面向两侧挤出等现象。我国软土多属于中等灵敏度，个别的为高灵敏度土。

(6) 蠕变性。蠕变性是指在一定荷载的持续作用下，土的变形随时间增长的特性。软土是一种具有典型蠕变性的土，它在剪应力作用下，土体将发生缓慢而长期的剪切变形，使其长期强度小于瞬间强度。这对边坡，堤岸等的稳定性极为不利。因此，用一般剪切试验求得的抗剪强度值，应加适当的安全系数。

2.2.2　不同成因软土的物理力学指标

由于软土的沉积环境不同，导致土的结构强度上有所差别，因此，有时土的物理性质指标相差不多，而力学性质往往有很大的不同，这种特性在工程上应给予足够的重视。现将不同成因软土的物理力学性能列表，见表 2-2。

表 2-2　　不同成因软土的物理力学性能指标表

类　型	天然密度 ρ/(g/cm³)	天然含水量 ω（%）	天然孔隙比 e	抗剪强度	
				内摩擦角 φ（°）	凝聚力 c/（kN/m²）
滨海淤积土	1.5～1.8	40～100	1.2～2.3	1～7	2～20
河滩淤积土	1.5～1.9	30～60	1.0～1.8	0～10	5～30
湖泊淤积土	1.5～1.9	35～70	1.1～1.8	0～11	5～25
谷地淤积土	1.4～1.9	40～120	0.5～1.5	0	5～19

本 章 小 结

本章主要介绍了我国沉积软土的成因与分类、软土的工程性质等。

（1）软土指淤泥、淤泥质土及泥炭等，是第四纪全新世以来，在静力或缓慢流水环境下沉积，并经过长期生物化学作用而形成的饱和软黏土。软土中直径小于0.075mm颗粒占土样质量的50%以上，软土天然含水量大，压缩性高，承载力低，渗透性小。

（2）我国软土按成因可分为三大类别：沿海软土、内陆平原淤泥质土和山地型软土。

（3）软土的工程性质有天然含水量、孔隙比、压缩性、抗剪强度、触变性及蠕变性。

复习思考题

1. 什么是软土？
2. 我国软土按成因分哪几类？
3. 简述软土的工程性质。

第3章 振动水冲法

知识目标

1. 能够描述振动水冲法的概念。
2. 掌握振动水冲法的加固机理。
3. 能够进行振动水冲法的设计计算。
4. 掌握振动水冲法的施工机具及施工要点。
5. 了解振动水冲法的质量检验。

3.1 概述

振动水冲法（简称振冲法），是利用振冲器的高频振动和高压水流，边振动边水冲将振冲器沉到土中预定深度，经清孔后加入填料并振密形成桩体，从而构成复合地基的方法。振冲法也称为湿法，与其对应的工法是振动挤密砂石桩法，即通常所说的干法。但应注意后者基本不用水冲，主要采用振动挤密的形式形成砂石桩体。

振冲法起源于德国，1937 年德国的凯勒公司（Jahann Keller）处理柏林市郊一幢建筑物地基时首次采用该工法，该工法有效地提高了砂基相对密实度和承载力。20 世纪五六十年代，德国和英国相继把振冲法应用于加固黏性土地基。日本在 1957 年引进振冲法，并作为砂基抗震防止液化的有效处理措施被广泛采用。我国在 1977 年首次应用振冲法加固地基，应用的工程是南京船舶修造厂船体车间软土地基加固；随后广泛应用在大坝、道路、桥涵、大型厂房及工业与民用建筑地基处理上。

根据振冲法的施工工艺，可将其分为两大类，即振冲置换法和振冲加密法。

1. 振冲置换法

振冲置换法主要适用于软弱黏性土，是利用振冲器的振动和水冲在地基内造孔，并填入碎石或卵石等形成碎石桩复合地基，以提高地基的强度和减小沉降量，提高地基力学性能的主要作用是置换作用。

2. 振冲加密法

振冲加密法主要适用于砂土地基，又分为无填料振冲加密法和加填料振冲加密法。其中，无填料振冲加密法适用于中粗砂，是利用松砂在振动载荷作用下，颗粒重新排列，体积缩小，变成密砂的特性。对该类地基，当振冲器上提时孔壁极容易塌落自行填满下面的孔洞，所以不加填料就地振密；而加填料振冲加密法与振冲置换法相似，所加填料形成桩体，并作为传力介质使砂层挤压加密，但提高地基力学性能的主要作用是挤密作用。

扫一扫

振冲挤密法
VR 演示

《建筑地基处理技术规范》（JGJ 79—2012）也作出了规定：振冲法适用于处理砂土、粉土、粉质黏土、素填土和杂填土等地基。对于处理不排水抗剪强度小于 20kPa 的饱和黏性土和饱和黄土地基，应在施工前通过试验确定其适用性。不加填料振冲加密适用于处理黏粒含量不大于10%的中砂、粗砂地基。

振冲挤密法动画演示

近年来，振冲碎石桩复合地基的加固技术得到了快速发展。振冲法形成的复合地基由桩体和周围土体共同承担上部荷载，桩体能适应较大变形，透水性好，且成桩过程中随地层软弱程度的不同，形成上下不同的桩径，它们与土体共同作用有力地改善于地基的工程性能。它的主要工程特点详见如下所述。

振冲碎石桩现场施工

(1) 复合地基承载能力显著提高。桩体和土体形成的复合地基共同承担上部传来的荷载，在地基内将发生应力重分布，导致部分压力向刚度较大的桩体集中，可显著地提高地基的承载能力，减少其沉降量。

(2) 地基沉降量明显减小。桩体起着置换的作用，它的刚度较大，与周围土体形成的复合地基的变形模量比天然地基的变形模量有了较大提高。同时，由于加固层的存在，在其下卧层产生压力扩散作用。另外，由于制桩过程中，在软硬不均的地层中形成不同的桩径，使强度不均匀的天然地基变成了强度比较均匀的复合地基，从而可减小地基的不均匀沉降。

(3) 地基的抗剪性能和排水效果提高。桩体材料为碎石、卵石或砂，具有良好的透水性，是地基中孔隙水的良好通道，它改善了地下水的排水条件，加快了软土地基的固结速度。同时，桩体的抗剪强度较高，与软土形成的复合地基的抗剪强度得到明显加强，显著提高了地基的稳定性。

综上所述，振冲法是一种有效的地基加固工法，其适用的土层较广，施工工艺简便，加固质量易于控制，施工速度快。施工所用材料为碎石、卵石、砂等。如果为无填料振冲加密法，则无须材料，工程造价低，有显著经济效益。但振冲法在施工中需要大量的用水，并排放污水，对施工环境有一定的要求。

3.2 振动水冲法的加固机理

将振冲器周围的土体根据从振冲器侧壁向外加速度的大小分为5个区域，如图3-1所示，即剪胀区、流态区、过渡区、挤密区和弹性区，认为只有过渡区和挤密区才有明显的挤

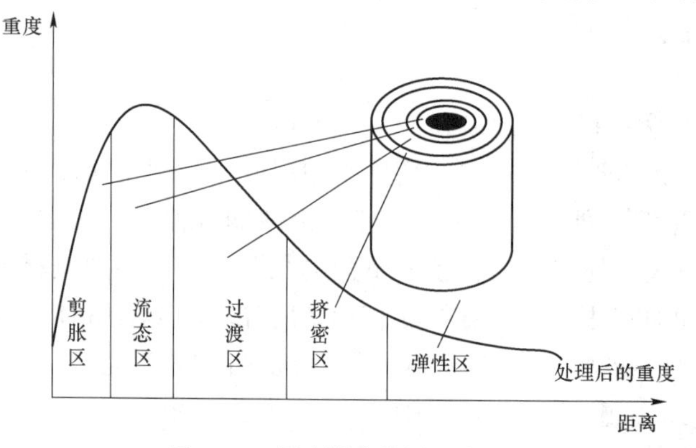

图3-1 振冲影响范围示意图

密作用。过渡区和挤密区的大小取决于砂土的性质和振冲器的性能。

振冲挤密法加固地基的作用机理主要反映在以下几个方面：

1. 挤压加密作用

在振冲挤密法的作业过程中，振冲器产生的水流冲击力使地基中松散的砂土以饱和状态存在，在强烈的高频外部振动力作用下，松散的砂土发生液化，重新以较为致密的状态排列，形成新的颗粒结构。同时振冲作业时大量粗粒料会不断地回填到桩孔孔洞中，在强大水平振动力作用下，孔洞周围土体会不断地挤入回填料，从而增加砂土的相对密实度，降低砂土的孔隙率，增大砂土的干密度和内摩擦角，改善砂土的物理和力学性能，提高砂土地基承载力，极大地改善砂土地基础抗液化能力。

2. 排水减压作用

处于松散状态下的饱和砂土在剪切循环荷载作用条件下，会收缩体积，变得密实。处于无排水条件的砂土，当在其快速地收缩体积过程中，来不及消散的静水压力会急剧上升，砂土中有效应力快速地降低，当达到零值时，砂土将处于完全液化状态。据多项土力学数据综合分析，当砂土采用振冲碎石桩来加固时，地基经振冲挤密加固处理后，孔隙水压力降低约65%，大大提高了细砂地基的抗液化能力。

3. 土体置换作用

依靠振冲器的水平振动力，在加回填料情况下通过填料使得砂层更加密实。在振冲同时回填大量的碎石料到孔内，碎石在振冲器振动力作用下，不断地挤入周围孔洞之中，最终制成有较高密实度的大直径碎石桩体，与桩间土共同构成复合地基。

3.3 振动水冲法的设计

振冲法适用于处理砂土、粉土、粉质黏土、素填土和杂填土等地基。对于处理不排水抗剪强度不小于20kPa的饱和黏性土和黄土地基，应在施工前通过现场试验确定其适用性。不加填料振冲加密适用于处理黏粒含量不大于10%的中砂、粗砂地基。

对于大型的、重要的或场地地层复杂的工程，在正式施工前应通过现场试验确定其处理效果。

1. 处理范围

振冲桩处理范围应根据建筑物的重要性和场地条件确定，当用于多层建筑和高层建筑时，宜在基础外缘扩大1～3排桩。当要求消除地基液化时，在基础外缘扩大宽度不小于基底的条件下可液化土层厚度的1/2，且不应小于5m。

2. 桩的布置

桩位的布置，对大面积满堂处理，宜用等边三角形布置；对单独基础或条形基础，宜用正方形、矩形或等腰三角形布置；对于圆形或环形基础，宜用放射形布置。桩位的布置形状如图3-2所示。

振冲桩的间距应根据上部结构荷载大小和场地土层情况，并结合所采用的振冲器功率大小综合考虑。30kW振冲器布桩间距可采用1.3～2.0m；55kW振冲器布桩间距可采用1.4～2.5m；75kW振冲器布桩间距可采用1.5～3.0m。荷载大或对黏性土宜采用较小的间

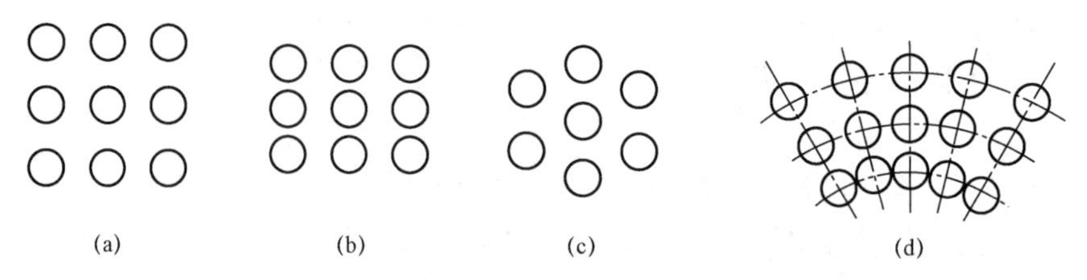

图3-2 桩位的布置形状

（a）正方形；（b）矩形；（c）等腰三角形；（d）放射形

距，荷载小或砂土宜采用较大的间距。

不加填料振冲加密孔距可为2～3m，宜用等边三角形布孔。

初步设计时布桩的间距也可按下列公式估算：

对于等边三角形布置，有

$$s=0.95\zeta d\sqrt{\frac{1+e_0}{e_0-e_1}} \tag{3-1}$$

对于正方形布置，有

$$s=0.89\zeta d\sqrt{\frac{1+e_0}{e_0-e_1}} \tag{3-2}$$

$$e_1=e_{max}-D_{r1}(e_{max}-e_{min})$$

式中 s——砂石桩间距，m；

d——砂石桩直径，m；

ζ——修正系数，当考虑振动下沉密实作用时可取1.1～1.2；不考虑下沉密实作用时可取1.0；

e_0——地基处理前砂土的孔隙比；

e_1——地基挤密后要求达到的孔隙比；

e_{max}、e_{min}——砂土的最大、最小孔隙比；

D_{r1}——地基挤密后的要求砂土达到的相对密实度。

3. 桩长的确定

振冲法加固地基的桩长可根据场地土层情况、荷载大小综合确定。桩长不宜小于4m。当桩长大于7m时，施工效率将显著降低。当软弱土层厚度不大时，桩长可穿过软弱土层，以减少地基变形。当软弱土层厚度较大时，对按稳定性控制的工程，桩长应不小于最危险滑动面以下1m的深度。

需要说明的是，设计桩长是指桩在垫层底面以下的实有长度。通常的做法是在桩体全部制成后，将桩体顶部1m左右的一段挖去，铺30～50cm厚的碎石垫层，然后在上面做基础。挖除桩顶部分长度的理由是该处上覆压力小，很难做出符合密实要求的桩体。

4. 垫层

在桩顶和基础之间宜铺设一层300～500mm厚的碎石垫层。

5. 桩体材料

桩体材料可用含泥量不大于5%的碎石、卵石、矿渣或其他性能稳定的硬质材料，不宜使用风化易碎的石料。常用的填料粒径为：30kW振冲器20～80mm；55kW振冲器30～100mm；75kW振冲器40～150mm。

不加填料振冲加密宜在初步设计阶段进行现场工艺试验，确定不加填料振密的可能性、孔距、振密电流值、振冲水压力、振后砂层的物理力学指标等。用30kW振冲器振密深度不宜超过7m，75kW振冲器不宜超过15m。

6. 桩径

桩的直径与地基土的强度有关，强度越低，桩的直径越大。振冲桩的平均直径可按每根桩的承载力进行计算。

7. 承载力

振冲桩复合地基承载力特征值应通过现场复合地基载荷试验确定，初步设计时也可用单桩和处理后桩间土承载力特征值按式（3-3）估算

$$f_{spk}=[1+m(n-1)]f_{sk} \tag{3-3}$$

$$m=\frac{d^2}{d_e^2} \tag{3-4}$$

式中 f_{spk}——振冲桩复合地基承载力特征值（kPa）；

f_{sk}——处理后桩间土承载力特征值（kPa），宜按当地经验取值，如无经验时，可取天然地基承载力特征值；

n——复合地基桩土应力比，可按地区经验测定；无实测资料时，可取2～4；原土强度低时取大值，原土强度高时取小值；

m——桩土面积置换率；

d——桩身平均直径（m）；

d_e——单根桩分担的处理地基面积的等效圆直径（m）。

（1）等边三角形布桩时

$$d_e=1.05s \tag{3-5}$$

（2）正方形布桩时

$$d_e=1.13s \tag{3-6}$$

（3）矩形布桩时

$$d_e=1.13\sqrt{s_1 s_2} \tag{3-7}$$

式中 s——等边三角形布桩和正方形布桩时的桩间距；

s_1、s_2——矩形布桩时的纵向桩间距和横向桩间距。

不加填料振冲加密地基承载力特征值应通过现场载荷试验确定，初步设计时也可根据加密后原位测试指标按《建筑地基基础设计规范》（GB 50007—2011）有关规定确定。

8. 变形计算

振冲处理地基的变形计算应符合《建筑地基基础设计规范》（GB 50007—2011）有关规定。复合土层的压缩模量可按式（3-7）计算

$$E_{sp}=[1+m(n-1)]E_s \tag{3-8}$$

式中 E_{sp}——复合土层压缩模量（MPa）；

E_s——桩间土压缩模量（MPa），宜按经验取值，可取天然地基压缩模量。

n 值当无实测资料时，对于黏性土可取2～4，对于粉土和砂土可取1.5～3；原土强度低时取大值，原土强度高时取小值。

不加填料振冲加密地基变形计算应符合《建筑地基基础设计规范》（GB 50007—2011）有关规定。加密深度内土层的压缩模量应通过原位测试确定。

3.4 振动水冲法的施工

振冲法是以起重机吊起振冲器启动潜水电机后，带动偏心块，使振冲器产生高频振动，同时开动水泵，使高压水通过喷射高压水流，在边振边冲的联合作用下，将振冲器沉到土中的设计深度。经过清孔后，就可从地面向孔中逐段填入填料，每段填料均在振动作用下被振挤密实，达到所要求的密实度后提升振冲器，如此重复填料和振密，直至地面，从而在地基中形成一根大直径、很密实的桩体。

3.4.1 施工机具及配套设备

振冲法施工主要机具有振冲器、起重设备（用来操作振冲器）供水泵、填料设备、电控系统以及配套使用的排浆泵电缆、胶管以及修理机具。

1. 振冲器及其组成部件

国内常用的振冲器型号见表3-1。施工时应根据地质条件和设计要求选用。振冲器的工作原理是利用电机旋转一组偏心块产生一定频率和振幅的水平向振动力，压力水通过空心竖轴从振冲器下端的喷水口喷出，振冲器的构造如图3-3所示。

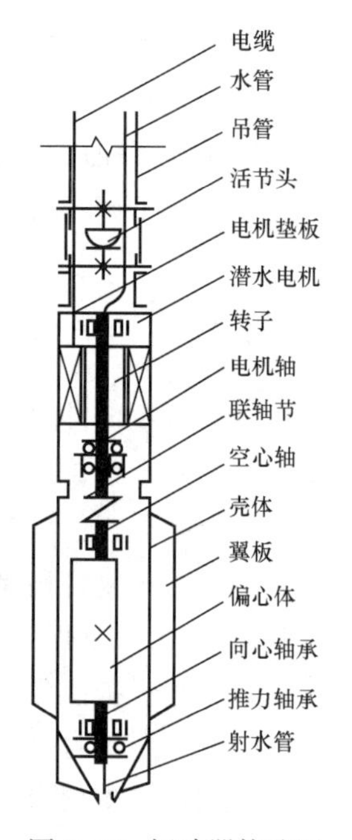

图3-3 振冲器构造图

表3-1 **我国振冲器主要技术参数**

项目		型号			
		ZCQ-13	ZCQ-30	ZCQ-55	ZCQ-75
潜水电机	功率/kW	13	30	55	75
	转数/(r/min)	1450	1450	1450	1450
振动体	偏心距/cm	5.2	5.7	7.0	7.2
	振动力/kN	35	90	200	160
	振幅/mm	4.2	5.0	6.0	3.5
	加速度/g	4.3	12	14	10
振冲器外径/mm		274	351	450	427
全长/mm		1600	1935	2500	3000
总重/kg		780	940	1600	2050

（1）电动机。振冲器常在地下水位以下使用，多采用潜水电机，如果桩长较短（一般小于8m），振冲器的贯入深度亦浅，这时可将普通的电机装在顶端使用。

（2）振动器。内部设有偏心块和转动轴，用弹性联轴器与电动机连接。振动器两侧翼板主要用来防止振冲器作用时发生扭转，有些振冲头部亦有翼板起加强防扭作用。

（3）通水管。国内30kW和55kW振冲器通水管穿过潜水电机转轴及振动器偏心轴。75kW振冲器水通过电机和振冲器侧壁到达下端。

（4）减振器及导管。减振器的作用是保证振冲器能独立水平振动减少对上部导管影响而设。目前，国内大部分用橡胶减振器。导管是用来吊振冲器和保护电缆、水管的。

2. 振冲器的振动参数

（1）振动频率。扳冲器迫使桩间土颗粒振动，使土颗粒产生相对位移，达到最佳密实效果。最佳密实效果发生在土颗粒振动和强迫振动处在共振状态的情况下。一些土的振动频率见表3-2。我国目前的振冲器所选用的电机转速为1450r/min，接近最佳加密效果频率。

表3-2　部分土的自振频率　（单位：r/min）

土质	砂土	疏散填土	软石灰土	相当紧密良好级配砂	极紧密良好级配砂	紧密矿渣填料	紧密角砾
自振频率	1040	1146	1800	1446	1602	1278	1686

（2）加速度。加速度是反映振冲器的振动强度的主要指标。只有当振动加速度达到一定值时，才开始加密土。我国振冲器自身发出的加速度对应13kW、30kW、55kW和75kW分别为$4.3g$、$12g$、$14g$和$16g$。

（3）振幅。振冲器的振幅在一定范围内给土体以挤压。实践证明在相同振动时间内，振幅大、沉降量加大、加密效果好。但振幅过大或过小，均不利于加密土体。我国振冲器的振幅设计的全振幅在10mm以内。各种振冲器功率见表3-1。

（4）振冲器和电机的匹配。匹配得好，振冲器的使用效率就高，适用性就强；匹配不当，即使大功率的振冲器也不一定能解决中、小型振冲，解决不了地基加固问题。

实践中一般是先制造出振冲器配以电机，通过工程实践不断修改，这有待于振冲器设计理论的不断改进并趋于成熟。

3. 起吊设备

起吊设备是用来操作振冲器的，起吊设备可用汽车吊、履带吊或自行井架式专用平车，有些施工单位还采用扒杆打桩机等。吊机的起吊力对于30kW的振冲器应大于50～100kN、75kW的振冲器应大于100～200kN，即振冲器的总质量乘以一个扩大系数（约为5），即可确定起吊设备的起吊力。起吊高度必须大于加固深度，自行井架专用平车的特点是位移方便、工效高、施工安全，最大加固深度可达15m。施工所需的专用平车台数随桩数、工期而定，同时还受场地的限制，一般可按式（3-8）估算施工车台数B。

$$B=\frac{aNt_{\mathrm{p}}}{T_0T_{\mathrm{w}}} \tag{3-9}$$

式中　N——工程总桩数；

t_{p}——制1根桩所需的平均时间；对于黏土地基，10m桩长，$t_{\mathrm{p}}=1\sim1.8$h；

T_0——施工总工期；

T_{w}——每台施工车每天的工作时间；

a——考虑位移、施工故障、检修因素的系数，要取 $a=1.1$。

施工车台数确定后，还必须核算施工用电量和用水有无超过最大供应量，如果超过，要是不能增加供应量，就只有减少施工车台数，延长工作时间或放宽工期。

4. 供水泵

供水泵要求压力0.5～1.0MPa，供水量达20m^3/h左右。每台振冲器配一台水泵，如有数台振冲器同时施工，也可采用集中供水的方法。

5. 填料设备

填料设备常用装载机、柴油小翻斗车和人力车。30kW振冲器应配0.5m^{3}以上装载机，75kW的振冲器配1.0m^{3}以上装载机为宜，如填料采用柴油小翻斗车或人力车，可根据情况确定其数量。

6. 电控系统

电控系统除为施工配电，还应具有控制施工质量的功能。若用发电机供电，发电机输出功率应满足一台30kW振冲器施工，需配备48～60kW柴油发电机一台。如一台发电机驱动一台振冲器时，发电机的输出功率要大于振冲器电机额定功率的1.5～2倍，振冲器才能正常工作。施工现场应配有380V的工业电源。

7. 排浆泵

排浆泵应根据排浆量和排浆距离选用合适的排浆泵。

3.4.2 施工前准备

1. 收集资料

收集资料包括地层剖面、地基土的物理力学性质以及有关试验资料，地下水位及动态。

2. 熟悉技术文件

熟悉施工图纸和对施工工艺的要求，施工队伍应结合现场实际情况，提出质量保证措施、改进意见等，并取得设计方同意。对施工前已做过振冲试验的工程，则应熟悉试验情况和效果，掌握试验桩的施工工艺、试验区与施工区的地质条件差异，如差异较大，采取相应措施，并和设计单位一起研究解决。

3. 场地平整

场地平整有两个方面的内容：一方面要清理和尽可能平整地表，如果地表强度很低，可铺以适当厚度的垫层以利于施工机械的行走；另一方面要清除地下障碍，如地下管线、废旧基础等。

4. 放线布桩

根据设计图纸进行现场放线布桩。建筑物的主要轴线应由建设单位和上级建筑单位放线定位。根据主要轴线布桩用钢钎或小木桩固定。并且在桩位图上将桩位编号，认真复核，避免施工中出现错位和漏桩现象。

5. “三通”

“三通”包括水通、电通和料通。

（1）水通。一方面要保证供应施工所需的水量，另一方面也要把施工中产生的泥水排走。压力水由水泵通过胶管进入各个振冲器的水管，出口水压需400～600kPa；施工中产生的泥水应通过明沟集中引入沉淀池，沉下的浓泥浆挖出后运到预先安排的存放点，经过沉淀后比较清澈的水可重复使用。

（2）电通。施工中需要三相电源和单相电源两种。振冲器需三相电源，电压为（380±20）V，电压过低或过高都会影响施工或损坏振冲器电机。

（3）料通。在加固区附近应设置若干堆料场。确定堆料场位置的原则是：一方面要使从料场到施工面的运距越近越好；另一方面又要防止运料路线对施工作业路线的干扰。

6. 现场布置

对于大型工程，应做好施工组织设计，合理布置现场。对于单独机组，一般将电缆、水管安排在一边，堆料场在另一边。排污沟不应影响填料作业。

3.4.3　施工顺序

施工顺序是施工组织设计的重要内容，主要有以下几点。

1. 由里向外

该施工顺序适用于原地基较好的情况，可避免由外向里施工顺时造成中心区成孔困难。

2. 排桩法

这是一种常用的施工方法，振冲时根据布桩平面从一端轴线开始，依照相邻桩位顺序成桩到另一端结束，此种施工顺序对各种布桩均可采用，施工时不易错漏桩位，但桩位较密的桩体容易产生倾斜，对这种情况也可采用隔行或隔桩跳打的办法进行施工。

3. 由外向里

这种施工顺序也称围幕法。这种顺序对于大面积满堂布桩的工程，地基强度较低时，尤其应该采用这种顺序施工。施工时将布桩区四周的外围2～3排桩完成，内层采用隔一圈成一圈的跳打办法，逐渐向中心区收缩。外围完成的桩可限制内圈成桩时土的挤出，加固效果良好，并且节省填料。采用此法施工可使桩布置得稀疏一些。

振冲施工方法按填料方法的不同，可分为以下几种。

（1）间断填料法。成孔后把振冲器提出，直接往孔内倒入一批填料，然后再下降振冲器使填料振密，每次填料都这样反复进行，直到全孔结束。间断填料法的成桩顺序如图3-4所示：①振冲器对准桩位；②振冲成孔；③将振冲器提出孔口，向孔内填第一次料（每次填料高度限制在0.8～1.0m高）；④将振冲器再放入孔内将桩料振实；⑤重复③、④步骤直到整根桩制作完成。

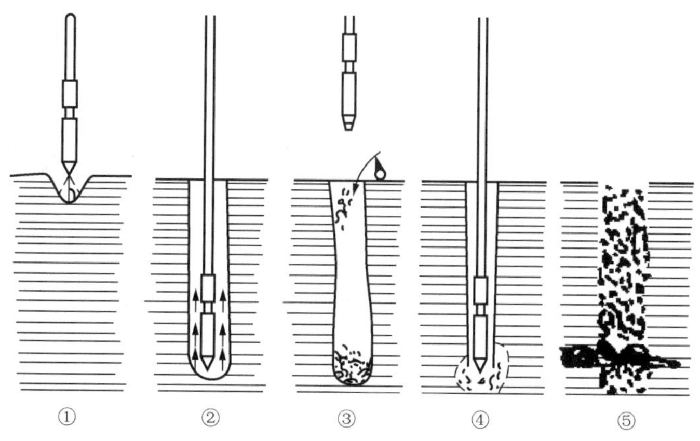

图3-4　间断填料法的成桩顺序

（2）连续填料法。连续填料法是将间断填料法中的填料和振实合为一步来做。即连续填料法是边把振冲器缓慢向上提升（不提出孔口）边振孔中填料的施工方法。连续填料法的成桩顺序如图3-5所示。

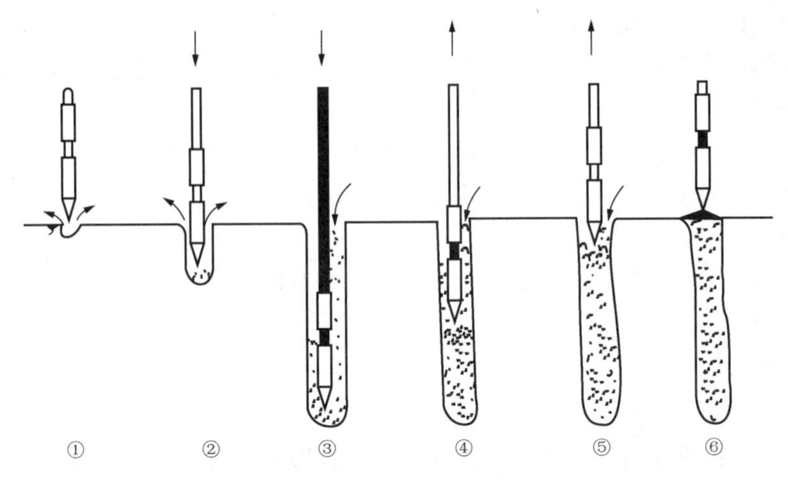

图3-5 连续填料法成桩顺序

①对准桩位；②振冲成孔；③振冲器在孔底留振；④从孔口不断填料，边填边振；
⑤上提振冲器（上提距离约为振冲器锥头的长度，约为0.3～0.5m）继续振密、填料；
⑥重复⑤步骤，直到整根桩制作完成

（3）综合填料法。相当于前两种填料的组合施工方法。这种施工是第一次填料，振密过程采用的是间断填料法，即成孔后将振冲器提出孔口，填一次料后，然后下降振冲器，使填料振密，之后就采用连续填料法，即第一批填料后振冲器不提出孔口，只是边填边振。综合填料法的成桩顺序如图3-6所示。

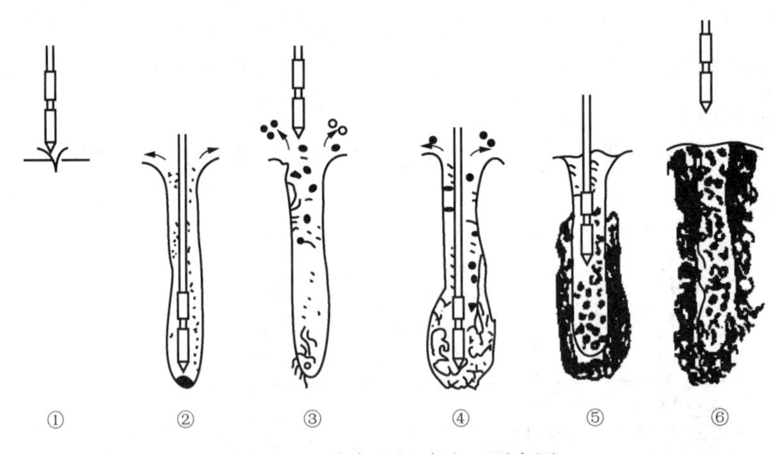

图3-6 综合法振冲施工顺序图

①振冲器对准桩位；②振冲成孔；③将振冲器提出孔口，向桩孔内填料（填料高度限0.8～1.0m）；
④将振冲器再放入孔内将填料压入桩底振密；⑤连续不断向孔内填料，边填边振，密实后将振冲器
缓慢上提，继续振冲到密实，再向上提；⑥如此反复操作，直至整根桩完成

（4）先护壁后制桩法。在较软的土层中施工时，应采用“先护壁后制桩”的办法施工。

该法成孔时，不要一下子达到深度，而是先达到软土层上部范围内，将振冲器提出孔口，加一批填料，然后下沉振冲器将这批填料挤入孔壁，这样就可把这段软土层的孔壁加强以防塌孔，然后使振冲器下降到下一段软土层中，用同样的方法填料护壁。如此反复进行，直到设计深度。孔壁护好后，就可按前述三种方法中任选一种进行填料制桩。

(5) 不加填料法。这种施工方法只适用于松散的中粗砂地基。对于松散的中粗砂地基，由于振冲器提升后，孔壁而塌落，即要利用中粗砂本身的自由塌陷代替外加填料，自由填满下面的孔洞，从而可以用不加填料法就可振密。这种施工方法特别适用于人工回填或吹填的大面积砂层。该法施工程序如图 3-7 所示。

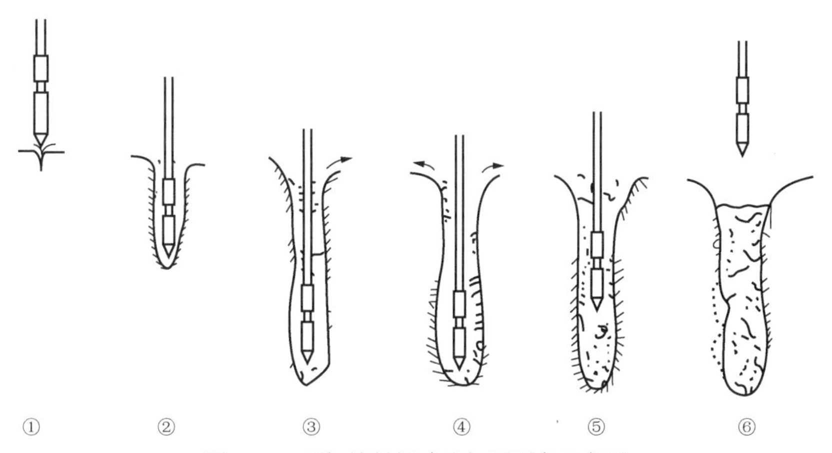

图 3-7 不加填料振冲法加固顺序示意图

①振冲器对准桩位；②振冲成孔；③振冲器到达设计深度后，在孔底不停止振冲；
④利用振冲器的强力振动和喷水，使孔内振冲器周围和上部砂土逐渐塌陷，并被振密；
⑤达到密实后，上提一次振冲器（每次上提高度为 0.3～0.5m），保持连续不停地振冲；
⑥按上述④⑤步骤反复，由下向上逐段振密，直至桩顶设计高程

由于振密厚度一般可达十几米，其工效远胜于其他方法，如夯实或碾压的方法，使用这种方法振密水下回填料已成为一种新的筑坝工艺。

“先护壁，后制桩”的工艺适用软弱黏性土的振冲置换工程中，间断填料法多次提出振冲器，操作繁琐，但适合人工推车填料，并可大致估算造桩每段的填料量，制桩效率低，另外振冲器每次下降后，常留在填料顶部振冲，不能发挥振冲器水平向振动力的作用。如果在施工中控制得不好，例如振冲器未能下沉到原来提起的深度，容易发生漏振，造成桩体密实度不均匀。另外，必须严格控制每次填料量的堆高不能超过 0.8～1.0m，如填料堆太高，则下端的虚料就振不密。但对于黏性土地基的振冲置换，由于成孔后孔径较小，采用连续填料法不能保证填料能顺利下到孔底，所以黏性土地基采用间断填料法桩体质量易保证。

相比而言，连续填料法振冲器不提出孔口，制桩效率高，制成的桩体密实度较均匀、施工简单、操作方便、适合机械化作业。连续填料法必须严格控制振冲器上提高度，每次上提高度 0.3～0.5m，不宜大于 0.5m，否则就会造成桩体密实度不均匀。连续填料法由于施工振动产生的扰动，在桩底部形成松软的扰动区，桩底填料不易振密，从而影响加固质量。

综合填料法施工不仅可以避免前两种方法的缺点，而且提高了地基的加固效果。实践证明，桩周土的加密效果良好，成桩直径也比间断填料法的桩径大 20% 以上，成桩工效也比

较高。与连续填料法相比，综合填料法在孔底压入并振捣密实了回填石料，使桩底端头密度和强度显著提高，改善了填料和地基土的受力特性，这对于短桩加固的地基尤为重要。

在松散砂土中，尤其是饱和松散粉细砂地基中，饱和松砂在振冲作用下很容易产生液化和下沉，振冲成孔的孔径较大，施工时填入的石料容易从孔壁和振冲器之间的空隙下落，因此常采用连续填料法，能充分发挥振冲器水平向振动力的作用，挤密作用大，加密效果好，效率高。

对于具体的工程项目，用哪种工艺效果最好，可在加固前通过试验确定。

3.4.4 施工操作步骤及其注意事项

1. 振冲定位

吊机起吊振冲器对准桩位（误差应小于10cm），开启供水泵，水压可用400～600kPa、水量可用200～400L/min，待振冲器下端喷水口出水后，开动电源，启动振冲器，检查水压、电压和振冲器的空载电流是否正常。

2. 振冲成孔

启动施工车或吊车的卷扬机下放振冲器，使其以1～2m/min的速度徐徐贯入土中。造孔的过程应保持振冲器呈悬垂状态，以保证垂直成孔。注意在振冲器下沉过程中的电流值不得超过电机的额定电流值，万一超过，必须减速下沉或暂停下沉或向上提升一段距离，借助于高压水松动土层且电流值下降到额定电流以内时再进行下沉。在开孔过程中，要记录振冲器各深度的电流值和时间。电流值的变化能定性地反映出土的强度变化，若孔口不返水，应加大供水量，并记录造孔的电流值、造孔的速度及返水的情况。

3. 留振时间和上拔速度

当振冲达到设计深度后，对振冲密实法，可在这一深度上留振30s，将水压和水量降至孔口有一定量回水但无大量细小颗粒被带走的程度。如遇中部硬夹层，应适当通孔，每深入1m应停留扩孔5～10s。达到深度后，振冲器再往返1～2次进行扩孔。对连续填料法振冲器留在孔底以上30～50m准备填料，间断填料法可将振冲器提出孔口，提升速度可在5～6m/min，对振冲置换法成孔后要留有一定的时间清孔。

4. 清孔

成孔后，若返水中含泥量较高或孔口被激泥堵塞以及孔中有强度较高的黏性土，且导致成孔直径小时，一般需清孔，即把振冲器提出孔口（或提到需要清孔的位置），然后重复1、2步骤1～2遍，借助于循环水使孔内泥浆变稀，清除孔内泥土，保证填料畅通。最后，将振冲器停留在加固深度以上30～50cm处准备填料。

5. 填料

采用连续填料法施工时，振冲器成孔后应停留在设计加固深度以上30～50cm处，向孔内不断填料，并在整个制桩过程中石料均处于满孔状态。采用间断填料时，应将振冲器提出孔口，每往孔内倒0.15～0.5m^{3}石料，振冲器下降至填料中振捣一次。如此反复，直到制桩完成。振冲器在填料中进行振实，这时，振冲器不仅能使填料振密，并且可依靠振冲器的水平振动力将填入孔口的填料挤入侧壁中，从而使桩径增大。由于填料的不断挤入，孔壁土的约束力逐渐增大，一旦约束力与振冲器产生的水平振动力相平衡时，桩径不再扩大，这时振冲器的电流值迅速增大。当电流达到规定电流（即前述的“密实电流”）时，认为该深度的桩已经振密，如果电流达不到其密实电流，则需要提起振冲器向孔内倒一批料，然后再下降振冲器继续进行振密。如此重复操作，直到该深度的电流达到密实电流为止。每倒一批填料进行振密，都必须记录深度、填料量、振密时间和振密时的电流量。密实电流由现场制桩确定或按经验估算。

6. 制桩结束

制桩加固至桩顶设计标高以上 0.5～1.0m 时，先停止振冲器运转，再停止供水泵，这时桩就完成了施工。

3.4.5 施工中常见的几个问题及处理方法

由于地基土层的复杂多变性，振冲施工必然会遇到一些特殊问题，其处理方法见表 3-3。

表 3-3　　振冲法施工过程中的问题及处理方法

类别	问题	原因	处理方法
成孔	振冲器下沉速度太慢	土质硬、阻力大	(1) 加大水压 (2) 使用大功率振冲器
	振冲器造孔电流过大	(1) 贯入速度过快 (2) 振动力过大 (3) 孔壁土石坍塌造成	(1) 减慢振冲器下沉速度 (2) 减少振动力
	孔口不返水	(1) 水量不够 (2) 遇强透水层	(1) 加大水压 (2) 穿过透水层
	孔径太小	(1) 土质原始密度高 (2) 振冲器贯入速度太快	(1) 加大水压和喷水量 (2) 增加冲洗时间 (3) 反复提降振冲器
	干厚砂层成孔困难	(1) 水位低，含水量小 (2) 砂层厚	(1) 加大水压 (2) 放慢贯入速度 (3) 适当用黏土造浆护壁
	塌孔	(1) 砂砾粗 (2) 黏粒含量少	(1) 黏土泥浆护壁 (2) 增加下料套管
	缩颈，缩颈处阻止下料	地层中夹有黏性土薄层	(1) 黏性土薄夹层处加长振冲冲孔时间 (2) 清孔 (3) 上下提升振冲器通孔 (4) 在黏土层处填料后延长振密时间，以便扩大桩径
填料	填料填不下去	孔口太小	(1) 清孔 (2) 把孔口土挖除
		一次加料太多，造成孔道堵塞	(1) 加大水压，提拉振冲器，打通孔道 (2) 每次少加填料，做到"少吃多餐"
		地基有流塑性黏土造成缩孔堵塞孔道	(1) 先固壁，后填料 (2) 采用强迫填料工艺
	填料串孔	(1) 布桩过密 (2) 土质极软	(1) 大量填料 (2) 对临近塌陷的桩孔补入填料振冲密实

续表

类别	问题	原因	处理方法
加密	（1）振冲器电流过大	间断填料，上部形成卡壳	（1）加大水压、水量，慢慢冲开堵塞处 （2）每次填料要少 （3）采用连续填料工艺
	（2）密实电流难达到	（1）土质软 （2）填料量不足	（1）连续填料加密 （2）提拉振冲器加速填料

3.5 检验的方法

（1）检查振冲施工记录，如有遗漏或不符合规定要求的桩或振冲点，应补做或采取有效的补救措施。

（2）振冲施工结束后，除砂土地基外，应间隔一定时间后方可进行质量检验。对粉质黏土地基间隔时间不宜少于21d，对粉土地基不宜少于14d，对砂土和杂填土地基不宜少于7d。

（3）振冲桩的施工质量检验可采用单桩载荷试验，检验数量为桩数的0.5%，且不少于3根。对碎石桩体检验可用重型动力触探进行随即检查。对桩间土的检验可在处理深度内用标准贯入、静力触探等进行检验。

（4）振冲处理后的地基竣工验收时，承载力检验应采用复合地基荷载试验。

（5）复合地基荷载试验检验数量不应少于总桩数的0.5%，且每个单位工程不应少于3点。

（6）对不加填料振冲加密处理的砂土地基，竣工验收承载力检验应采用标准贯入、动力触探、载荷试验或其他合适的试验方法。检验点应选择在有代表性或地基土质较差的地段，并位于振冲点围成的单元形心处及振冲点中心处。检验数量可为振冲点数量的1%，总数不应少于5点。

砂垫层应分层碾压施工；砂垫层宽度应宽出路基边脚0.5～1.0m，两侧端以片石护砌；砂垫层厚度及其上铺设的反滤层应满足设计要求。砂垫层施工质量检验的实测项目及检查方法见表3-4。

表3-4　　砂垫层实测项目

项次	检查项目	单位	规定值或允许偏差	检查方法与频率
1	砂垫层	mm	不小于设计值	尺量：每200m测2点，且不少于5点
2	砂垫层	mm	不小于设计值	尺量：每200m测2点，且不少于5点
3	反滤层	mm	满足设计要求	尺量：每200m测2点，且不少于5点
4	压实度	%	≥90	密度法：每200m测2点，且不少于5点

振冲法施工的砂石桩复合地基质量检验标准应符合《建筑地基基础工程施工质量验收标准》（GB 50202—2018）的规定，见表 3-5。

表 3-5　砂石桩复合地基质量检验标准

项目	序号	检查项目	允许偏差或允许值		检查方法
			单位	数值	
主控项目	1	复合地基承载力	不小于设计值		静载试验
	2	桩体密实度	不小于设计值		重型动力触探
	3	填料量	%	≥−5	实际用料量与计算用料量体积比
	4	孔深	不小于设计要求		测钻杆长度或用测绳
一般项目	1	填料的含泥量	%	<5	水洗法
	2	填料的有机质含量	%	≤5	灼烧减量法
	3	填料粒径	设计要求		筛析法
	4	桩间土强度	不小于设计值		标准贯入试验
	5	桩位	mm	≤0.3D	全站仪或用钢尺量
	6	桩顶标高	不小于设计值		水准测量，将顶部预留的松散桩体挖除后测量
	7	密实电流	设计值		查看电流表
	8	留振时间	设计值		用表计时
	9	褥垫层夯填度	≤0.9		水准测量

注：1. 夯填度指夯实后的褥垫层厚度与虚铺厚度之比。
2. D 为设计桩径。

3.6　工程实例

3.6.1　工程概况

上海市某建筑物占地长 25m、宽 18m，工程为框架结构，北面为四层，采用条形基础，南面为六层，片筏基础，整个基础及结构无沉降缝。场地四周与老建筑物靠得较近，尤其是四面、南面与老建筑物的山墙紧挨，东面距老建筑物的山墙也仅有 1.2～1.6m。新老建筑物的基础也基本上靠拢，而新基础的平均深度约为 1m。

3.6.2　工程地质条件

根据地质勘查报告，地基土的物理力学性质详见表 3-6。

表 3-6　地基土的物理力学性质

土层	土层名称	厚度/m	含水率（%）	重度/（kN/m³）	空隙比	黏聚力/kPa	内摩擦角（°）	压缩模量/MPa
1	填土	3.5～3.9						

续表

土层	土层名称	厚度/m	含水率（%）	重度/（kN/m³）	空隙比	黏聚力/kPa	内摩擦角（°）	压缩模量/MPa
2	淤泥质黏土	1.0	40.3	18.4	1.08	5.3	7.25	3.13
3	粉质黏土	1.5～1.7	33.8	18.7	0.94	5.0	17.36	5.17
4	淤泥质黏土	6.0	51.1	17.8	1.22	8.0	8.36	3.35
5	黏土	8.0	44.2	17.9	1.51	13.0	11.30	2.03

3.6.3 设计

（1）处理范围。在基础外缘扩大2排桩。

（2）桩的布置。桩间距为1.2m，呈梅花形布置。

（3）桩长。桩长采用7m。

（4）垫层。在桩顶和基础之间宜铺设一层300mm厚的碎石垫层。

（5）桩体材料。桩体材料可用含泥量不大于5%的碎石。填料粒径为：55kW振冲器30～100mm。

（6）桩径。桩径采用400mm。

（7）承载力。单桩承载力标准值370kPa，复合地基承载力标准值230kPa。

（8）振冲施工参数。根据工程地质条件，通过振冲试验推荐振冲施工参数：振冲功率为75kW，水平振冲间距为2.5m，振冲头提升间距为0.5m，留振时间为30s。

3.6.4 施工

（1）主要机械设备。搅拌桩单机主要施工机械设备见表3-7。

表3-7 主要施工机械设备表

序号	机械或设备名称	型号、规格	单位	数量	功率/kW	备注
1	振冲器	ZCQ-75	台	1	75	
2	汽车吊	QY25	台	1		
3	柴油发电机		台	1	60	
4	供水泵		台	1	20	
5	排浆泵		台	2	15×2	

（2）施工过程控制。

1）定位。振冲前应按设计图定出冲孔中心位置并编号，在振冲器由钻机卷扬机或吊车就位后打开下喷水口，启动振冲器。在振动力和水冲作用下在土层中形成一个孔洞，直至设计标高处，然后经过换浆清孔工序，用循环水带出孔中稠泥浆。

2）成孔。同一排孔采取隔孔跳打法，此法先后造孔影响小，易保证桩的垂直度，但要防止漏掉孔位，并应注意桩位准确。水压保持4～18MPa工作时不得中断射水；振冲器贯入速度一般为1～2m/min，每贯入0.5～1.0m应将振冲器悬留5～10s进行扩孔，待孔内泥浆溢出时再继续贯入。

3）填料和制桩。填料的方法有两种：一种是边振边填料，另一种是将振冲器提出孔口后加料。在实际施工中，大多数情况下用第一种方法优于第二种方法。因为采用第二种方法时，当振冲器提出孔口后，孔壁内的水容易因回流带土塌落夹入碎石中，致使桩身的沉降量增大。

采用边振边填的方法，一般在成孔后，将振冲器提出少许，从孔口往下填料。填料从孔壁间隙下落，边填边振，直至该段振实，然后将振冲器提升 0.5～1.0m，再从孔口往下填料，逐段施工。

3.6.5　质量检验

振动水冲法的砂石桩施工质量检验标准见表 3-8。

表 3-8　砂石桩复合地基质量检验标准

项目	序号	检查项目	允许偏差或允许值		实测值
			单位	数值	
主控项目	1	复合地基承载力	kPa	230	247
	2	桩体密实度	N 值	6	9.7
	3	填料量	%	≥−5	0.8
	4	孔深	mm	±50	−8，+12
一般项目	1	填料的含泥量	%	<5	3.7%
	2	填料的有机质含量	%	≤5	4.6%
	3	填料粒径	mm	≤20	≤20
	4	桩间土强度	kPa	120	120
	5	桩位	mm	≤$0.3D$	$0.23D$
	6	桩顶标高	mm	±20	−5，+8
	7	留振时间	s	30	30
	8	褥垫层夯填度		≤0.9	0.87

本　章　小　结

本章介绍了振动水冲法的加固机理、设计计算的方法以及振动水冲法的施工、检验方法等，同时给出具体的工程实例。通过理论知识的系统介绍辅以工程实例达到对该法的深入理解的目的。

（1）振冲法适用于处理砂土、粉土、粉质黏土、素填土和杂填土等地基。

（2）根据地质条件，确定振冲桩处理范围、桩位布置、桩长、垫层、桩径、桩体材料、承载力。

（3）振冲法施工的砂石桩复合地基质量检验标准应符合《建筑地基基础工程施工质量验收标准》（GB 50202—2018）的规定。振冲处理地基的变形计算应符合现行国家标准《建筑地基基础设计规范》（GB 50007—2011）的有关规定。

复习思考题

1. 什么是振冲法？
2. 简述振冲法的加固机理。
3. 简述振冲法设计的主要内容。
4. 简述振冲法施工的常用机具、施工准备工作。
5. 简述振冲法施工的施工顺序。
6. 振冲法的检验内容包括哪些？

第4章　水泥粉煤灰碎石桩

知识目标

1. 了解CFG桩的特点及施工。
2. 掌握CFG桩的作用机理。
3. 熟悉CFG桩材料及配合比设计。
4. 掌握CFG桩相关参数的计算。
5. 熟悉CFG桩体强度与承载力关系。

4.1　概述

水泥粉煤灰碎石桩（Cement Fly-ash Gravel，Pile），简称CFG桩。它是由碎石、石屑、砂和粉煤灰掺适量水泥，加水拌和制成的一种具有一定黏结强度的桩。通过调整水泥的掺量及配比，可使桩体强度等级在C5～C25之间变化，是近年来新开发的一种地基处理技术。

水泥粉煤灰碎石桩简介

这种处理方法是通过在碎石桩体中添加以水泥为主的胶结材料，添加粉煤灰来增加混合料的和易性并有低强度等级水泥的作用，同时还添加适量的石屑以改善级配，使桩体获得胶结强度并从散体材料桩转化为具有某些柔性桩特点的高黏结强度桩，由桩、桩间土和褥垫层一起构成复合地基（图4-1）。

水泥粉煤灰碎石桩是针对碎石桩承载特性的一些不足，加以改进而发展起来的。一般的碎石桩系散体材料桩，桩本身没有黏结强度，主要靠周围土的约束形成桩体强度，并和桩间土组成复合地基共同承担上部建筑的垂直荷载。土越软对桩的约束作用越差；桩体强度越小，桩传递垂直荷载的能力就越差。碎石桩和CFG桩加固效果比较见表4-1。

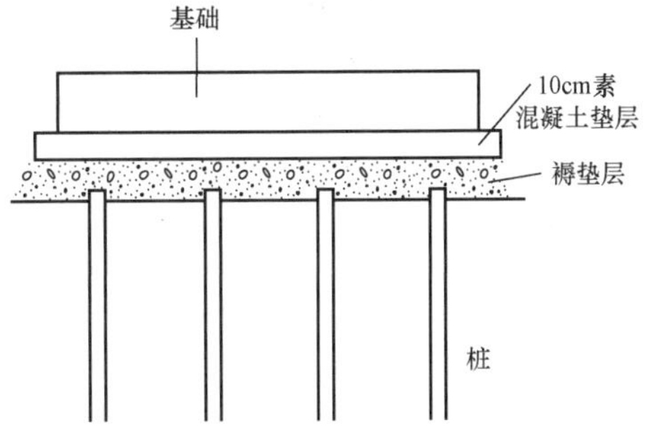

图4-1　CFG桩复合地基示意图

CFG桩复合地基既适用于条形基础、独立基础，也适用于筏基和箱形基础。就土性而言，适用于处理黏性土、粉土、砂土和正常固结的素填土等地基。对于泥质土应按地区经验或通过现场试验确定其适用性。CFG桩既可用于挤密效果好的土，又可用于挤密效果差的土：当用于挤密效果好的土时，承载力的提高既有挤密作用，又有置换作用；当用于挤密效果差的土时，承载力的提高只与置换作用有关。CFG桩和其他复合地基的桩型相比，它的置换作用很突出，这是CFG桩的一个重要特征。对一般黏性土、粉土或砂土，桩端具有好的持力层，经CFG桩处理后可作为多层、高层或超高层建筑地基。

表 4-1　　碎石桩和 CFG 桩加固效果比较

桩　　型	碎　石　桩	CFG　　桩
单桩承载力	桩的承载力主要靠桩顶以下有限长度范围内桩周土的侧向约束。当桩长大于有效桩长时，增加桩长对承载力的提高作用不大。以置换率10%计，桩承担荷载占总荷载的15%～30%	桩的承载力主要来自桩长的摩阻力及桩端承载力。桩越长则承载力越高。以置换率10%计，桩承担荷载占总荷载的40%～75%
复合地基承载力	加固黏性土复合地基承载力的提高幅度较小，一般为0.5～1倍	承载力提高幅度有较大的可调性，可提高4倍或更高
变　　形	地基变形的幅度较小，总的变形量较大	增加桩长可有效地减小变形，总的变形量小
三轴应力应变曲线	应力应变曲线不呈直线关系，增加围压，破坏主应力差增大	应力应变曲线为直线关系，围压对应力应变曲线没有多大影响
适用范围	多层建筑地基	多层、高层和超高层建筑地基

水泥粉煤灰碎石桩不仅用于承载力较低的土，对承载力较高但变形不能满足要求的地基，也可采用，减少地基的变形。但对于地基承载力特征值 $f_{spk} \leqslant 50$kPa，地基土灵敏度 $S_t \geqslant 4$ 的淤泥和淤泥质土，不宜采用该桩型。

4.2　CFG 桩作用机理

CFG 桩加固软弱地基，桩和桩间土一起通过褥垫层形成 CFG 桩复合地基，如图 4-2 所示。其加固软弱地基主要有三种作用：桩体作用、挤密作用和褥垫层作用。

4.2.1　桩体作用

与碎石桩一样，因为材料本身的强度与软土地层强度不同，在荷载作用下，水泥粉煤灰碎石桩的压缩性明显比桩间土小，因此基础传给复合地基的附加应力，随地层的变形逐渐集中到桩体上，出现了应力集中现象。大部分荷载将由桩体承受，桩间土应力相应减小，于是复合地基承载力较原有地基承载力有所提高（即图 4-2 中的 $\sigma > \sigma_s$），沉降量也减小，随着桩体刚度增加，桩体作用发挥更加明显。这一点正是碎石桩与水泥粉煤灰碎石桩受力情况不同的根本原因。因为碎石桩桩体材料是松散碎石，自身无黏结强度，依靠周围土体约束才能承受上部荷载。而水泥粉煤灰碎石桩桩身具有一定的黏结强度，在荷载作用下，不会出现压胀变形，桩承受的荷载通过桩周摩擦阻力和桩端阻力传至深层地基中，其复合地基承载力提高幅度也较碎石桩为大。

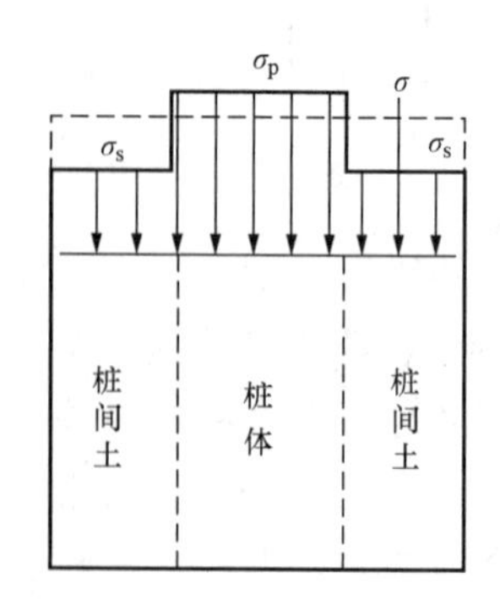

图 4-2　复合地基承载力示意图

有资料表明，碎石桩复合地基桩、土应力比一般为 $n=2.2 \sim 4.1$，承载力提高幅度为 50%～100%，而且其面积置换率 m 较大，一般为 0.2～0.4；而水泥粉煤灰碎石桩的 $n \geqslant 20$ 倍，复合地基承载力提高幅度最大达 300%，且其面积置换率一般为 10%～20%，正是在此意义上水泥粉煤灰碎石桩较碎石桩更有优越性和先进性，更有推广应用的价值。

4.2.2 挤密作用

CFG 桩采用振动沉管法施工，由于振动和挤压作用使桩间土得到挤密，特别是在砂层中这一作用更为显著。砂土在强烈的高频振动下，产生液化并重新排列致密，而且在桩体粗骨料（碎石）填入后挤入土中，使砂土的相对密实度增加，孔隙率降低，干密度和内摩擦角增大，改善土的物理力学性能，抗液化能力也有所提高。工程实践证明，经 CFG 桩加固后地基土的含水量、孔隙比、压缩系数均有所减小，土的重度、压缩模量均有所增加，说明经加固后桩间土已被挤密。

4.2.3 褥垫层作用

由级配砂石、粗砂、碎石等散体材料组成的褥垫层，在复合地基中有如下几种作用。

1. 保证桩、土共同承担荷载

若基础和桩之间不设置褥垫层（即 $H=0$），如图 4-3（a）所示，则桩和桩间土传递垂直荷载与桩基相类似。当桩端落在坚硬土层上，基础承受荷载后，桩顶沉降变形很小，绝大部分荷载由桩承担，桩间土的承载力很难发挥。随着时间延长，桩发生一定沉降，荷载向土体转移，土承载随时间增加逐渐增加，桩承载则逐渐减少。当褥垫层的设置后形成 CFG 桩复合地基，基础通过厚度为 H 的褥垫层与桩和桩间土相联系，如图 4-3（b）所示，为桩向上刺入提供了条件，并通过垫层材料的流动补偿，使桩间土与基础始终保持接触，在桩、土共同作用下，地基土的强度得到一定程度的发挥，相应地减少了对桩的承载力的要求。

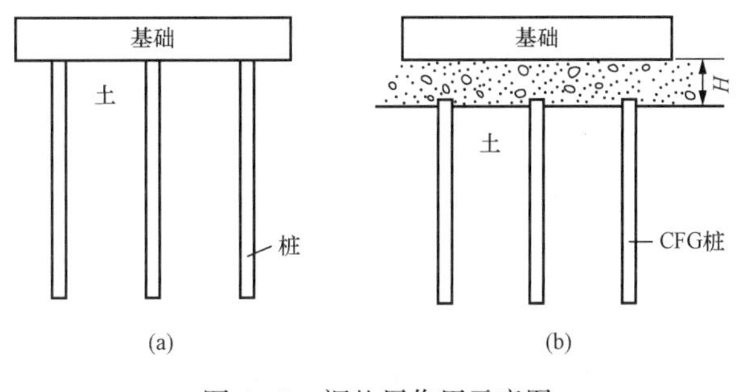

图 4-3 褥垫层作用示意图
（a）$H=0$；（b）$H>0$

2. 调整桩与土垂直和水平荷载的分担作用

通过褥垫层的厚度可有效地调整桩、土荷载的分担比，减小基础底面的应力集中。当褥垫层 H 越小时，桩承担的垂直荷载和水平荷载的比例越大；当褥垫层 H 越大时，桩间土承担的垂直荷载和水平荷载的比例越大。工程实践表明，褥垫层合理厚度为 100～300mm。当桩径大，桩距大时宜取高值。

4.3 CFG 桩设计计算

4.3.1 CFG 桩材料及配合比设计

1. 材料选择

CFG 桩是将水泥、粉煤灰、石子、石屑加水拌和形成的混合料灌注而成，其各自含量的多少对混合料的强度、和易性都有很大的影响。CFG 桩中的骨干材料为碎石，属于粗骨料；石屑为中等粒径骨料，在水泥掺量不高的混合料中，掺加石屑是配比试验中的重要环节。若不掺加中等粒径的石屑，粗骨料碎石间多数为点接触，接触比表面积小，连接强度一旦达到极限，桩体就会破坏；掺入石屑后，石屑用来填充碎石间的空隙，使桩体混合料级配良好，比表面积增大，桩体的抗剪、抗压强度均得到提高。有资料表明，在碎石含量和水泥掺量不变的情况下，掺入石屑比不掺石屑强度增加50%。

粉煤灰是燃煤发电厂排出的一种工业废料，它既是细骨料，又有低强度等级水泥的作用，可使桩体具有明显的后期强度。粉煤灰的粒度成分是影响粉煤灰质量的主要指标，一般粉煤灰越细，球形颗粒越多，因而水化及接触界面增多，容易发挥粉煤灰的活性。不同发电厂收集的粉煤灰，由于原煤种类、燃烧条件、煤粉细度、收灰方式的不同，其活性随之有较大的差异。粉煤灰的性质差异对混合料的强度有较大影响，选择粉煤灰时，Al_2O_3 和 SiO_2 含量越多越好。烧失量越低越好。水泥一般采用42.5级普通硅酸盐水泥；碎石子的粒径一般采用20～50mm。表4-2为某项工程中材料配比试验中的石子、石屑的物理性能指标。

表4-2　　石子、石屑的物理性能指标

材料	指标			
	粒径/mm	比重	松散密度/(t/m³)	含水率（%）
石　子	20～50	2.70	1.39	0.96
石　屑	2.5～10	2.70	1.47	1.05

注：混合料的密度一般为2.1～2.2t/m³。

2. 配合比设计

CFG桩与素混凝土桩的不同就在于其桩体配合比更经济。在有条件的地方应尽量利用工业废料作为拌和料，但地域不同，其石屑粒径的大小、颗粒的形状及含粉量均不同。如前所述，粉煤灰的质量也容易因外界因素的不同而性能各异，所以很难给出一个统一的、精度很高的配比。下面介绍的配比方法曾在实际工程中使用过，加固效果良好（参见本章4.6工程实例），可供参考。

混合料中，石屑与碎石（一般碎石粒径为3～5cm）的组成比例用石屑率表示

$$\lambda=\frac{G_1}{G_1+G_2} \tag{4-1}$$

式中　λ——石屑率，根据试验研究结果，λ 取0.25～0.33为合理石屑率；

G_1——每立方米混合料中石屑用量（kg/m^3）；

G_2——每立方米混合料中碎石用量（kg/m^3）。

混合料28d强度与水泥强度等级和灰水比有如下关系：

$$R_{28}=0.366R_c^b\left(\frac{C}{W}-0.071\right) \tag{4-2}$$

式中　R_{28}——混合料28d强度（kPa）；

R_c^b——水泥强度等级（kPa）；

C——每立方米水泥用量（kg/m^3）；

W——每立方米用水量（kg/m^3）。

混合料坍落度按3cm控制，水灰比 W/C 和粉灰比 F/C（F 为单方粉煤灰用量）有如下关系：

$$W/C=0.187+0.791F/C \tag{4-3}$$

混合料密度一般为2.1～2.2t/m³，利用以上的关系式，参考混凝土配比的用水量并加

大2%～5%，就可以进行配比设计。实际工程中，桩体配合比也要根据当地材料来源情况而定，对缺少粉煤灰的地区，可以少用或不用粉煤灰，改用砂取代也可。

4.3.2　CFG桩体强度与承载力关系

当桩体强度大于某一数值时，提高桩体强度对复合地基承载力没有影响，如图4-4所示。因此复合地基设计时，不必把桩体强度等级取得很高，一般取桩顶应力的3倍即可。这是由复合地基的受力特性所决定的。

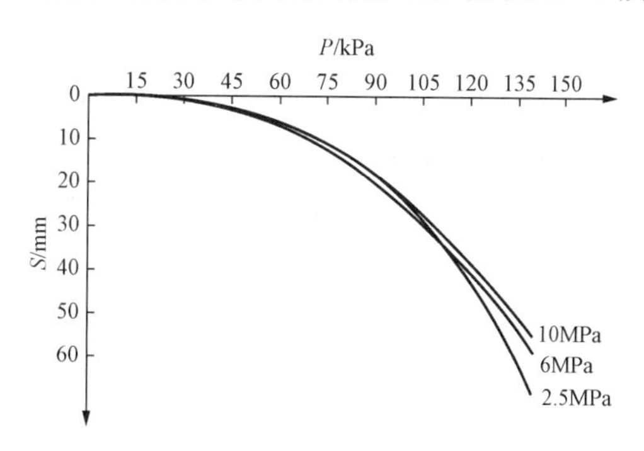

图4-4　不同强度等级相同桩长 P-S 曲线

复合地基承载力是由桩间土和桩共同承担荷载。CFG桩复合地基承载力取决于桩距、桩径、桩长、上部土层和桩尖下卧层土体的物理力学指标以及桩间土内外面积的比值等因素。CFG桩复合地基的承载力取值应以能够较充分地发挥桩和桩间土的承载力为原则，按此原则可取比例界限荷载值为复合地基承载力特征值。此时，桩达到承载力要求，桩间土内外应力的面积平均值达到天然地基承载力的80%以上。

《建筑地基处理技术规范》（JGJ 79—2012）的规定，CFG桩复合地基承载力特征值，应通过现场复合地基载荷试验确定。初步设计时可按式（4-4）估算

$$f_{spk}=\lambda m\frac{R_a}{A_p}+\beta(1-m)f_{sk} \tag{4-4}$$

式中　f_{spk}——复合地基承载力特征值；

λ——单桩承载力发挥系数，可按地区经验取值；

m——面积置换率；

R_a——单桩竖向承载力特征值（kN）；

A_p——桩的横截面积（m^2）；

β——桩间土承载力折减系数，宜按当地经验取值，如无经验时可取0.75～0.95，天然地基承载力较高时取大值；

f_{sk}——处理后桩间土承载力特征值（kPa），宜按当地经验取值，如无经验时，可取天然地基承载力特征值。

考虑到地基处理后，上部结构施工有一个过程，应考虑荷载增长和土体强度恢复的快慢来确定 f_{sk}。对可挤密的一般黏性土，f_{sk} 可取1.1～1.2倍天然地基承载力特征值，即 $f_{sk}=(1.1\sim1.2)f_{ak}$，塑性指数小、孔隙比大时取高值。对不可挤密土，若施工速度慢，可取 $f_{sk}=f_{ak}$；对不可挤密土，若施工速度快，宜通过现场试验确定 f_{sk}。对挤密效果好的土，由于承载力提高幅值的挤密分量较大，宜通过现场试验确定 f_{sk}。

也可以采用式（4-5）计算地基承载力特征值

$$f_{spk}=\xi\left[1+m(n-1)\right]f_{sk} \tag{4-5}$$

式中　ξ——桩间土承载力折减系数，一般取0.8；

n——桩土应力比，一般取 $n=10\sim14$。

其他符号意义同前。

需要特别指出的是，复合地基承载力不是天然地基承载力和单桩承载力的简单叠加，需要对下列的一些因素予以考虑。

（1）施工时是否对桩间土产生扰动或挤密，桩间土的承载力在加固后与加固前比较是否有降低或提高。

（2）桩对桩间土有约束作用，使土的变形减小，在垂直方向上荷载水平不太大时，对土起阻碍变形的作用，使土沉降减小，荷载水平高时起增大变形的作用。

（3）复合地基中的桩 P-S 曲线呈加工硬化型，比自由单桩的承载力要高。

（4）桩和桩间土承载力的发挥都与变形有关；变形小，桩和桩间土承载力的发挥都不充分。

（5）复合地基桩间土承载能力的发挥与褥垫层厚度有关。

综合考虑以上因素，结合工程实践经验的总结，CFG桩复合地基承载力可用式（4-6）和式（4-7）进行估算

$$f_{spk}=\lambda m\frac{R_a}{A_p}+\alpha\beta(1-m)f_{ak}=\lambda m\frac{R_a}{A_p}+\beta(1-m)f_{sk} \tag{4-6}$$

或

$$f_{spk}=[1+m(n-1)]\alpha\beta f_{ak}=[1+m(n-1)]\beta f_{sk} \tag{4-7}$$

式中 f_{ak}——天然地基承载力特征值（kPa）；

β——桩间土强度发挥度，一般工程 $\beta=0.90\sim0.95$，对重要或变形要求高的建筑物 $\beta=0.75\sim0.90$；

α——表示桩间土的强度提高系数，α 可根据经验预估或实测给定，没有经验并无实测资料时，对一般黏性土取 $\alpha=1.0$，对灵敏度较高的土和结构性土采用对桩间土产生扰动的施工工艺且施工进度很快时，α 宜取小于1的数值，$\alpha=\frac{f_{sk}}{f_{ak}}$；

f_{sk}——加固后桩间土的承载力特征值（kPa）。

其他符号意义同前。

单桩竖向承载力特征值 R_a 的取值详见如下所述。

（1）当采用单桩载荷试验时，应将单桩竖向极限承载力除以安全系数2。

（2）当无单桩载荷试验资料时，可按式（4-8）估算

$$R_a=u_p\sum_{i=1}^{n}q_{si}l_i+a_p q_p A_p \tag{4-8}$$

式中 u_p——桩的周长；

n——桩长范围内所划分的土层数；

q_{si}、q_p——分别为桩周第 i 层土的侧摩阻力、桩端端阻力特征值（kPa），可按现行《建筑地基基础设计规范》（GB 50007—2011）有关规定确定；

l_i——第 i 层土的厚度（m）；

a_p——桩端阻力发挥系数，应按地区经验确定。

（3）R_a 可按式（4-9）计算，并取小者：

$$R_a=\eta f_{cu}A_p \tag{4-9}$$

$$R_a=\left(u_p\sum_{i=1}^{n}q_{si}h_i+\alpha q_pA_p\right)/k \qquad (4-10)$$

式中　η——取 0.30～0.33；

f_{cu}——桩体 28d 立方体试块强度（150mm×150mm×150mm），为桩体混合料试块标准养护条件下的抗压强度平均值，应满足 $f_{cu}\geqslant 3\dfrac{R_a}{A_p}$（kPa）；

u_p——桩的周长（m）；

q_{si}——第 i 层土与土性和施工工艺相关的极限侧摩阻力，按《建筑桩基技术规范》（JGJ 94—2008）的有关规定确定；

h_i——第 i 层土的厚度（m）；

q_p——与土性和施工工艺相关的极限端承力，按《建筑桩基技术规范》（JGJ 94—2008）的有关规定确定；

k——安全系数，k=1.50～1.75；

α——桩端阻力修正系数。

（4）当用单桩静载荷试验求得单桩极限承载力 R_u 后，R_a 可按式（4-11）计算

$$R_a=R_u/k \qquad (4-11)$$

对重要工程和基础下桩数较少时，k 值取高值；一般工程和基础下桩数较多时，k 值取低值。k 的取值比《建筑地基处理技术规范》（JGJ 79—2012）中规定的 k=2 降低了 12.5%～25%，这是根据工程反算并综合考虑复合地基中桩的承载力与单桩承载力的差异、桩的负摩擦作用、桩间土受力后桩的承载力会有提高等一系列因素而确定的。

4.3.3　CFG 桩径，桩距和桩长的计算

1. 桩径

水泥粉煤灰碎石（CFG）桩桩径宜取 350～600mm，桩径过小，施工质量不易控制；桩径过大，需加大褥垫层厚度才能保证桩土共同承担上部结构传来的荷载。对于常用的振动沉管法，CFG 桩桩径应根据桩管大小而定（管径为 ϕ377），一般桩径设计为 350～400mm。

2. 桩距

桩距 S 的大小取决于设计要求的复合地基承载力和变形量、土性及施工机具，所以选用桩距需考虑承载力的提高幅度应能满足设计要求、施工方便、桩作用的发挥、场地地质条件以及造价等因素。试验表明：其他条件相同，桩距越小复合地基承载力越大；当桩距小于 3 倍桩径后，随着桩距的减小，复合地基承载力的增长率明显下降，从桩、土作用的发挥考虑，桩距宜取 3～5 倍桩径为宜。

施工过程中，无论是振动沉管还是振动拔管，都将对周围土体产生扰动或挤密，振动的影响与土的性质密切相关。振密效果好的土，施工时振动可使土体密度增加，场地发生下沉；不可挤密的土则要发生地表隆起，桩距越小隆起量越大，以至于导致已打的桩产生缩颈或断裂。桩距越大，施工质量越容易控制，但应针对不同的土性分别加以考虑。

下面介绍桩距选用的原则，供设计时参考：设计的桩距首先要满足承载力和变形的要求；从施工角度考虑，尽量选用较大的桩距以防止新打桩对已打桩的不良影响；基础形式也是值得注意的一个因素。对单、双排布桩的条形基础和面积不大的独立基础，桩距可小些；

反之，满堂布桩的筏基、箱基以及多排布桩的条形基础、设备基础，桩距可适当放大。地下水位高、地下水丰富的建筑场地，桩距也应适当放大。

就土的挤密（或振密）性而言，可将土分为三类。

（1）挤（振）密效果好的土，如松散粉细砂、粉土、人工填土等。

（2）可挤（振）密土，如不太密实的粉质黏土等。

（3）不可挤（振）密土，如饱和软黏土或密实度很高的黏性土、砂土等。

就施工工艺而言可分为两大类。

（1）对桩间土产生扰动或挤密的施工工艺，如振动沉管打桩机成孔制桩，属挤土成桩工艺。

（2）对桩间土不产生扰动或挤密的施工工艺，如长螺旋钻孔灌注成桩，属非挤土成桩工艺。

对挤土成桩工艺和不可挤密土，宜采用较大的桩距。

在满足承载力和变形要求的前提下，可以通过调整桩长来调整桩距。桩越长，桩间距可以越大。

综上所述，桩距的设计应综合多种因素，一般桩距 $s=(3\sim5)d$ 可参考表4-3选取（表中给出的是振动沉管机施工桩距的选用表）。

表4-3 桩距选用表

布桩形式	土质		
	挤密性好的土，如砂土、粉土、松散填土等	可挤密性土，如粉质黏土，非饱和黏土等	不可挤密性土，如饱和黏土、淤泥质土等
单、双排布的条基	$(3\sim5)d$	$(3.5\sim5)d$	$(4\sim5)d$
含9根以下的独立基础	$(3\sim5)d$	$(3.5\sim5)d$	$(4\sim5)d$
满堂布桩	$(4\sim6)d$	$(4\sim6)d$	$(4.5\sim7)d$

注：d 为桩径，以成桩后桩的实际桩径为准。

3. 桩长

由式（4-6）可解得

$$R_a=[f_{spk}-\alpha\beta(1-m)f_{ak}]A_p/\lambda m \tag{4-12}$$

在进行复合地基设计时，天然地基承载力 f_{ak} 是已知的；设计要求的复合地基承载力 f_{spk} 也为已知；桩径 d 和桩距 s 设定后，置换率 m 和桩的断面面积 A_p 均为已知；桩间土强度提高系数 α 和桩间土强度发挥度的取值同式（4-6）。

将以上各数值代入式（4-12）后，则可求得 R_a。

再将 R_a 值代入式（4-10），根据《建筑桩基技术规范》（JGJ 94—2008）中的 q_{si} 和 q_p 就能算出所需的桩长 $l=\Sigma h_i$。

也可用式（4-7）解得桩间土强度发挥度为 β 时的桩土应力比 n 为：

$$n=\left(\frac{f_{spk}}{\alpha\beta f_{ak}}-1\right)\Big/m+1 \tag{4-13}$$

设计时复合地基承载力 f_{spk} 和原天然地基承载力 f_{ak} 是已知的；桩径 d 和桩距 s 确定以后，置换率 m 也是已知的；桩间土强度提高系数 α，有经验时可按实际预估，无经验时按式

（4-7）确定；桩间土强度发挥度 β 可根据建筑物的重要性按式（4-7）确定。这样，由式（4-13）就可得到 n 值。这时，桩顶应力为

$$\sigma_p = n\alpha\beta f_{ak} \tag{4-14}$$

桩顶受的集中力为

$$P_p = n\alpha\beta f_{ak} A_p \tag{4-15}$$

式中　A_p——桩断面面积（m^2）。

由式（4-15）求得的 P_p 和地基土的性质，参照与施工方法相关的桩周侧摩阻力 q_{si} 和桩端阻力 q_p，利用式（4-10）即可预估单桩承载力为 P_p 时的桩长 l。

4.4　CFG 桩的施工

CFG 桩经过十几年的研究应用，已在我国北京、天津、河南、河北、山西、山东等十多个省、市、自治区的工业与民用建筑、多层建筑及高层建筑中得到广泛应用。基础形式有条形基础、独立基础、箱形基础和筏片基础等；处理的土类有滨海一带的软土，也有承载力在 200kPa 左右的较好的土。

大量的工程实践证明，CFG 桩复合地基设计，就承载力而言不会有太大的问题，可能出问题的是 CFG 桩的施工。所以在进行 CFG 桩复合地基设计时，必须同时考虑 CFG 桩的施工，要了解施工中可能出现的问题，以及如何防止这些问题的发生与施工时采用什么样的设备和施工工艺，要根据场地土的性质、设计要求的承载力和变形以及拟建场地周围环境等情况综合考虑施工设备和施工工艺及控制施工质量的措施。

4.4.1　施工工艺选择

CFG 桩常用的施工工艺有三种：长螺旋钻孔灌注成桩、长螺旋钻孔管内泵压混合料成桩和振动沉管灌注成桩。如何选取适当合理的施工工艺，应根据设计要求和现场地基的性质、地下水埋深、场地周边是否有居民及建筑物、有无对振动反应敏感的设备等多种因素选择施工工艺。

1. 长螺旋钻孔灌注成桩

这种施工方法适用于地下水位以上的黏性土、粉土、素填土、中等密实以上的砂土等，属非挤土成桩工艺。该工艺具有穿透能力强、低噪声、无振动、无泥浆污染等特点，要求桩长范围内无地下水，以保证成孔时不会发生坍孔现象，并适用于对周围环境要求（如噪声、泥浆污染）比较严格的场地。

2. 长螺旋钻孔管内泵压混合料灌注成桩

这种成桩方法适用于黏土、粉土、砂土，以及对噪声和泥浆污染要求严格的场地。这一工艺具有低噪声、无泥浆污染、无振动的优点，采用此法成桩，对周围居民和环境的不良影响较小，是一种很有发展前途的施工方法。

采用该法施工时，首先用长螺旋钻孔到达设计的预定深度，然后提升钻杆，同时用高压泵将桩体混合料通过高压管路的长螺旋钻杆的内管压到孔内成桩。

施工步骤：钻机就位—混合料搅拌—钻进成孔—灌注及拔管—移机。

3. 振动沉管灌注成桩

就目前国内情况，振动沉管灌注成桩用得比较多，这主要是由于振动打桩机施工效率高，造价相对较低。这种施工方法适用于无坚硬土层和粉土、黏性土及素填土、松散的饱和粉细砂地层条件，以及对振动噪声限制不严格的场地。振动沉管灌注成桩属挤土成桩工艺，对桩间土有挤（振）密作用，以便清除地基的液化并提高地基的承载力。

当遇到较厚的坚硬黏土层、砂层和卵石层时，振动沉管会出现困难；在饱和黏性土中成桩，会造成地表隆起，挤断已打桩，且噪声和振动污染严重，在城市居民区施工受到限制。在夹有硬黏性土层时，可考虑用长螺旋钻预引孔，再用振动沉管机成孔制桩。

施工步骤：桩机就位—沉管至设计深度→停振下料→振动捣实后拔管→留振→振动按管、复打。

常用CFG桩施工工艺比较见表4-4。

表4-4　常用CFG桩施工工艺比较

特点	工艺		
	长螺旋钻孔灌注成桩	长螺旋钻孔管内泵压混合料灌注成桩	振动沉管灌注成桩
工艺性质	非挤土桩	非挤土桩	挤土桩
处理深度/m	≤30	≤30	≤30
常用桩径/mm	400～420	400～420	360～420
对土层穿透能力	不易穿透厚度较厚、粒径很大的卵石层	不易穿透厚度较厚、粒径很大的卵石层	不易穿透粉土、砂土层
对桩间土的影响	对桩间土有一定扰动影响	对桩间土扰动影响很小	对松散土有挤密、对密实土有振松作用
对相邻桩的影响	对相邻桩有塌孔可能	在施工过程中对粉土、砂土层有可能串孔	对相邻桩有挤断可能
对环境影响	无振动低噪声	无振动低噪声	有较大的振动和噪声
处理建筑物的层数	多层至高层	多层至高层	多层至高层

4.4.2 成桩施工注意事项

长螺旋钻孔灌注成桩施工、管内泵压混合料灌注成桩施工和振动沉管灌注成桩施工除应执行国家现行有关规定外，尚应符合下列要求。

1. 材料的选择

施工前应按设计要求由试验室进行配合比试验，施工时按配合比配制混合料。

当用振动沉管灌注成桩和长螺旋钻孔灌注成桩施工时，桩体配比中采用的粉煤灰可选用电厂收集的粗灰。

当采用长螺旋钻孔、管内泵压混合料灌注成桩时，为增加混合料和易性和可泵性，宜选用细度（0.045mm方孔筛筛余百分比）不大于45%的级或Ⅲ级以上等级的粉煤灰。每立方米混合料粉煤灰掺量宜为70～90kg，坍落度应控制在160～200mm，这主要是考虑保证施工中混合料的顺利输送。坍落度太大，易产生泌水、离析，泵压作用下，骨料与砂浆分离，导致堵管；坍落度太小，混合料流动性差，也容易造成堵管。

振动沉管灌注成桩若混合料坍落度过大，桩顶浮浆过多，桩体强度会降低。振动沉管灌注成桩后桩顶浮浆厚度不宜超过200mm。

2. 钻杆时间和拔管速度

长螺旋钻孔灌注成桩施工、管内泵压混合料成桩施工在钻至设计深度后，应准确掌握提拔钻杆时间。钻孔进入土层预定标高后，开始泵送混合料，混合料泵送量应与拔管速度相配合，以保证管内有一定高度的混合料；遇到饱和砂土或饱和粉土层，不得停泵待料。管内空气从排气阀排出，待钻杆内管及输送软、硬管内混合料连续时提钻。若提钻时间较晚，在泵送压力下钻头处的水泥浆液被挤出，容易造成管路堵塞。应杜绝在泵送混合料前提拔钻杆，以免造成桩端处存在虚土或桩端混合料离析、端阻力减小。

振动沉管灌注桩成桩施工应控制拔管速度，拔管速度太快易造成桩径偏小或缩颈断桩。经大量工程实践认为，拔管速率控制在1.2～1.5m/min是适宜的。

3. 保护桩长

保护桩长是指成桩时预先设定加长的一段桩长，基础施工时将其剔掉。保护桩长越长，桩的施工质量越容易控制，但费的料也越多。设计桩顶标高离地表距离不大于1.5m时，保护桩长可取500～700mm，上部用土封顶；桩顶标高离地表距离较大时，保护桩长可设置700～1000mm，上部用粒状材料封顶直到地表。保护桩长的设置是基于以下几个因素。

（1）成桩时桩顶不可能正好与设计标高完全一致，一般要高出桩顶设计标高一段长度。

（2）桩顶一般由于混合料自重压力较小或由于浮浆的影响，靠桩顶一段桩体强度较差。

（3）已打桩尚未结硬时，施打新桩可能导致已打桩受振动挤压，混合料上涌使桩径缩小，增大混合料表面的高度即增加了自重压力，可提高抵抗周围土挤压的能力。

4. 施工温度的控制

冬期施工时，应采取措施避免混合料在初凝前遭到冻结，保证混合料入孔温度大于5℃，根据材料加热难易程度，一般优先加热拌和水，其次是砂和石。混合料温度不宜过高，以免造成混合料假凝而无法正常泵送施工。泵头管线也应采取保温措施。施工完清除保护土层和桩头后，应立即对桩间土和桩头采用草帘等保温材料进行覆盖，防止桩间土冻胀而造成桩体拉断。

5. 褥垫层铺设

褥垫层材料多为粗砂、中砂或碎石，碎石粒径宜为8～20mm，不宜选用卵石。其铺设宜采用静力压实法，当基础底面下桩间土的含水量较小时，也可采用动力夯实法，夯填度（夯实后的褥垫层厚度与虚铺厚度的比值）不得大于0.9。

6. 桩头处理

CFG桩施工完毕待桩体达到一定强度（一般为7d左右），方可进行基槽开挖。在基槽开挖中，如果设计桩顶标高距地面不深（一般不大于1.5m），宜考虑采用人工开挖，不仅可防止对桩体和桩间土产生不良影响，而且经济可行；如果基槽开挖较深，开挖面积大，采用人工开挖不经济，可考虑采用机械和人工联合开挖，但人工开挖留置厚度一般不宜小于700mm，避免机械设备超挖，并桩头凿平，并适当高出桩间土10～20mm。如采用机械、人工联合清运，应预留至少50cm用人工清除，避免造成桩头断裂和扰动桩间土层。

7. 其他要求

（1）成桩过程中，抽样做混合料试块，每台机械一天应做一组（3块）试块，标准养护为28d，测定其立方体抗压强度。

（2）施工垂直度偏差不应大于1%；对满堂布桩基础，桩位偏差不应大于0.4倍桩径；对条形基础，桩位偏差不应大于0.25倍桩径；对单排布桩桩位偏差不应大于60mm。

（3）在软土中，桩距较大可采用隔桩跳打；在饱和的松散粉土中施打，如桩距较小，不宜采用隔桩跳打方案；满堂布桩，无论桩距大小，均不宜从四周向内推进施工。施打新桩时与已打桩间隔时间不应少于7d。

（4）清土和截桩时，不得造成桩顶标高以下桩身断裂和扰动桩间土。

4.5 检验与评价

4.5.1 质量控制

CFG桩在施工前，水泥、粉煤灰、砂及碎石等原材料必须符合设计要求；在施工中应对桩身混合料的配合比、坍落度和提拔钻杆速度（或提拔套管速度）、成孔深度、混合料灌入量等进行质量控制；打桩过程中随时测量地面是否发生隆起，打新桩时对已打但尚未结硬桩的桩顶进行桩顶位移测量，以估算桩径的缩小量。施工结束后应对桩顶标高、桩位、桩体强度及完整性、复合地基承载力以及褥垫层的质量进行检查。对已打并结硬桩的桩顶进行桩顶位移测量，以判断是否断桩。一般当桩顶位移超过10mm，需开挖进行检查。

4.5.2 质量检验

施工结束，一般28d后做桩、土以及复合地基检测。施工质量检验主要应检查施工记录、混合料坍落度、桩数、桩位偏差、桩顶标高、褥垫层厚度及其质量、夯填度和桩体试块抗压强度等。

1. 桩间土检验

施工过程中，振动对桩间土产生的影响视土性不同而异。对结构性土，强度一般要降低，但随时间增长会有所恢复；对挤密效果好的土，强度会增加。对桩间土的变化可通过如下方法进行检验：

（1）施工后可取土做室内土工试验，考察土的物理力学指标的变化。

（2）也可用标准贯入、静力触探和钻孔取样等试验对桩间土进行处理前后的对比试验，对砂性土地基可采用标准贯入或动力触探等方法检测挤密程度。

（3）必要时做桩间土静载试验，确定桩间土的承载力。

2. CFG桩的检测

通常用单桩静载试验来测定桩的承载力，也可判断是否发生断桩等缺陷。静载试验要求达到桩的极限承载力。对CFG桩的成桩质量也可采用可靠的动力检测方法判断桩身的完整性。应抽取不少于总桩数10%的桩进行低应变动力检测，检测桩身的完整性。

3. 复合地基检测

《建筑地基处理技术规范》（JGJ 79—2012）规定：**水泥粉煤灰碎石桩地基竣工验收时，承载力检验应采用复合地基载荷试验。**

载荷试验应在桩身强度满足试验荷载条件时，并宜在施工结束 28d 后进行。试验数量为总桩数的 0.5%～1%，且每个单体工程的试验数量不应少于 3 点。选择试验点时应本着随机分布的原则进行。

复合地基检测可采用单桩复合地基试验和多桩复合地基试验，所用载荷板面积应与受检测桩所承担的处理面积相同。具体试验方法按《建筑地基处理技术规范》（JGJ 79—2012）执行，若用沉降比确定复合地基承载力时，当以卵石、圆砾、密实粗中砂为主的地基，可取 s/b 或 $s/d=0.008$ 对应的荷载值作为复合地基承载力特征值；当以黏性土、粉土为主的地基，可取 $s/b=0.01$ 对应的荷载值作为 CFG 桩复合地基承载力特征值。

4.5.3　施工验收

CFG 桩复合地基验收时应提交下列资料。

（1）桩位测量放线图（包括桩位编号）。

（2）材料检验及混合料试块试验报告书。

（3）竣工平面图。

（4）CFG 桩施工原始记录。

（5）设计变更通知书及事故处理记录。

（6）复合地基静载试验检测报告。

（7）施工技术措施。

水泥粉煤灰碎石（CFG）桩复合地基质量检测标准应符合《建筑地基基础工程施工质量验收标准》（GB 50202—2018）的规定。具体数据见表 4-5。

表 4-5　水泥粉煤灰碎石（CFG）桩复合地基质量检验标准

项目	序号	检查项目	允许偏差或允许值		检查方法
			单位	数值	
主控项目	1	复合地基承载力	不小于设计值		静载试验
	2	单桩承载力	不小于设计值		静载试验
	3	桩长	不小于设计值		测桩管长度或尺绳测孔深
	4	桩径	mm	+50　0	用钢尺量
	5	桩身完整性	—		低应变检测
	6	桩身强度	不小于设计要求		28d 试块强度
一般项目	1	桩位	条基边桩沿轴线	≤$D/4$	全站仪或用钢尺量
			垂直轴线	≤$D/6$	
			其他情况	≤$2D/5$	
	2	桩顶标高	mm	±200	水准测量，最上部 500mm 劣质桩体不计入
	3	桩垂直度		≤1/100	用经纬仪测桩管
	4	混合料坍落度	mm	160～220	坍落度仪
	5	混合料充盈系数	≥1.0		实际灌注量与理论灌注量之比
	6	褥垫层夯填度	≤0.9		水准测量

注：D 为设计桩径。

4.6 工程实例

4.6.1 工程概况

某高速公路桩号K72+325～K73+536段路基为跨越水田的高填软土地基，最大填土高度为15m。路基工程采用反压护道+CFG桩加固地基处理。

4.6.2 工程地质条件

根据地质勘查报告，地基土的物理力学性质见表4-6所示。

表4-6 地基土的物理力学性质

土层	土层名称	厚度/m	含水率(%)	重度/(kN/m³)	空隙比	黏聚力/kPa	内摩擦角(°)	压缩模量/MPa
1	淤泥质黏土	3.2～4.7	48.6	18.3	1.13	5.4	5.36	2.02
2	粉质黏土	5.6～6.1	35.3	18.9	0.92	11.0	19.17	6.27
3	黏土	7.3～8.8	34.3	19.6	0.89	21.0	24.70	8.09

地下水类型主要为淤泥质黏土、粉质黏土、黏土等层中的上层滞水，分布不均匀。钻探期间水位变化幅度大，没有统一稳定的潜水水位。

4.6.3 设计

（1）处理范围。CFG桩处理范围分为反压护道区和路基翻挖区两部分，在基础外缘扩大2排桩。

（2）桩的布置。桩间距为1.7m，呈正三角形的梅花形布置。

（3）桩长。桩长采用11～13m。

（4）垫层。桩顶铺设0.5m厚的砂砾石垫层。

（5）桩体材料。水泥采用42.5级普通硅酸盐水泥，水泥掺入量不大于200kg/m³。粉煤灰等级不低于Ⅱ级，掺量为70～90kg/m³。石屑率在0.3左右。骨料中可掺入砂或石屑等细集料改善级配，最大碎石粒径不大于50mm，松散堆积密度大于1 500kg/m³。混合料28d标准立方体无侧限抗压强度不小于15MPa。

（6）桩径。桩径采用500mm。

（7）承载力。单桩承载力标准值520kPa，复合地基承载力标准值430kPa。

4.6.4 施工

（1）主要机械设备。主要施工机械设备见表4-7。

表4-7 主要施工机械设备表

序号	机械或设备名称	型号、规格	单位	数量	备注
1	螺旋钻机	ZLK800BA	台	1	
2	混凝土输送泵	HBT60	台	3	
3	混凝土罐车	8m³	辆	3	
4	挖掘机	PC-120	台	1	清土（钻渣）

续表

序号	机械或设备名称	型号、规格	单位	数量	备注
5	装载机	ZL30	台	1	装土（钻渣）
6	汽车吊车	25t	台	1	吊装设备
7	压路机	LT220B	台	1	垫层使用
8	平地机	PY160B	台	1	垫层使用

（2）施工过程控制。

1）平整场地。施工前应对水田地段排水疏干后挖除地表种植土，根据触探结果对地基承载力小于 70kPa 的软弱土层进行换填。地表做成 2%的排水横坡，开挖临时排水沟，确保施工期间地面无积水。

2）测量控制。施工前按照设计的要求在 CAD 中绘制桩位平面图并依次编号；现场测量定位各桩平面位置，打入木桩并标明编号。测量各个桩位高程，做好测量原始记录，计算每根桩的钻进深度。

3）施工参数控制。施工前应进行室内配合比试验与现场试验性施工，成桩试验数量不少于 5 根，以检验设备及工艺是否合适，确定混合料配合比、坍落度、搅拌时间、拔管速度等各项工艺参数。

4）桩长控制。施工时在桩机机架上标出以 0.5m 为间距的刻度，以便观察和记录钻杆的入土深度。

5）钻进成孔。CFG 桩施工顺序：桩机就位→下沉至设计深度→停振→混合料入管→振动密实后匀速拔管→振动拔管至桩顶→成桩→桩机移位。施打顺序：应先施工反压区，再施工翻压区；从中间向外围进行，或由一边向另一边，均采取隔桩跳打施工，避免对已成桩造成损伤。钻机安装好后，用钻机塔身四周的垂直标杆检查塔身导杆，校正位置使钻杆垂直对准桩位中心；采用在钻架上挂垂球的方法测量其垂直度，确保 CFG 桩竖直度允许偏差不超过 1%。钻孔宜先慢后快，减少钻杆摇晃及钻孔偏差。

6）混合料灌注。钻孔到设计标高后应停止钻进，复查孔底地质与设计文件给予的地质是否吻合，若吻合方可开始灌注混合料，当钻杆芯管充满混合料后方可匀速拔管。成桩过程应连续进行，成桩完成后，用土袋盖好桩头进行保护。

4.6.5 质量检验

施工质量检验标准见表 4-8。

表 4-8　水泥粉煤灰碎石（CFG）桩复合地基质量检验标准

项目	序号	检查项目	允许偏差或允许值		实测值
			单位	数值	
主控项目	1	复合地基承载力	kPa	430	442
	2	单桩承载力	kPa	520	568
	3	桩长	mm	0，+50	0，+37
	4	桩径	mm	0，+50	0，+22
	5	桩身完整性		符合设计要求	符合设计要求
	6	桩身强度	MPa	≥15	15.7

续表

项目	序号	检查项目	允许偏差或允许值		实测值
			单位	数值	
一般项目	1	桩位	条基边桩沿轴线	≤$D/4$	$D/6.1$
			垂直轴线	≤$D/6$	$D/7.8$
			其他情况	≤$2D/5$	$1.3D/5$
	2	桩顶标高	mm	±20	−11，+16
	3	桩垂直度		≤1/100	1/168
	4	混合料坍落度	mm	160～220	177
	5	混合料充盈系数		≥1.0	1.12
	6	褥垫层夯填度		≤0.9	0.82

注：D 为设计桩径。

本 章 小 结

本章主要介绍了水泥粉煤灰碎石桩（CFG桩）的特点、作用机理、设计计算、施工及检验与评价。

(1) CFG桩是由碎石、石屑、砂和粉煤灰掺适量水泥，加水拌和制成的一种具有一定黏结强度的桩。通过调整水泥的掺量及配比，可使桩体强度等级在C5～C25之间变化，是近年来新开发的一种地基处理技术。它既适用于条形基础、独立基础，也适用于筏基和箱形基础。就土性而言，适用于处理黏性土、粉土、砂土和正常固结的素填土等地基。对淤泥质土应按地区经验或通过现场试验确定其适用性。既可用于挤密效果好的土，又可用于挤密效果差的土。

(2) CFG桩加固软弱地基，桩和桩间土一起通过褥垫层形成CFG桩复合地基，其加固软弱地基主要有三种作用：桩体作用和挤密作用及褥垫层作用。

(3) CFG桩设计计算主要包括桩体材料及配合比设计、桩体强度与承载力关系以及桩体设计参数的计算。其中设计参数为桩径、桩距和桩长。

(4) CFG桩常用的施工工艺有三种：长螺旋钻孔灌注成桩、长螺旋钻孔管内泵压混合料成桩和振动沉管灌注成桩。如何选取适当合理的施工工艺，应根据设计要求和现场地基的性质、地下水埋深、场地周边是否有居民及建筑物、有无对振动反应敏感的设备等多种因素选择施工工艺。

(5) CFG桩复合地基质量检测的主控项目有复合地基承载力、单桩承载力、桩长、桩径、桩身完整性、桩身强度。

复 习 思 考 题

1. 简述CFG桩与碎石桩的区别。

2. CFG 桩加固地基的原理是什么?
3. CFG 桩的设计参数有哪些?
4. 简述 CFG 桩的施工步骤。
5. 在对 CFG 桩的质量进行检查时，其主控项目包括哪些?
6. CFG 桩在设计时，桩距如何确定，桩长如何计算?
7. 振动沉管施工和长螺旋孔管内泵压施工各有什么特点?
8. 简述 CFG 桩复合地基质量检测的主控项目和一般项目及其控制标准值。

第5章　强　夯　法

知识目标

1. 能够描述强夯法的概念。
2. 掌握强夯法的加固机理及适用范围。
3. 能够描述强夯法的设计和施工工艺。
4. 掌握强夯法的设计参数的确定。
5. 掌握强夯法的主要机具及施工要点。
6. 了解强夯法的质量检验与评价。

5.1　概述

5.1.1　强夯法概念

强夯法加固地基一般是将重为50～300kN的锤提升至6～30m的高度（最高可达40m）后，自由下降，给地基施加强力冲击和振动以加固地基的施工方法。

强夯法是在传统的重锤夯实法的基础上，通过大幅度增大夯锤质量和提高落锤高度发展起来的，虽然二者在工作方式等方面有不少相似之处，但强夯法并非锤重和落距的简单增加，而是具有不同的作用机理，不同的适用范围和不同的加固效果的一项新的地基加固技术。强夯法依靠冲击能在地基中产生冲击波和很大的动应力，从而达到提高低级强度、降低其压缩性、改善土的振动液化条件、消除湿陷性黄土的湿陷性以及提高土层均匀程度的目的。此外，强夯法还可用于挤淤置换，形成碎石桩复合地基以及水下加固地基等目的。

强夯法
施工动画

5.1.2　强夯法的发展历史

强夯法起源于法国。1969年，法国某地要在海边一个由采石场废弃石料堆填而成的厚达4～8m的填土层场地上建造8层的民用建筑和道路、地下管网等公用设施。该填土层下面有厚15～20m含淤泥夹层的滨海砂质粉土，再下面是泥灰岩。法国人L. Menard（梅纳）提出了强夯处理法，即采用80kN的重锤和10m的落距夯实地基，仅夯一遍，整个场地平均沉降量即达到500mm，地基承载力提高到300kPa，比加固前提高两倍，一年后上部建筑设施施工完毕，沉降仅为10mm，差异沉降可忽略不计。此后几年，有近百项工程采用该项技术，取得良好的技术及经济效果，这种方法被正式定名为“动力固结法”（Dynamic Consolidation）。由于该法具有处理能力强、适用范围广、施工简便、工期短、费用低等优点，故迅速被世界许多国家所采纳，获得广泛应用。

强夯法
现场作业

我国于1979年首次在秦皇岛煤码头堆场地基工程中进行试用，取得显著效果。我国在介绍这项新技术时，为便于理解，同时又要区别于传统的重锤夯实法，将其取名为强力夯实法，简称强夯法。强夯法在我国首次试用成功后，即获得迅速推广应用。

5.1.3　强夯法的适用范围

强夯法适用土层较广泛，包括碎石土、砂土、低饱和度的粉土和黏土、湿陷性黄土、杂填土和素填土等。当采用在夯坑内回填块石、碎石或其他粗颗粒材料进行强夯置换时，应通过现场试验确定其适用性。

从地基应用工程情况分析，强夯法广泛适用于各类民用建筑、工业建筑如机器基础、塔罐储仓、堆场码头、堤坝路基和机场跑道等工程，还可用于水下加固地基。

但由于强夯法会产生强烈振动，且噪声大，城区内或建筑物密集的地方不宜使用。

利用冲击荷载夯实压密软弱土层是一项古老且应用最为广泛的地基加固技术，从古代传统的人力石夯、木夯到近现代机械动力的重锤夯实法，该技术走过了漫长的发展历程，但现代重锤夯实法锤重20～40kN，落距3～5m，其加固深度不过1～2m。虽然，国外为提高重锤夯实法的处理能力，曾将锤重增大到50～70kN，落距提高到5～9m，即所谓“重级落锤夯实法”，但其加固深度也只有2～4m。故仅限于浅层加固填土、黄土和砂类土。因此，强夯法并不能满足更复杂土层和深厚软弱土层的加固要求。

5.1.4　强夯法的优、缺点

(1) 强夯法优点：①适用土质广，应用范围大；②加固深度大，效果显著；③施工机具简单，施工较方便；④无须任何地基处理材料或化学处理剂；⑤施工期较短，加固费用较低。

(2) 强夯法存在的问题和缺点：①尚缺乏成熟的理论和完善的设计计算方法；②深层加固对设备和器具性能要求高；③震动和噪声影响大。

5.2　强夯法的加固机理

强夯法是甚为有效的地基加固方法之一，但到目前为止，关于强夯法加固地基的机理，无论是国内还是国外，在许多重要问题上尚未形成一致的看法，在此仅介绍有较大影响的具代表性的理论和观点。

饱和土体强夯后瞬间会产生数百毫米的沉降；土中发生液化后，土的结构被破坏，土体强度降至接近零的最低点，随后夯击点周围形成径向裂隙，成为加速孔隙水压力（即超静水压力）消散的主要方式。此后，因黏性土具有触变性特点，土体强度得到恢复和增强，L. Ménard根据这些现象提出了一个与太沙基静力固结理论不同的，新的动力固结模型理论。

5.2.1　强夯的力学模型

图5-1为太沙基静力固结理论和梅纳动力固结理论的模型对比图。

动力固结理论主要在以下四个方面对静力固结模型进行了修正。

(1) 液体压缩性问题。由于土中有机物的分解，土中总含有以微气泡形式存在的气体，其体积约占总体积的1%～4%，这是土体强夯后产生瞬间变形的基本条件。

(2) 活塞的摩擦问题。在夯锤冲击能作用下，含有气体的孔隙水表现出滞后现象，气体不能立即膨胀，这就是活塞与筒体之间存在摩擦力的依据。

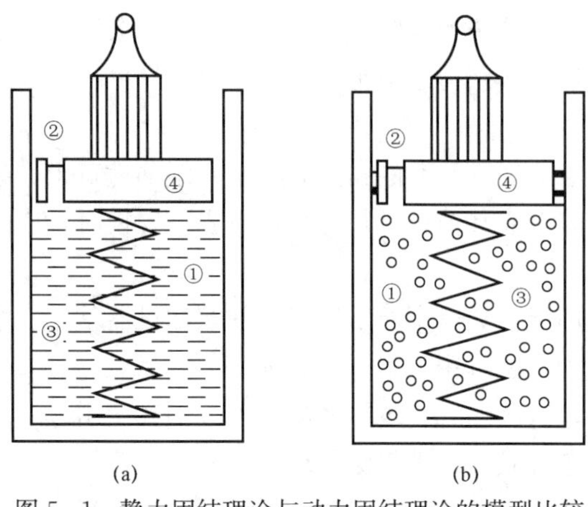

图5-1 静力固结理论与动力固结理论的模型比较

(a) 太沙基的静力固结模型；(b) Menard的动力固结模型

①—土粒；②—模型外侧；③—土中的水和气体；

④—加载活动板

(3) 弹簧常数变化问题。弹簧刚度是模拟土体的压缩模量，传统观点将其看成常数，众所周知，土颗粒周围的结合水具有部分固体性质，在强烈振动或温度上升情况下，部分结合水会转变为自由水，从而导致土体强度下降，这表明弹簧常数是可变的。

(4) 孔径变化问题。夯击能作用于土体后以波的形式继续在土中传播，使土中应力场重新分布，当土中某点的拉应力大于土体的抗拉强度时，该点即产生裂隙，强夯巨大的冲击能量在土体一定范围内形成密集的树枝状排水网络，使孔隙水得以顺利逸出，这就是变孔径理论的基础，对于夯击前后土的渗透性的变化，可用一个可变径的排水孔模拟。

5.2.2 土体强度的增长过程机理

根据动力固结理论，饱和土体强夯过程机理概述如下所述。

(1) 土体压缩。由于饱和土体中微小气泡中气体受到强夯冲击时被排击，土体产生瞬间沉降变形，体积被压缩。

(2) 局部液化。随夯击后土体的压缩，土中孔隙水压力（超静水压力）迅速升高，很快达到上覆荷载压力（包括黏性土黏聚力），于是土体发生局部液化，土体强度也降到接近于零的最低点。

(3) 孔隙水排出。由于强大的冲击波使土层内形成很多微细裂隙，以及液化时土体渗透能力的陡然增强，使得孔隙水得以顺利逸出，超静水压力迅速消散。

(4) 触变恢复。随超静水压力的消散，土体结构逐渐恢复，土体强度和变形模量不断增长，在超静水压力完全消失后，土体强度和变形模量仍有较大增长。有资料表明，若以孔隙水压力消散后（一般在夯击后1个月）测得的数值作为新的基值，6个月后强度平均增长30%；变形模量增加30%～80%。

5.2.3 夯击能量的传递机理

夯锤自由落下，以很大的冲击能量（2000～8000kN·m）作用于地基上，在土中产生极大的冲击波，以克服土颗粒间的各种阻力，使地基压密，从而提高地基强度、减少沉降，或消除湿陷性、膨胀性，或提高抗液化能力。因此，冲击波（能量）在土中的传播过程是该地基处理方法的基础。

1. 弹性半无限空间中的波体系

弹性半无限空间的一点由竖向夯击引起的振动，在土体中以波的形式传播，这种携带了绝大部分夯击能的波可分为压缩波（P波）、剪切波（S波）和瑞利波（R波）。其中，压缩波和剪切波均属体波，它们沿一个半球形波阵面径向向外传播；而瑞利波则属面波，它沿一个圆柱形波阵面径向向外在地表层附近传播，如图5-2所示。

压缩波即纵波，其质点运动方向和波的前进方向一致，属前后推拉运动。这种波的能量占总能量的7%。压缩波振幅小、周期短、传播速度快，它导致孔隙水压力增加，同时使土粒错位。

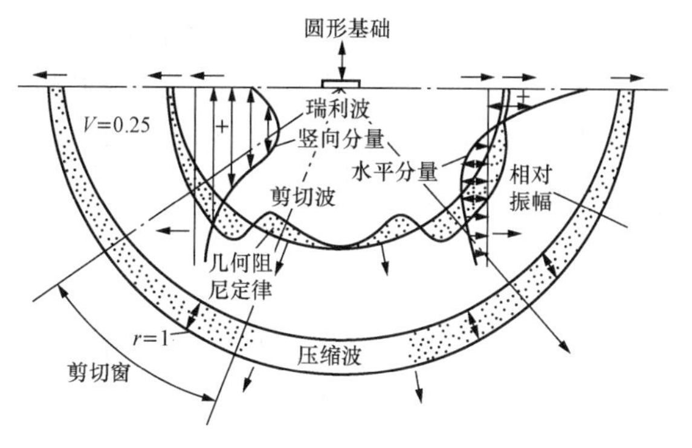

图5-2　弹性半无限空间中的重锤夯击波场

剪切波即横波。其质点运动方向与波的传播方向垂直，是一种横向位移运动，它约占波动总能量26%。剪切波振幅较大、周期较长，波速约为压缩波的1/3～1/2。它使土粒受剪切，具有密实作用。

瑞利波向外传播时，其质点在波的前进方向与地表面法向构成的平面内做椭圆运动，转动方向与波的前进方向相反，在地面呈滚动形式。瑞利波携带了总波动能量的67%，它具有振幅大、周期长的特点，其波速低于压缩波，与剪切波相近。瑞利波的水平分量有使土粒剪切和密实作用，但其纵向分量则导致地表附近土的松动。

上述三种波的简单性质见表5-1。

表5-1　　冲击波的性质

波类型	占总能量的百分比（%）	波的性质	波的传播特点	波在土中的传播速度/(m/s)		
				砂类土	黏性土	岩石
压缩波	7	（1）纵向波； （2）振动破坏力较小	振动周期短，振幅小，速度快	300～700	800～1500	1100～6000
剪切波	26	（1）横向波； （2）振动破坏力较大	波动周期较长，振幅较大，波速为压缩波的1/3～1/2	150～260	110～250	500～250
瑞利波	67	（1）椭圆运动； （2）振动破坏力较小	周期长，振幅大，波速比压缩波小	5～300		

根据波的传播特性可见，瑞利波携带了约2/3的能量，以夯坑为中心沿地表向四周传播，使周围物体产生振动，对地基压密没有效果；而余下的能量则由剪切波和压缩波携带向地下传播，当这部分能量释放在需加固的土层时，土体就得到压密加固。也就是说压缩波大部分过渡液相运动，逐渐使孔隙水压力增加，使土体骨架解体，而随后到达的剪切波使解体的土颗粒处于更密实的状态（见图5-3）。

2. 波的传递

地基土通常是由数层性质不同的土层组成的，土层中的孔隙又为空气、水或其他液体所充填。当波在成层地基的一个弹性介质中传播而又遇到另一个弹性介质的分界面时，入射波能量的一部分将反射回到另一种弹性介质，另一部分能量则传递到第二种介质，如图5-4所示。当反射波回到地表面又被重锤挡住，再次被反射进土体，遇到分层面时又一次反射回地面，因此在一个很短的时间内，波被多次上下反射，这就意味着夯击能的损失，因此在相同夯击能的情况下，单一均质土层的加固效果要比多层非均质上的加固效果好。另外，多次反射波会使地面某一深度内已被夯实的土层重新破坏而变松，这就是在强夯过程中地表会有一层松土的原因。此外，土体实际上是一种黏弹塑性体，在重锤夯击下，地面发生大量瞬时沉降，其中包括塑性变形和弹性变形。塑性变形是一种永久变形，不可恢复；而弹性变形冲击能量消散或重锤提起后使地面发生回弹。如此反复不断的夯实-回弹也会使地表形成一层松动层。

还有一个有关强夯失效的问题。例如，当我们用强夯法来处理超固结的黏性土时，因强夯明显地使土颗粒进入悬浮状态，会使超固结土的原始有效应力消失，对该土层的变形指标不利。应用强夯时，当然要小心不使邻近的建筑物损坏。如同在地震时一样，建筑物受损的危险，取决于强夯所产生的振动波频率、振幅和速度这三大因素。

强夯时的振动频率大多低于 12Hz，一般在 5Hz 左右，通常对邻近的建筑物没有危险。但必须注意振幅的大小，特别是在应用大型重锤的时候，因为大型重锤会使振幅大大增加。

在上述三个因素中，特别对邻近建筑物的振动波速度作了限制。如在挪威，根据经验，对于一般建筑物，此振动速度必须限制在 500m/s 之内。

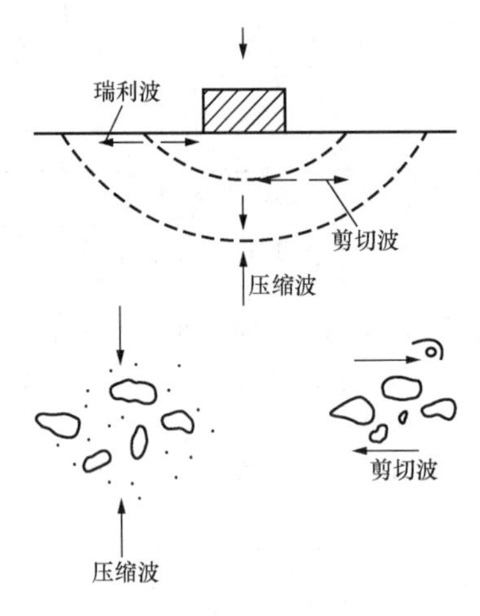

图 5-3　振动波对土的加固效果

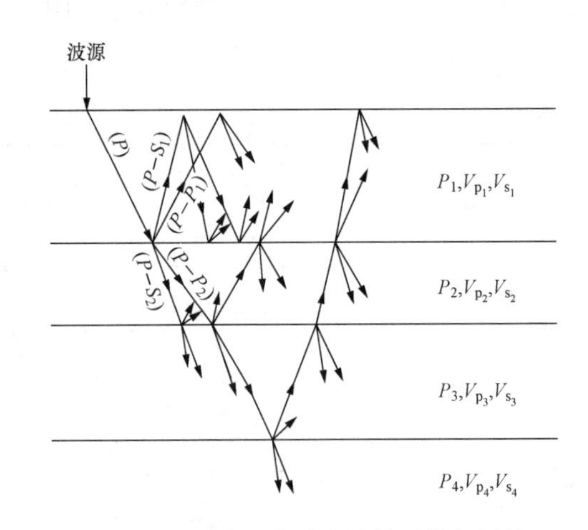

图 5-4　层状土中冲击波的反射与折射

5.3　强夯设计

强夯设计的主要内容是确定合理的技术工艺参数。这些参数包括锤重、落距、最佳夯击能量、夯击遍数、夯点布置、强夯范围、两次夯击间隔时间等。目前，对上述参数，尚缺完善系统的设计方法。虽然有些参数已有经验或半经验估算公式，但仍有许多参数需根据场地条件和工程要求通过现场试夯确定。

5.3.1　夯击能量

1. 单击夯击能

强夯设计首先要针对具体场地条件及工程设计要求的地基加固深度和效果确定所需的单击夯击能量，以便选择强夯机具。单击夯击能主要取决于土层厚度和类别等，可按下面经验公式估算

$$E=Mgh \tag{5-1}$$

$$E=\left(\frac{H^2}{K}\right)g \tag{5-2}$$

式中 E——单击夯击能（kN·m）；

M——锤重（kN）；

g——重力加速度（9.8m/s²）；

h——落距（m）；

H——地基加固深度应（从起夯面算起）；

K——修正系数，一般黏性土取0.5，砂性土取0.7，黄土取0.35～0.5。

我国初期采用的单击夯击能（即锤重和落距的乘积）为1000kN·m，随着起重机性能的改进，目前最大单击夯击能为8000kN·m，国际上曾经用过的最大单击夯击能为50 000kN·m，加固深度达40m。

若给定单击夯击能量，其有效加固深度应通过试夯或根据当地经验确定，在缺少试验资料或经验时，可按《建筑地基处理技术规范》（JGJ 79—2012）推荐的表5-2预估，亦可按式（5-1）预估。

表5-2 **强夯的有效加固深度**

单击夯击能/(kN·m)	加固深度/m	
	碎石土、砂土等	粉土，黏性土、湿陷性黄土等
1000	5.0～6.0	4.0～5.0
2000	6.0～7.0	5.0～6.0
3000	7.0～8.0	6.0～7.0
4000	8.0～9.0	7.0～8.0
5000	9.0～9.5	8.0～8.5
6000	9.5～10.0	8.5～9.0
8000	10.0～10.5	9.0～9.5

确定单击夯击能后，根据吊机大小可选用锤重和落距。法国第一个强夯工程所用锤重为80kN，落距10m。后来改为锤重为150kN，落距25m。我国所用锤重为80～250kN，个别可达400kN，落距25m。

对相同的夯击能，常选用较大落距，这样能获得较大的接地速度，将能量的大部分有效地传到地下深处，增加深层夯实效果，减少消耗在地表土层塑性变形的能量。

夯锤的平面一般有圆形和方形等，又有气孔式和封闭式两种。实践证明，圆形并带有气孔式的夯锤比较好，它克服方形锤由于夯击落地不完全重合而造成的损失。封闭式夯锤现已不采用。

单击夯击能太小，就无法使水与土壤颗粒产生相对流动，水就不能排出，在这种情况下仅仅靠增加夯击数不能产生加固效果，甚至可使地基形成“橡皮土”。因此，单点夯击能不宜太小，一般应满足在单击下设计加固范围内的土层得到改良的要求。

2. 最佳夯击能

最佳夯击能是指在夯击过程中地基中的孔隙水压力增大到等于土的上覆压力时的夯击能。对黏性土而言，夯击过程中孔隙水压力消散慢，随夯击能逐渐增加，孔隙水压力亦相应地快速叠加增长，可按此叠加值确定最佳夯击能（即夯击次数）。由于孔隙水压力随深度增大而减小，与土的自重压力正好相反，最佳夯击能宜按有效加固深度确定。

与黏性土不同，非黏性土孔隙水压力消散很快（仅几分钟时间），孔隙水压力不能随夯击能量增大而叠加，可通过绘制最大孔隙水压力增量（Δp）与夯击次数关系曲线确定最佳夯击能。当孔隙水压力增量随夯击次数增加而趋于恒定时，可认为该非黏性土已达到最佳夯击能。

最佳夯击能确定后，夯击次数也就随之确定了。但夯击次数应满足下列条件：

（1）最后两击平均夯沉量不大于50mm，当单点夯击能较高时，不大于100mm；

（2）夯坑周围地面不应发生过大的隆起；

（3）不因夯坑深而发生起锤困难。

3. 单位夯击能

单位夯击能是由夯击总能量（单击夯击能×击数×点数）除以夯实总面积而得到。它与地基土类别、结构类型、荷载大小以及要求加固的有效深度等因素有关，应通过以下原则试夯确定：

（1）坑底土不隆起，包括不向夯坑内挤出，或每夯击隆起量小于每击沉降量，这说明土仍可被挤密；

（2）夯坑不得过深，以免造成提锤困难；

（3）每夯击沉降量不宜过小，过小无加固作用；

（4）要使得被夯击土体能继续密实。

单位夯击能的大小与地基土的类别有关，在相同条件下，细颗粒土的单位夯击能比粗颗粒土适当大些。此外，结构类型、荷载大小和要求处理的深度，也是选择单位夯击能的重要因素。单位夯击能过小，难以达到预期的加固效果，而单位夯击能过大，不仅浪费能源，而且对饱和黏性土来说，强度反而降低。因此，单位夯击能应根据加固要达到的技术要求、土层分布及土性等来确定，一般对于粗粒土可取1000～3000kJ/m^2，细粒土可取1500～4000kJ/m^2。

5.3.2 夯击遍数

夯击遍数主要取决于土质情况、工程要求以及施工工艺等。一般对于大孔隙、粗颗粒的非饱和类土，由于孔隙水压力消散很快，只需夯击两遍即可取得良好效果。采用顺序换夯只夯一遍，虽在理论上可行，但效果不如间隔插夯两遍加固效果好。对于透水性弱的细粒土以及对地基加固效果要求高的工程，夯击遍数需适当增加。一般对于碎石、砂砾、砂质土和垃圾土，夯击遍数为2～3遍；黏性土为3～7遍，泥炭为3～5遍，国外有些工程甚至多达8遍。为了将松动的表层土夯实，最后应以轻能级普夯一遍（也称为满夯），即“锤印”彼此搭接，其目的是将松动的表层土夯实，加固单夯点间未压密土，深层加固时的坑侧松动土及整平夯坑填土。

5.3.3 夯点布置

夯击点位置应根据建筑结构类型，采用正三角形、等腰三角形或正方形布置。上部荷载较均匀的建筑或构筑物，如大型油罐、水池、仓库、设备基础、机场跑道等均可按等间距正方形或三角形布置；单层工业厂房的夯点可按柱轴线布置，每个柱基础至少有一夯点，对个别荷载较大的地段可适当加密；多层厂房、住宅等的夯点，可按纵横轴线布置，纵横交叉点至少应布置一个夯点。

在夯击时，夯点应该间隔一点进行强夯（即跳点进行强夯），严禁采用小间距的夯击做法，这不利于土层的深度加固。

图 5-5 为强夯区夯点位置图。这种布置最大特点是给吊机留用通道，当全部夯击点夯完之后，夯坑可以一次性填平。

5.3.4　夯点间距

夯点间距应视欲加固土层厚度，土质条件和单点夯击能等因素确定。一般情况下，第一遍夯点间距可取 5～9m。以后各遍可与第一遍相同或适当减少。对于土质差、厚度大因而加固深度要求大的软弱土层或单点夯击能较大的工程，第一遍夯击点间距宜适当增大，可取 7～15m。

另外，也可以用下列方法进行确定：主要压实区是夯坑底下（1.5～2.5）D（D 为锤底直径），侧面自坑心起（1.3～1.7）D，考虑加固区的搭接，夯点间距一般取（1.7～2.5）D。密实要求高时，取小值；反之取大值。

图 5-6 为夯点间距示意图。该处夯点布置采用梅花点布置，适用于要求加固土干密度大的地基土，例如消除液化。

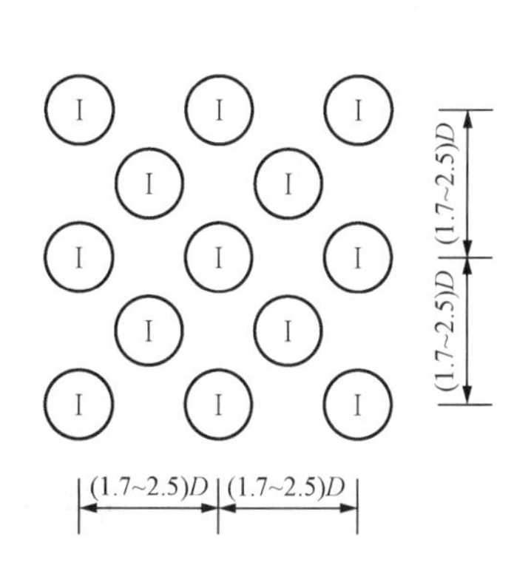

图 5-5　强夯区夯点位置图

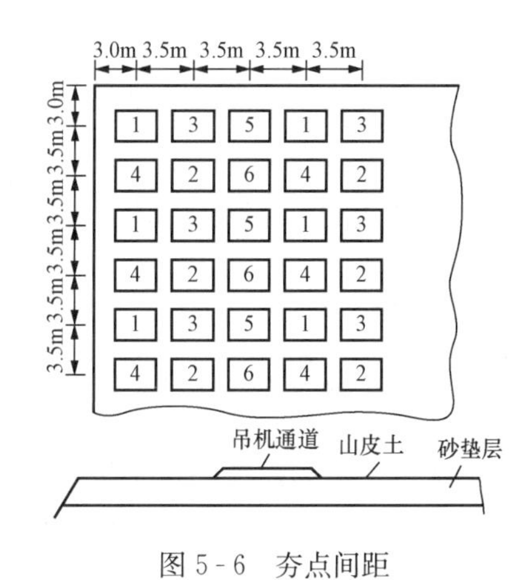

图 5-6　夯点间距

5.3.5　强夯范围

为避免边界效应引起建筑物的不均匀沉降，强夯处理地基的范围应大于建筑物最外侧地基轴线再扩大 1～2 排夯点，扩大的具体范围取决于要求加固深度。一般超出基础外缘的宽度宜为设计加固深度的 1/2～2/3，且每边或加宽 3～5m。

例如，某一个建筑物长 50m、宽 20m，如每边加宽 4m，则强夯加固范围为[50+(4×2)]m×[20+(4×2)]m=58m×28m=1624m^2。

5.3.6　间歇时间

为使夯击后产生的孔隙水压力消散，两遍夯击之间应有一定间隔时间，即间歇时间。如果孔隙水压力消散快，间歇时间就短；孔隙水压力消散慢，间歇时间则长。例如，对于黏性土或冲积土，一般需要3～5d；对于非黏性土，孔隙水压力峰值出现在夯击后瞬间，消散时间只有几分钟，故可连续作业；而对于细粒土，孔隙水压力消散慢，间隔时间取决于土中超静水压力消散时间；当缺少实例资料时，可根据地基土的渗透性确定。

5.3.7 现场试夯

由于强夯理论尚不系统和完善，亦无成熟可靠的设计计算方法，设计过程中初步选定的各种工艺技术参数，必须通过现场试夯予以检验和修正，为施工提供可靠的依据和知指导。此外，通过现场试夯，还可检验施工设备和器具的性能，确定合理的施工工艺和测试手段，以及强夯加固效果等。

试夯一般宜按下列顺序进行。

（1）以工程地质勘察报告为依据，在拟加固场地上或附近选取一具有代表性的试夯区域，其平面尺寸不小于10m×10m。

（2）在试夯区内进行详细原位测试，并取原状土样测定有关参数。

（3）根据初步设计，选取一组或几组强夯试验参数，并在试夯区内进行试验性施工。

（4）施工中应做好现场测试和记录。测试内容和方法根据具体地质条件和设计要求确定，基本测试项目应包括夯点沉降和周围地面隆起数值及夯击范围，对于饱和软黏性土则应重点量测超孔隙水压力的增长和消散情况。

（5）检验试夯效果。一般应在试夯最后一遍完成后1～4周进行，检测方法应与夯前土质试验一致，以便对比检查。

（6）当试夯效果未达到设计或工程要求时，可补夯或调整参数再行试夯。

（7）根据试夯前后土质测试结果的对比分析，确定正式施工的技术工艺参数。

5.4 强夯施工工艺及施工要点

5.4.1 机具与设备

扫一扫

强夯法
的提锤展示之一

强夯主要机具和设备包括夯锤、起重机和脱钩装置等部分。

1. 夯锤

（1）锤重。夯锤质量与欲加固土曾深度及落距有关。若确定了加固深度和夯锤落距，即可由梅纳提出的经验式（5-3）预估夯锤质量。即

$$H=\sqrt{Mh} \tag{5-3}$$

式中 M——锤重（kN）；

h——落距（m）；

H——地基加固深度，应从起夯面算起（m）。

扫一扫

强夯法
的提锤展示之二

锤重大小实际上受到起吊设备能力的制约，在起吊设备起吊能力有保证的前提下，采用大的锤重可提高加固深度和效果。国外夯锤重多在15t以上，重者达40t，法国最重达到200t；日本常用锤重范围为15～25t；而国内受起吊设备限制，一般为8～40t。

（2）落距。根据夯锤重量，选用合适的落距，一般为10～25m。

（3）夯锤材料。国外多采用铸钢（铁）材料制作的钢锤，特别是大吨位夯锤，国内一般

用钢板作外壳，内部填充混凝土制成，亦有为运输和工程需要，制成混凝土锤上可装配钢板的组合锤。混凝土锤重心高，冲击后晃动大，夯坑易塌土，夯坑开口较大，易起锤、易损坏。混凝土锤的优点是可就地制作，成本较低；而钢锤则相反，它的稳定性好，且可按需要拼装成不同质量的夯锤，故它的加固效果优于混凝土锤。

（4）夯锤形状和尺寸。夯锤可采用圆柱状、圆台状或方柱状。方柱状夯锤在同一夯点重复夯击过程中夯坑不易重合，夯击能量损失大，因此逐渐被圆形截面夯锤代替。圆台状夯锤重心较低，下落过程中稳定性好。但当夯坑深度大，坑壁塌土埋住夯锤时，提锤阻力会增大。圆柱状则相反，锤底面积宜按土质确定，锤底静压力值可取 25～40kPa，对细粒土取较小值。为减小空气阻力，特别是气垫影响，锤底可均匀设置上下贯通的 4～6 个排气孔，孔径250～300mm。

目前国内使用的主要夯锤如图 5 - 7 所示。

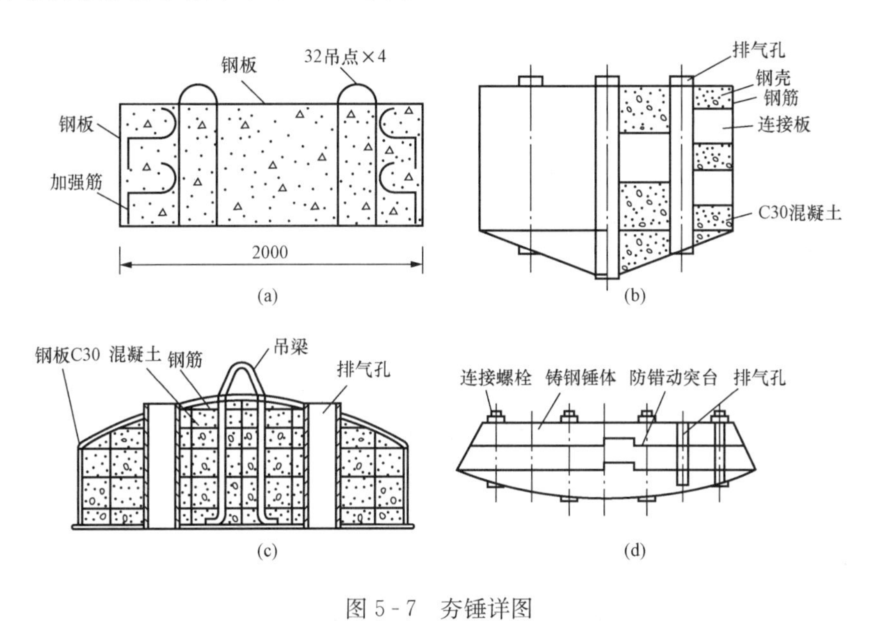

图 5 - 7　夯锤详图

（a）平底方形锤；（b）锥底圆柱形锤；（c）平底圆柱形锤；（d）球底圆台形锤

（5）锤底面积。锤底面积一般根据锤重和土质决定，锤重为 100～250kN 时，可取锤底静压力 25～40kPa。对砂质和碎石土、黄土，单击夯击能取值较大时，锤底面积应取大值，一般为 2～4m^2，黏性土为 3～4m^2，淤泥土为 4～6m^2；对饱和细颗粒土，单击能低，应取静压力的下限。以上适用于单击夯击能小于 8000kN · m 时，若单击夯击能增大，静压力值宜相应增大。常用夯锤形状和锤底面积见表 5 - 3。

表 5 - 3　　常用夯锤形状和锤底面积

序号	锤重 /t	底面积 /m^2	单位压力 /kPa	形　状	材　料	常用落距 /m
1	10	4	25	方柱桩	钢板包混凝土	10
2	16	3.5	45.7	圆台状，有气孔，两节装	铸　钢	15～16

续表

序号	锤重/t	底面积/m^2	单位压力/kPa	形　状	材　料	常用落距/m
3	12～14	4.5	26～35	方柱桩	钢板包混凝土	14～16
4	10	2	50	方柱桩	钢锭、型钢包混凝土	10
5	10	4.5	22.2	方柱桩	钢板包混凝土	10
6	12～14	4.0	22～31	方柱桩	钢板包混凝土	14～16
7	12	4.5	26.7	方柱桩	钢板包混凝土	12
8	16	3.5	45.7	圆台状，有气孔，两节装	铸　钢	
9	16	3.8	42.0	方柱桩	钢板包混凝土	
10	15	4.0	37.5	方柱桩	钢板包混凝土	15
11	16	4.0	41.5	方柱桩	钢板包混凝土	15

2. 起吊设备

强夯宜采用带有自动脱钩装置的履带式起重机或其他专用起吊设备，国外已有专用轮胎式起重机和三脚架起重设备用于强夯施工，性能优异，起重能力大。当采用履带式起重机时，宜在起重臂杆端部设置门架，或采用其他安全防范措施，以防落锤时后仰摆动过大，甚至倾覆。

国外起吊设备吨位大，通常已近100t，而100t的起重机的卷扬能力可达200kN，故对于20t的重锤可采用单绳起吊和下落的锤击法。而国内起吊设备吨位普遍较低，单绳起吊锤的质量很小。为了实现用较小吨位起重机起吊较大的重锤，可采用滑轮组多绳起吊夯锤，同时用自动脱钩装置使锤体达到预定高度后实现自由落体下落。表5-4和表5-5是两种起重设备的性能。

表5-4　W1-100型履带式起重机技术性能

名　称	单位	性能参数									
最大起质量	t	15									
起重臂长度	m	13					23				
幅度（回转半径）	m	4.5	6	7.5	10	12	6.5	9.5	12	15	17
起重量	t	15	10	7.2	4.8	3.5	8	4.6	3	2.2	1.7
起重最大高度	m	11	11	10.6	8.8	5.8	19	19	18	17	16
提升重物速度	m/s	0.795									
工作时机重	t	39.8					40.7				
对地面平均压力	kPa	8.7					8.9				

表 5-5　**QL3-16型轮胎式起重机技术性能**

名　称		单位	性能参数	备注
外形尺寸（长×宽×高）		mm	5386×3176×3458	不包括臂长
最大起重量		t	16	
起重臂长度		m	20	
最大起重量时	臂　长	m	10	
	幅　度	m	4	
	吊钩离地面高度	m	8.3	
最大行驶速度		m/s	30	

3. 脱钩装置

国内使用较多的一种自动脱钩装置，如图5-8所示。脱钩动作的实现有两种方案：一种是起重机将夯吹提升到预定高度后，利用起重机上的副卷扬机的钢绳将自动脱钩器的锁卡伸臂向上拉转一个角度，导致吊钩向下翻转使夯锤脱落；另一种方案是不使用副卷扬机，将定高度索的一端固定在脱钩装置的锁卡伸臂上，另一端绕过吊钩上部的滑轮固定在起重吊臂根部的大轴上。当夯锤提升到预定高度时，定高度索被拉紧，打开脱钩器。

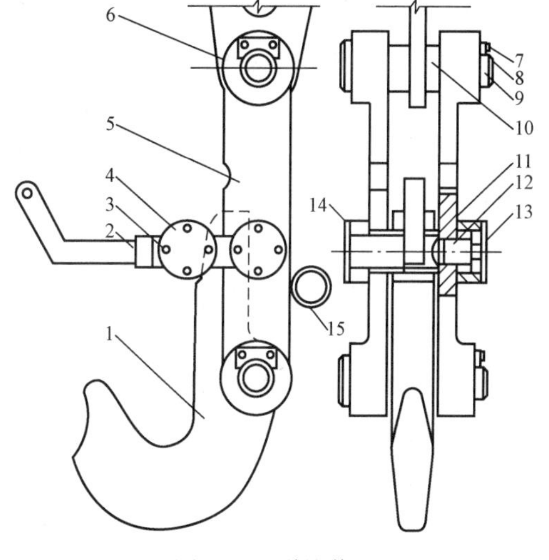

图5-8　脱钩装置

1—吊钩；2—锁柄；3—锁环；4—压盖；5—吊钩夹板；6—脱钩环；7—螺栓（共6个）；8—垫圈（共4个）；9—止动板；10—销轴；11—销轴套；12—锁环轴钩；13—轴承（307共4套）；14—螺栓（M8×15共16个）；15—脱钩后挡钩

5.4.2　施工要点

1. 施工前场地准备工作

（1）强夯前应查明场地范围内地下构筑物，管线和其他设施的位置及标高等参数，并采取必要措施加以妥善处理，以免强夯施工时造成损坏。

（2）当强夯施工所产生的振动对邻近建筑物或其他设施会产生有害影响时，应采取防震，隔震或其他必要措施。

（3）当场地地下水位高或夯坑内积水影响施工时，宜采用人工降低地下水或铺填一定厚度的松散材料；场地或夯坑内积水应及时排出。

2. 强夯施工基本步骤

（1）清理并平整施工场地。

（2）标出第一遍夯点位置，并测量场地高程。

（3）起重机就位，使夯锤对准夯点位置。

（4）测量夯前锤顶高程。

（5）将夯锤起吊到预定高度，待夯锤脱钩自由落下后放下吊钩，再次测量锤顶高程，若发现因坑底倾斜而造成夯锤歪斜时，应及时将坑底整平。

（6）重复步骤（5），按设计夯击次数和控制标准，完成一个夯点的夯击。

（7）重复步骤（3）～（6），完成第一遍全部夯点的夯击。

（8）用推土机将夯坑填平，并测量场地高程。

（9）在设计规定的间隔时间后，按上述步骤逐次完成全部夯击遍数，最后用低能量满夯一遍，将场地表层土夯实，并测量夯后场地高程。

3. 施工监测

强夯施工过程中应有专人负责下列监测工作。

（1）开夯前应检查夯锤质量和落距，以确保单点夯击能量符合设计要求。

（2）在每遍夯击前，应对夯点放线进行复核，夯完后检查夯坑位置，发现偏差或漏夯应及时纠正。

（3）按设计要求检查每个夯点的夯击次数和每击的夯沉量。

4. 施工记录

强夯施工过程中，应对各项参数及施工情况进行详细记录。

5. 安全措施

（1）必须对全体施工人员进行安全教育，并严格执行安全操作规程。

（2）起重机的使用应遵守操作规程。为防止夯击时的飞石击伤设备，起重机应有防护装置和措施，并经常检查和保养有关部件。

（3）施工中应经常性对夯锤、脱钩装置、吊车臂杆和起重索具等的关键部位进行检查，发现问题，必须及时采取有效措施。

（4）强夯施工必须统一指挥，各岗位分工明确，各司其职。

（5）夯锤起落过程中，除起重机司机外，所有人员均应退到安全线以外，现场工作人员均应戴安全帽。

5.4.3 不均匀厚填土的地基强夯

随着我国基本建设的不断发展，越来越多的建筑物及构筑物建造在原始地形起伏较大的场地。若不进行科学的处理，新近平整的场地由于填土厚度的不同易造成地基的不均匀沉降，从而危及上部建筑的安全使用。如何处理好这一问题，应是建设投资方及设计、施工方十分关切的。动力固结法（强夯法）为处理新近回填土松软地基上提供了一种有效途径，在大大超过使用荷载的动力荷载作用下，地基土可迅速完成自重固结甚至达到超固结状态，满足了地基承载力及变形要求，并大大缩短施工工期，在此方面已有不少成功的工程经验。然而，对于不均匀的新近厚填土地基处理的工程实践，相关的理论探讨及工程经验却很少。本书依据新填土及原始土的变形特征，对不均匀新近厚填土动力固结法处理设计原则进行研究，并在工程实践中予以应用。

1. 填土的变形特征与动力固结法加固基本原理

典型填土的变形大致可分为三个阶段。

（1）非线性的初始变形。此阶段中土的初始变形模量最小，施加相对较小的荷载，地基土发生较大变形，并主要表现为荷载方向的单向压缩变形，变形模量逐步增大。

（2）近线性变形。此阶段中土的变形模量近似地保持为一常量，施加一定的荷载，地基土发生对应常量的变形；由于该阶段土体中孔隙基本压密，变形趋向于朝侧向的发展，被压缩土柱逐步增大对周围土的挤压。

(3) 非线性的后续变形及失稳。在室内试验中某些土样不会明显显现其中的非线性的初始变形阶段；但在工程上，大部分新近填土却是十分明显地存在着这一初始非线性段，它反映了新填土初始的疏松性。

1) 通过超固结动压将土体中由空气充填的孔隙迅速压密。

2) 动载产生的剪切波主要在土颗粒间传播，使土颗粒重新排列而趋向更紧密并将土颗粒周围的部分弱结合水转化为自由水；在动载反复作用下土体中储存的能量达到一定程度时，增加的孔隙压力及产生的裂纹排水系统则提供了土体中水流动排出的条件。

3) 在土体整体稳定性的条件得到保证的情况下，体积压缩及剪切排列作用均使得土颗粒排列加密、孔隙体积减小，从而快速实现地基固结变形及强度提高。

经科学合理的强夯处理，可节省工程造价，大大提高地基承载力及满足建筑及构筑物的承载力与变形要求；可有效防止地基加固后沉降及不均匀沉降造成的各种危害，并充分发挥地基土自身的作用。如：①消除及减少不均匀沉降造成的结构附加应力及可能产生的裂纹；②防止地坪、道路开裂及局部下陷；③保证地下埋设管线的正常与安全使用；④使地基土与建筑物底板始终保持接触，实际增大建筑物的承载面积，分担相当部分的荷载；⑤消除松软地基对桩的负摩擦效应，特别是对于填土厚度变化较大的情况，还可消除建筑物使用前期（2～3年）因填土固结产生大小不一的附加压桩效应，将不均匀沉降减少到最低水平。

从工程实践上看，该法应用成功与否关键在于夯击能、重锤标准等技术参数的控制；为此，我们从理论及方法上进行了探讨，并成功应用于工程实践。

2. 强夯参数设计

在此仅就几项不易掌握的参数作简单讨论。

(1) 单击夯击能。合理的夯击能与地基土的类别、性质、建筑荷载及要求处理的深度有关。为保证达到要求的处理深度，一般根据要求的处理深度确定最大单击夯击能。应注意的是：土体的承载力的提高依赖于孔隙水的排出与土颗粒的重新排列组合，需要一个时间过程，短时间内过大的夯击能极易使土体整体丧失抵抗力。为防止上述情况发生，要采用逐渐提高单击夯击能的办法，使末遍点夯的单击夯击能影响深度达到要求，而每遍单击夯击能的确定原则上由横向应变及夯点周围土的隆起量控制。需要特别指出的是，确定单击夯击能的控制性量是横向应变而不是横向位移或水平位移。这是因为这种位移即指土体质点在工程意义上的绝对变位，其量值不仅与夯击能、土的性质等有关外，还与夯点邻近土体所受到的约束条件相关；应变值则表示土体质点之间的相对变位，在土的性质一定的情况下可客观地反映土体被挤压的程度。

(2) 夯击次数。夯击次数亦即工程上所谓收锤标准。一般而言，合理的夯击次数与单击夯击能、土质条件等因素有关，在单击夯击能确定的条件下，应根据土质情况来掌握夯击次数。《建筑地基处理技术规范》规定：应满足最后两击的平均夯沉量不大于50～100mm，且夯坑周围地面不发生过大隆起。这一规定最初起源于对北方地区含水量小的地基土的处理，对于含水量小的新填土一般可以适用。但原则上要掌握：无论哪一击的夯沉量是多少，一定要使地基土在夯击能作用下能继续密实，否则不可再击；在工程上则可按如下方法之一进行处理。

1）记某遍第 n、$n+1$、$n+2$ 次夯击的夯沉量分别为 ΔS_n、ΔS_{n+1}、ΔS_{n+2}，当满足 $\Delta S_n < \Delta S_{n+1} < \Delta S_{n+2}$ 条件，则该遍夯击次数取 n。

2）当第 n 次夯击时，孔隙水压力增量 A_u 突然减小或趋近于零，则夯击次数可取 n。

3）当第 n 次夯击时，夯点周围的水平方向（径向）应变累计值 ε_n 达到一定的量而该次径向应变增量 $\Delta\varepsilon_n$ 趋于零，则夯击次数为 n。

（3）夯击间隔时间。夯击间隔时间的控制指标是孔隙水压力，当孔压消散接近夯前水平或更低，便可进行下一遍的夯击。若由于条件限制而未能进行孔压测试，则可视土质的情况，参考有关规范、手册并结合类似的工程经验而确定，在工程上要特别防止为赶工期而减少间隔时间的倾向。

5.4.4 《建筑地基处理技术规范》（JGJ 79—2012）对强夯施工的要求

（1）施工。根据要求处理的深度和起重机的起重能力选择强夯锤质量。我国至今采用的最大夯锤质量为40t，常用的夯锤质量为10～25t。夯锤底面形式是否合理，在一定程度上也会影响夯击效果。正方形锤具有制作简单的优点，但在使用时也存在一些缺点，主要是起吊时由于夯锤旋转，不能保证前后几次夯击的夯坑重合，故常出现锤角与夯坑侧壁相接触的现象，因而使一部分夯击能消耗在坑壁上，影响了夯击效果。根据工程实践，圆形锤或多边形锤不存在此缺点，效果较好。锤底面积可按土的性质确定，锤底静接地压力值可取25～40kPa，对于饱和细颗粒土宜取较小值。强夯置换锤底静接地压力值可取100～200kPa。为了提高夯击效果，锤底应对称设置若干个与其顶面贯通的排气孔，以利于夯锤着地时坑底空气迅速排出和起锤时减小坑底的吸力。排气孔的孔径一般为250～300mm。

（2）施工机械宜采用带有自动脱钩装置的履带式起重机或其他专用设备。采用履带式起重机时，可在臂杆端部设置辅助门架，或采取其他安全措施，防止落锤时机架倾覆。

（3）当场地表土软弱或地下水位较高，夯坑底积水影响施工时，宜采用人工降低地下水位或铺填一定厚度的松散性材料，使地下水位低于坑底面以下2m，坑内或场地积水应及时排除。这样做的目的是在地表形成硬层，可以用以支承起重设备，确保机械设备通行和施工，又可以加大地下水和地表面的距离，防止夯击时夯坑积水。

（4）施工前应查明场地范围内地下的构筑物和各种地下管线的位置及标高等，并采取必要的措施，以免因施工而造成损坏。

（5）当强夯施工所产生的振动对邻近建筑物或设备会产生有害的影响时，应设置监测点，并采取挖隔震沟等隔震或防震措施。对震动有特殊要求的建筑物或精密仪器设备等，当强夯震动有可能对其产生有害影响时，应采取隔震或防震措施。

（6）强夯施工可按下列步骤进行：①清理并平整施工场地；②标出第一遍夯点位置，并测量场地高程；③起重机就位，夯锤置于夯点位置；④测量夯前锤顶高程；⑤将夯锤起吊到预定高度，开启脱钩装置，待夯锤脱钩自由下落后，放下吊钩，测量锤顶高程，若发现因坑底倾斜而造成夯锤歪斜时，应及时将坑底整平；⑥重复步骤⑤，按设计规定的夯击次数及控制标准，完成一个夯点的夯击；⑦换夯点，重复步骤③～⑥，完成第一遍全部夯点的夯击；⑧用推土机将夯坑填平，并测量场地高程；⑨在规定的间隔时间后，按上述步骤逐次完成全部夯击遍数，最后用低能量满夯，将场地表层松土夯实，并测量夯后场地高程。

（7）施工过程中应有专人负责下列监测工作。

1）开夯前应检查夯锤质量和落距，以确保单击夯击能量符合设计要求。

2）在每一遍夯击前，应对夯点放线进行复核，夯完后检查夯坑位置，发现偏差或漏夯应及时纠正。

3）按设计要求检查每个夯点的夯击次数和每击的夯沉量，对强夯置换尚应检查置换深度。

（8）施工过程中应对各项参数及情况进行详细记录。由于强夯施工的特殊性，施工中所采用的各项参数和施工步骤是否符合设计要求，在施工结束后往往很难进行检查，后以要求在施工过程中对各项参数和施工情况进行详细记录。

5.4.5 安全施工和注意事项

强夯施工时由于夯锤起落频繁，现场工作量又较大，为了保证搞好安全施工，应做好以下几方面的工作。

（1）强夯区在施工前应设置围屏，如钢丝网、竹篱笆或警戒线，严禁非操作人员进入。

（2）起重机操作室挡风玻璃前，应设防护网遮挡，并设一个30cm×30cm的钢丝网观察孔，以便司机操作。

（3）强夯前，应对邻近夯击区已有工程，如电杆、地下电缆和管线等进行调查，严防情况不明，盲目施工，造成强夯时破坏地下电缆和管线等。

（4）为防止起重机吊臂在强夯时突然释重，产生后倾，对于一般的国产吊机，可采用推土机或地锚牵引钢丝绳约束吊杆，以确保使用中安全可靠。

（5）夯锤起吊后严禁操作人员从夯锤下方通过。当夯锤上升接近脱钩高度时，起重车司机要注意观察，夯锤脱钩起重车要停止卷扬；夯锤脱钩如发生故障时，起重指挥人员必须立即发出信号，并将夯锤降落，判明原因后再进行处理。

（6）夯击点要保持在15m以外，拉锤时禁止将拉绳绕在手臂上，以防万一锤摆动时脱手不及造成危险。

（7）强夯一段时间后（一般在1000次夯击左右），起重机应进行保养，要检查机械设备、动力线路、钢丝绳磨损等情况，并着重检查调整回转台平衡钩轮与导轨的间隙，避免加大平衡钩轮的冲击负荷；此外，在连续作业的情况下，每天均应进行检查或保养。

（8）为保证施工安全，现场应有专人统一指挥，并设安全员负责现场的安全工作，坚持班前会进行安全教育。

5.4.6 强夯过程中出现的问题及处理办法

（1）局部地面隆起和淤泥挤出。在场地回填整平前，原场地为盐地和水塘，回填时也没进行清淤处理，淤泥在某些区域积聚，最后全部被回填层覆盖，给后续工程施工可能带来很大的难度。在淤泥积聚区域进行强夯置换时，往往会出现陷锤、埋锤和淤泥挤出的现象，直接影响强夯置换效果，为此，必须进行大量的换填，然后再重新进行强夯。

（2）陷锤和埋锤。由于局部土质太差，夯锤底面积小，冲击能量大，经常会出现陷锤甚至埋锤的现象，此时难以找到锤把，只有用挖掘机帮忙，有时甚至边挖边往下掉，流塑状的淤泥越挖越多，可能会影响施工进度。为解决这一问题，可以在每个锤的锤把上都拴根长约2m的钢丝绳。当出现陷锤和埋锤时，钢丝绳往往会露在外面，这样只要钩住钢丝绳就能将锤提起。

（3）对相邻建筑物或构筑物的影响。强夯产生的振动能使相邻的建筑物受到震害，强夯产生的振动衰减很快，一般距离20m外的地点已衰减到对建筑物不产生有害影响。邻近厂房的近20m宽在晚上进行强夯施工，施夯时派专人安全巡查。并顺着路边设置了一条约2m深的防震沟，以减少对邻近建筑施工的影响。

5.5 工程实例

5.5.1 强夯法在建筑小区主入口道路的应用

1. 场地工程地质条件

拟建场地为会所及建筑小区规划路与主入口道路，所处地貌单元为珠江三角形之丘陵区，原始场地地形高低起伏，高差变化大，分布有沟壑等。强夯施工时，该场地由新填土覆盖。加固处理场地内土层自上而下依次为：第一层——人工填土，厚1.5～8.5m，施工前2～7d内堆填而成，平均厚度超过6m，主要为黏土、粉质黏土，并含有粉细砂，结构松散，未完成自重固结；第二层——粉质黏土，厚0.8～5.0m，平均2.21m，标贯均值$N_{63.5}$=3.7击，f_k=119kPa；第三层——坡积砂（砾）质黏土，厚0.6～11.5m，$N_{63.5}$=8.3击，f_k=166kPa，属中低压缩性土；第四层——残积砂（砾）质黏土，厚0.5～20.0m，平均6.79m，$N_{63.5}$=15.8击，f_k=254kPa，属稳定地层。显然，对于该拟建道路场地，地基处理的关键是不均匀的新近厚填土层。

2. 参数设计与工艺流程

（1）单击夯击能。一遍点夯1800～2500kN·m，实际根据被加固土层性质及填土厚度变化做相应调整，加固深度为4～6m。

（2）单点击数及点夯收锤标准。单点击数为5～8击。点夯收锤标准为：一般情况下要满足最后两击的平均夯沉量不大于100mm，但原则上要使地基土在夯击能作用下能继续密实，不致整体破坏而在夯坑附近隆起。在施工现场可按前述最后3击夯沉量的比较来控制。

（3）夯点间距及布置。夯锤底面直径为2.4m，以5.78m×5.00m梅花形布点，夯出建筑及路基外缘3m。

（4）普夯。采用600～800kN·m夯击能，均以0.75倍锤径的点距相互搭接夯点。

（5）夯击遍数。一般两遍点夯加一遍普夯；部分点区视情况可加一遍点夯或普夯。

（6）夯击间隔时间。超静孔隙水压力消散后，便可进行下一遍夯击；视地基土情况，将间隔时间控制在4～6d以上。降雨后，晾干或晒干后才进行夯击。

该工程的主要工艺流程为：施工准备→施工范围测量→试验区试夯→场地平整→第一、二遍点夯→推平、检测→(第三遍点夯一夯后推平）测量标高→满夯、推平场地、工后自检→竣工验收。采用连续施工方案施工，从起点到终点第一遍点夯结束后就进行第二遍点夯，施工顺序与第一遍相同，以在保证有足够的夯击间隔时间的同时加快工程进度。施工过程中，进行详细的施工记录，避免漏夯、定点偏差过大与夯击间隔时间过短的事情发生；进行夯中、夯后检测，发现问题，及时处理，直至达到要求为止。

3. 效果检验

为评价与检验强夯处理效果，除在施工过程中进行轻便动力触探外，还由质检部门专门进行了荷载试验。从检验结果可知以下结果。

（1）根据施工前后相同位置处触探检测比较，夯后各测点的 N_{10} 趋向接近，地基土均匀性大大提高，其平均值提高2倍以上，荷载板现场试验中，各试验点在320kPa（建筑区）、260kPa（道路区）压力下地基沉降分别在18mm、16mm左右，压力-沉降（P-S）曲线呈线性，地基承载力特征值分别超过160kPa和130kPa，使用荷载下水平方向每10m沉降差不大于0.5cm，施工后不均匀沉降将大为降低；完全满足并超过该区建筑及道路等对地基的承载力与变形的设计要求。

（2）从动力触探及触探结果来看，地表3m范围内加固效果最好，6m范围内加固效果亦相当明显，以下逐渐有所减弱，但加固有效深度仍有8.5m左右，满足并超过设计要求。

5.6.2 强夯法在某厂房地基处理中的应用

强夯法经过30多年的发展和应用，已适用于处理一般黏性土、饱和砂土、碎石土、粉土、人工填土、湿陷性黄土、淤泥质土等地基，提高了地基强度，降低了压缩性，提高了土层均匀性，减小了地基不均匀沉降。本实例通过介绍位于南京市江宁区的某厂房地基处理的工程实例来探讨强夯法动力密实机理在工程实际中的应用。

1. 工程概况

某机电公司一期主厂房地基处理工程位于江宁科学园，工程面积约为2.58万 m^2，上部结构为轻钢结构厂房，地基处理之前的原状场地为水田，回填土为素填土，含水量最大值为30.1%，最小值为22.0%，平均值为24.6%，地基土饱和度平均值74.28%，孔隙比为0.903。设计采用强夯法进行回填土地基加固处理，要求处理后场地承载力特征值 $f_k \geqslant 120$kPa。

2. 地质情况

（1）拟建场地岩土层分布自上而下。

1）层：素填土，松散，层厚1.50～6.30m。

2）层：粉质黏土，灰褐～灰黄色，湿～饱和，可塑，局部软塑，呈中等压缩性，层厚0.0～2.80m。

3）层：粉质黏土，黄褐色，稍湿，硬塑，呈低压缩性，层厚0.00～2.80m。

4）层：残积土，杂色，上部含较多卵砾石，硬～坚硬，层厚2.10～5.00m。

5）－1层：强风化岩，灰白～杂色，坚硬。

（2）土层主要物理力学性质指标。土层主要物理力学性质指标见表5-6。

表5-6　　土层主要物理力学性质指标

岩土层序号	统计指标	含水量 w（%）	重度/（kN/ms）	孔隙比 e	塑性指数 I_p	液性指数 I_1	压缩系数 a_{1-2}/MPa^{-1}	压缩模量/MPa
①	平均值	24.6	17.9	0.903	14.4	0.31	0.51	4.35
	变异系数	0.11	0.03	0.08	0.08	0.53	0.44	0.41
②	平均值	25.3	19.5	0.758	13.8	0.49	0.30	5.90
	变异系数	0.05	0.01	0.04	0.08	0.19	0.08	0.09
③	平均值	20.4	20.1	0.640	14.4	0.17	0.24	7.02
	变异系数	0.05	0.01	0.05	0.04	0.38	0.09	0.07

3. 设计要求

（1）地基经强夯处理后承载力特征值。$f_k \geqslant 120\text{kPa}$；$E_{s1-2} \geqslant 5.0\text{MPa}$。

（2）地基处理主要技术指标。夯点间距为3.5m，正三角形布置夯点，单点击数6～8击，单击夯击能量1800～2000kN·m；满夯能量1200kN·m，一遍两击1/4锤径搭接，夯点最后两击平均夯沉量控制在80～100mm；填土较厚区域适当加大夯击能量。

点夯停锤标准：最后两击平均沉降量不超过10cm，夯坑深度不超过1.6m。

4. 强夯施工

（1）强夯机械设备选用。起吊设备选用W200A型履带式起重机，采用自动脱钩装置：夯锤选用锤重120～160kN，夯锤直径取2.4m。

（2）强夯单点夯击试验。由于该场地填土时间短，厚度不均匀（1.50～6.30m），回填施工未实施分层填筑，土层情况比较复杂，施工前的几个月南京地区降雨量较大，受雨水浸泡土质含水量较大。如果直接采取最初确定的施工参数进行施工，加固处理效果可能不够理想。为了间接地了解欲处理的地基土情况，验证设计施工参数的可行性，综合考虑施工工期比较紧、施工单位施工经验丰富等因素，决定在大面积施工前选取有代表性区域进行现场单点夯击能试验，以确定和优化设计施工参数，选取合适的夯击能量、单点夯击数、夯点布置、夯击遍数等。

1）结合工程地质勘察报告，根据场地含水量大小、回填土厚度以及设计施工参数等，在场地选择A、B、C三个不同区域的进行单点夯击试验。

2）通过分别布设在四个不同方向上距离夯点不同距离的观测桩在夯击过程中测量数据的变化，计算和分析夯击过程中地基土被有效压缩以及夯坑周围土体的隆起情况。

3）夯机就位，夯锤中心对准夯点位置；根据设计单击夯能及锤重确定落距。

4）每击夯沉量及周围土体隆起情况的观测：①夯前测量各组观测桩及夯锤顶平面的标高；②随后每夯一击均观测各组测桩及夯锤顶平面的标高；③根据观测数据计算每一击的夯沉量与周围土体的隆起量；④绘制每击的沉降量与隆起量的曲线图；⑤根据观测数据及绘制的曲线图进行分析，确定合适的夯击能及击数；⑥根据观测数据及设计相关要求确定停锤标准。

（3）单点夯试验施工中发现的问题。场地土体含水量较大的A点，强夯时出现夯沉量大、夯坑过深，最后沉降量难以控制，不能满足预期的设计参数，并且拔锤困难，回填土含水量较小的B点，强夯时夯沉量较均匀，最后夯沉量偏大；C点试验情况与B点相类似。

（4）根据以上施工情况，补充以下施工方案。

1）鉴于施工区域回填土较厚及土层多为粉质黏土，在遭遇阴雨天气的情况下及时排除作业面雨水尤为重要。在未施工的作业面及场地周边沿施工区域边缘用机械开挖深约1.5～2.5m的排水沟，并与现场排水系统相贯通，排水方向服从现场总排水；施工区表面的雨水通过人工开挖浅沟排入作业区周围的主排水沟中，在已施工的区域（施工时先从排水方向逆向施工，成型工作面整形时适当形成排水坡度）边缘挖一条深50cm的排水沟将已施工区积水排向排水沟。

2）为保证施工进度，在施工现场准备足够的塑料薄膜用于作业面覆盖。根据天气预报信息，准备薄膜覆盖一到两天的工作场地，雨后根据覆盖场地土的含水情况确定能否立即开展施工，以便缩短雨天影响。当30cm内的土含水率大于25%时用推土机将该层土推掉20cm再进行强夯施工。

3）由于部分施工区域回填土一次虚铺厚度达6.5m，土质较松散，在能量为2000kN·m、夯6击的施工过程中已出现夯坑深度达2.5m，而且夯坑周围无隆起的现象。为保证工程质量和减少地基后期沉降，采取针对不同填土厚度采用不同的夯击能量和增加夯击遍数来处理，即对于填土厚度大于3.5m的区域，第一遍强夯时增大夯击能量到2400～2500kN·m，以坑深度不大于2.5m和拔锤不困难为停夯控制标准，如以上标准难以实现，可适当增加一遍夯击，通过本遍强夯以达到深层土体加固的目的。第二遍强夯采用设计施工参数指导施工，降低能量至设计值（1800～2000kN·m），以最后两击夯沉量7～10cm和夯击数作为停夯控制标准，达到浅层加固之目的，同时加大满夯能量到1500kN·m。

4）施工中根据气象数据（阴晴、气温、风力）、地基土体含水量、土体孔隙水压力消散情况等综合因素开展施工，控制好施工间歇，避免出现“弹簧土”“橡皮土”等强夯施工质量问题。

5. 夯后检测

夯后共进行了三组荷载试验，荷载板面积为1.0m×1.0m，分别为试1、试2、试3，极限加载按240kN考虑，共分8级加载，第一级加载30kN，然后按每级30kN递增直至加载240kN为止。三组荷载试验参数与试验结果见表5-7，*P-S*曲线如图5-9～图5-11所示。

表5-7 **荷载试验结果**

序号	荷载/kPa	试1沉降量/mm	试2沉降量/mm	试3沉降量/mm
0	0	0.00	0.00	0.00
1	30	0.47	0.43	0.44
2	60	1.01	1.03	0.95
3	90	1.71	2.41	2.00
4	120	2.60	4.04	3.72
5	150	4.03	6.50	5.25
6	180	5.64	11.00	7.99
7	210	7.56	17.47	11.94
8	240	9.94	25.93	18.23

后一级载荷发生的沉降量比上一级的沉降量之比值大于5时，工程上称为“拐点”。由图5-9～图5-11和表5-7可知：三组荷载试验所测各点*P-S*曲线均无明显的拐点；所测各点极限承载力不小于240kPa，夯后地基承载力特征值不小于120kPa。

6. 结论

预期的强夯加固效果：使土体有效固结，减小了孔隙比，降低了含水量，加快了地基土的前期固结沉降，提高了地基承载力，加固后地基土承载力特征值达到要求的120kPa以上。

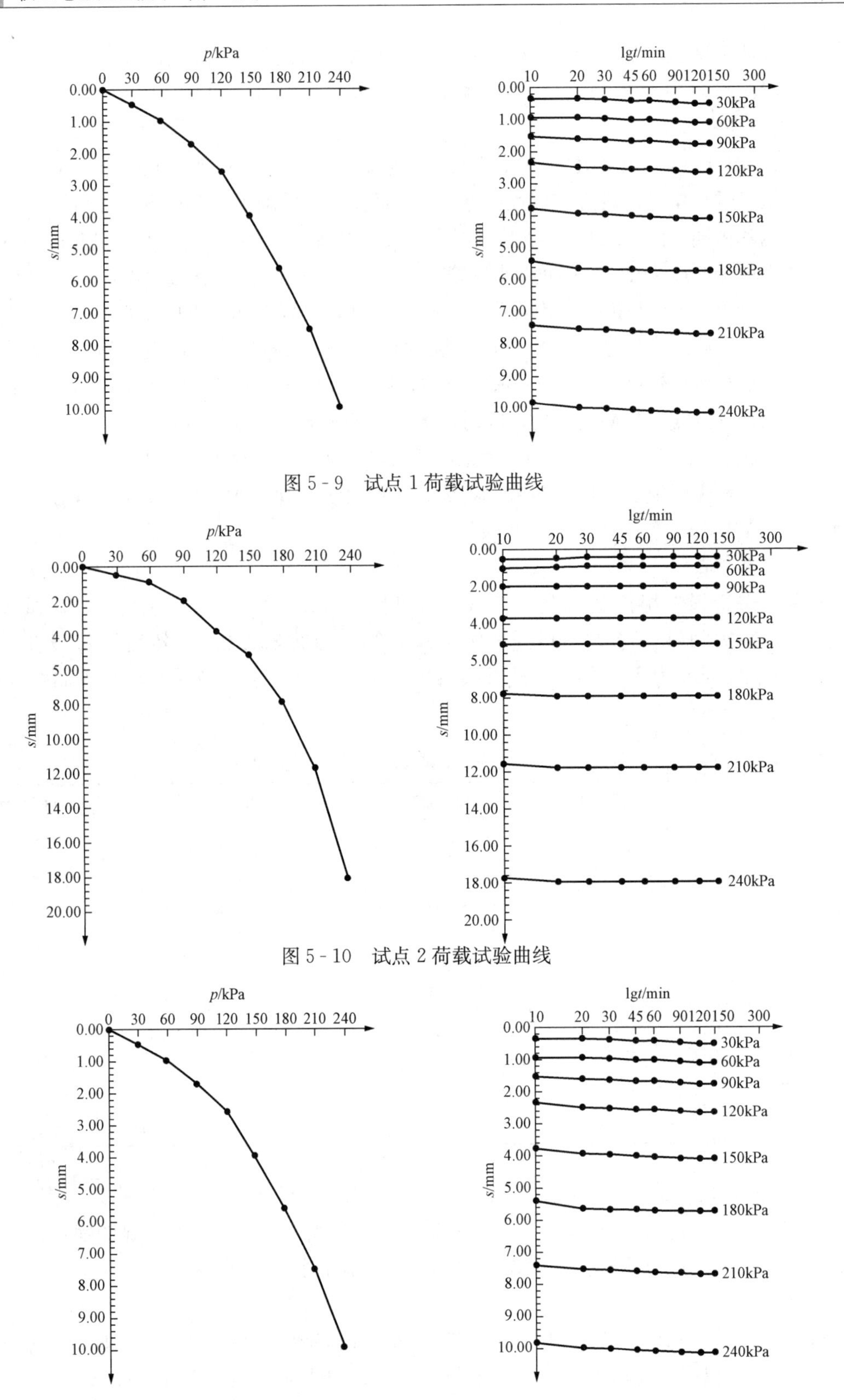

图 5-9 试点 1 荷载试验曲线

图 5-10 试点 2 荷载试验曲线

图 5-11 试点 3 荷载试验曲线

7. 经验总结

(1) 地基处理期间，对于降雨量较大的地区，施工时防止雨水浸泡夯坑和表层土是保证工程质量的一个重点。雨期施工的质量保证措施主要有以下几项。

1) 坚持信息施工，积极关注天气预报，随时做好天气变化的应对措施。遇降雨天气应在降雨之前及时推平夯坑，并使作业面形成一定的流水坡度，以便雨水及时流走，推平后立即进行碾压封水。降雨后根据现场情况随时增加开挖排水沟，及时排水。

2) 合理控制强夯间隔时间。应抓住晴好天气连续施工，每块场地施工要求一次强夯完成，不留尾巴。

(2) 应用数理统计技术，正确处理特殊土层变化。明确夯点的击数与最终沉降量的控制指标，但由于小范围的试验与大范围施工的地质情况及相关扰动条件略有不同，反映在强夯过程中即引起地面最终夯沉量与试验夯沉量的符合程度会有所不同。

由于现场回填土层厚度很不均匀，回填土质情况复杂多变，在强夯过程中会出现种种异常，夯坑深度及最后沉降量会随场地回填土深度及含水量和土质情况而大大不同，这直接影响到强夯后回填土的密实性、均匀性及强夯加固深度，从而影响强夯后地基承载力和后期地基土的沉降。为此，在强夯过程中应拟定合理灵活的技术处理措施。

本 章 小 结

本章主要介绍了强夯法的加固机理及适用范围、设计计算、施工及质量检验与评价。

(1) 强夯法加固地基一般是将重为 50～300kN 的锤提升至 6～30m 的高度自由下降，给地基施加强力冲击和振动以加固地基的施工方法。

(2) 强夯法适用土层较广泛，包括碎石土、砂土、低饱和度的粉土和黏土、湿陷性黄土、杂填土和素填土等。

(3) 强夯过程机理可概述为：土体压缩；局部液化；孔隙水排出；触变恢复。

(4) 强夯法的设计参数包括锤重、落距、夯击能量、夯击遍数、夯点布置、强夯范围、两遍夯击间隔时间等。

(5) 我国所用的锤重为 80～250kN；落距一般为 10～25m；夯击能量分单击夯击能、最佳夯击能、单位夯击能；夯击遍数要满足最后两击的平均夯沉量不大于 50～100mm；强夯范围一般超出基础外缘的宽度宜为设计加固深度的 1/2～2/3，且每边或加宽 3～5m；孔隙水压力消散快，夯击间歇时间就短，孔隙水压力消散慢，间歇时间则长。

(6) 强夯法的主要机具有夯锤、起重机和脱钩装置等部分。

(7) 强夯法的施工工艺：①清理并平整施工场地；②标出第一遍夯点位置，并测量场地高程；③起重机就位，使夯锤对准夯点位置；④测量夯前锤顶高程；⑤将夯锤起吊到预定高度，待夯锤脱钩自由落下后放下吊钩，再次测量锤顶高程，若发现因坑底倾斜而造成夯锤歪斜时，应及时将坑底整平；⑥重复步骤⑤，按设计夯击次数和控制标准，完成一个夯点的夯击；⑦重复步骤③～⑥，完成第一遍全部夯点的夯击；⑧用推土机将夯坑填平，并测量场地高程；⑨在设计规定的间隔时间后，按上述步骤逐次完成全部夯击遍数，最后用低能量满夯一遍，将场地表层土夯实，并测量夯后场地高程。

（8）强夯施工结束后应间隔1～4周，检验地基加固质量。采用室内原状土样试验和原位测试，提交有关地基强夯前后，土的含水量、干重力密度及承压板荷载试验数据（包括夯击遍数与含水量、干重力密度的关系线图）。

复习思考题

1. 什么是强夯法？满夯的目的是什么？其优、缺点有哪些？
2. 简单阐述强夯法夯击能量的传递机理。
3. 不同土质条件应分别采用多少夯击遍数？
4. 如何考虑强夯法的夯点位置和夯点间距。
5. 简述强夯法的设计参数包括哪些，如何选用这些参数？
6. 强夯法的主要施工机具有哪些？
7. 简述强夯法的施工工艺。
8. 强夯法的加固质量可采用哪些试验进行检验？

第6章 加 筋 土 法

知识目标

1. 理解加筋土法的概念，掌握加筋土法的加筋材料类型及应用形式。

2. 了解土工合成材料的类型，理解土工合成材料在地基处理中的作用，掌握土工合成材料的特性。

3. 了解加筋土的有关试验要求。

4. 理解加筋土法的加固原理。

5. 掌握加筋土地基的设计理论以及土堤地基、条形浅基础地基和公路基层的加筋设计方法。

6. 掌握加筋地基的施工方法和要点。

6.1 概述

6.1.1 加筋土法的概念及应用情况

加筋土法是地基处理方法中的一种，是指在软弱地基中放入强度较大的、能承受拉力的加筋材料（如天然材料、土工合成材料、钢条、钢带等），与土组合形成人工复合土体。它利用土体颗粒与筋材之间的摩擦力使它们形成一个整体，产生整体化了的强度，起到抗拉、抗剪、抗压的作用，从而提高地基的承载力、提高土体的稳定性、减少沉降、抑制地基的侧向变形。

目前，随着化学工业的迅猛发展，在加筋材料中，天然材料（如木材、竹子）的使用越来越少，钢筋、钢带的使用也逐步减少，取而代之的是玻璃纤维和塑料纤维，以及由它们作为原料制成的土工合成材料。这些筋材的显著特点是抗拉强度高、耐腐蚀性能强，可以根据需要生产出各种不同形状和具有多种功能的产品。

近些年来，土工合成材料在岩土工程中作为一种新的工程材料，不仅在使用数量上快速增长，而且在应用领域上也不断拓宽。土工合成材料已在交通、水利、城建、港工、林业、农垦、国防等各个方面的岩土工程中得到广泛应用。在公路工程方面，土工合成材料主要用于软基处理、路堤稳定、边坡防护、沥青路面补强以及排水等方面。

加筋土地基的应用可概括为以下三个主要方面：①浅基础地基的加筋，例如油罐或筏板基础下的地基加筋，特别是条形基础下的地基加筋；②土堤的地基加筋，例如堤防工程、公路或铁路路堤下的地基加筋；③公路面层下基层的加筋，用于提高承载能力、减小车辙深度和延长使用寿命。加筋土地基的应用形式如图 6 - 1 所示。此外，加筋土地基（垫层）可与其他各种桩基础结合形成复合地基。

交通部于 1991 年正式颁布了《公路加筋土工程设计规范》（JTJ 015—1991）（现已废止）和《公路加筋土工程施工技术规范》（JTJ 035—1991）（现已废止），这是我国第一套比较系统的加筋土技术设计和施工规范。之后，国家和各部门相继颁发了《土工合成材料应用技术规范》（GB 50290—1998）、《水运工程土工织物应用技术规程》（JTJ/T 239—1998）、《水利水电工程土工合成材料应用技术规范》（SL/T 225—1998）、《公路土工合成材料应用技术规范》（JTJ/T 019—1998）、《公路土工合成材料试验规程》（JTJ/T 060—1998）、《铁路路基土工合成材料应用技术规范》（TB 10118—1999）、《土工合成材料测试规程》（SL/T 235—1999）、《公路工程土工合成材料试验规程》（JTGE 50—2006）等一系列技术规范。在近年发布的新规范中，都有专门章节阐述加筋土技术的设计和施工方法。

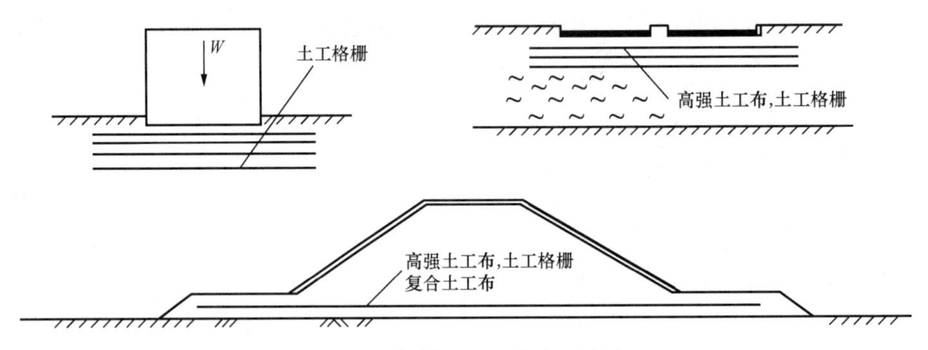

图 6-1　加筋土地基的应用形式

6.1.2　土工合成材料的类型及作用

土工合成材料是 20 世纪 50 年代末兴起的，以合成纤维、塑料、合成橡胶等高分子聚合物为原料制成的新型材料。根据制造工艺及应用功能的不同，土工合成材料可分为土工织物、土工膜、土工复合材料和土工特种材料四大类型（见图 6-2），主要功能为加筋、隔离、反滤、排水、防渗、防护等。

在地基处理方面，主要是利用土工合成材料的加筋作用，即利用埋在土体之中的土工合成材料的高强度、高韧性等力学性能，以增加土体和加筋材料之间的摩阻力、扩散土体的应力、增加土体的模量及传递拉应力，进而限制土体侧向位移，提高地基承载力和土体的稳定性等。

在软基处理中，土工合成材料除起加筋作用外，同时还起隔离与过滤作用。在实际应用中，土工合成材料的几种作用往往是组合利用的，以有效解决各种各样的软基处理问题。

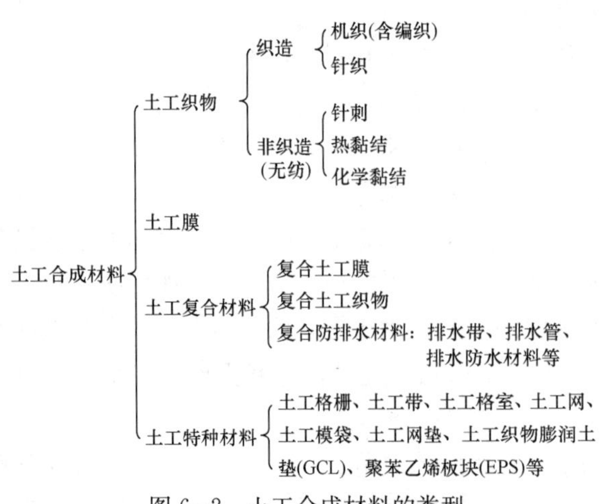

图 6-2　土工合成材料的类型

常用于地基加筋的土工合成材料包括土工织物（土工布）、土工网、土工格栅、土工格室等。

1. 土工织物

土工织物又称土工布，它是指机织、针织或非织造的可渗透的聚合物材料。成品为布状，一般宽度为 4～6 m，长度为 50～100 m。由于目前用于土工布生产的合成纤维主要为锦纶、涤纶、丙纶、乙纶，所以它们都具有很强的耐腐性能。

土工布具有反滤、排水、隔离、加

筋补强、防护等功能。

(1) 排水。形成一个水平向的排水面，起到排水通道作用。

(2) 隔离。利用土工织物直接铺在软土面上，能起到隔离作用。

(3) 应力分散。利用土工织物的强度、韧性，从而能与地基组合形成一个整体，限制了地基的侧向变形，分散了荷载，产生板体效应，减少了地基不均匀沉降。

(4) 加筋补强。与土体组成复合地基，增强了地基的抗剪力（见图6-3）。

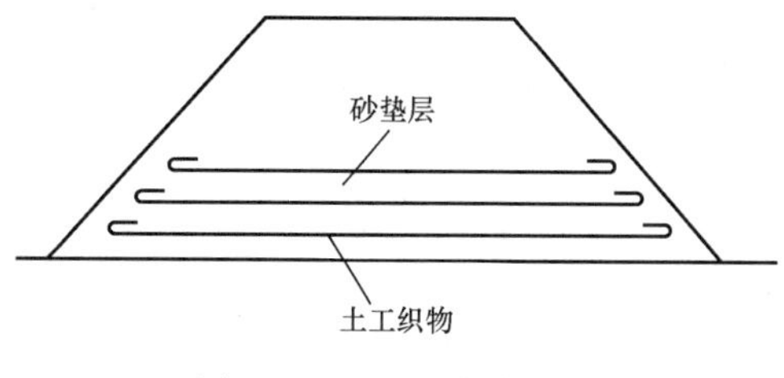

图6-3　土工织物加固图

2. 土工膜

土工膜是一种以高分子聚合物为基本原料的防水阻隔型材料。主要分为低密度聚乙烯(LDPE)土工膜、高密度聚乙烯(HDPE)土工膜和EVA土工膜。厚度大于或等于0.8mm的土工膜又可称之为防水板。

土工膜具有低延伸率、纵横向变形均匀、耐磨性能优良、隔水性强等特性。

3. 土工复合材料

土工复合材料是由两种或两种以上材料复合成的土工合成材料。土工复合材料可将不同材料的性质结合起来，更好地满足具体工程的需要，能起到多种功能的作用。如复合土工膜，就是将土工膜和土工织物按一定要求制成的一种土工织物组合物。其中，土工膜主要用来防渗，土工织物起加筋、排水和增加土工膜与土面之间的摩擦力的作用。又如土工复合排水材料，它是以无纺土工织物和土工网、土工膜或不同形状的合成材料芯材组成的排水材料，用于软基排水固结处理、路基纵横排水、建筑地下排水管道、集水井、支挡建筑物的墙后排水、隧道排水、堤坝排水设施等。

4. 土工特种材料

由平行肋条经以不同角度与其上相同肋条黏结为一体的用于平面排液、排气的土工合成材料。

(1) 土工格栅。

土工格栅（见图6-4）是由高分子聚合物经过挤压、成板、冲孔和定向拉伸而形成的具有方形或矩形孔眼的聚合物网材，按其制造时拉伸方向的不同可分为单向拉伸和双向拉伸两种。单向拉伸格栅只沿板材长度方向拉伸制成，而双向拉伸格栅则是继续将单向拉伸的格栅再在与其长度垂直的方向拉伸制成。

土工格栅是一种质量轻、具有一定柔性的平面网材，易于现场裁剪和连接，也可重叠搭接，施工简便，不需要特殊的施工机械和专业技术人员。

加筋土的作用机理可概括如下：当加筋土在基底压力下产生变形时，筋材与土之间的相对位移或位移趋势使两者界面产生摩擦力，界面摩擦力使筋材产生拉力，拉力的方向指向基础的外侧并偏向上方。因此，拉力的向上分力起张力膜作用，直接平衡向下的附加应力；拉力水平分力对加筋土的侧限作用也提高了地基的承载力。从以上分析可见，在设计加筋时，一定要注意土与加筋材料之间的相互作用，加筋材料自身具有的表面糙度、开孔率及其与土体间的机械咬合作用，是发挥其与土体界面相互作用的重要因素。

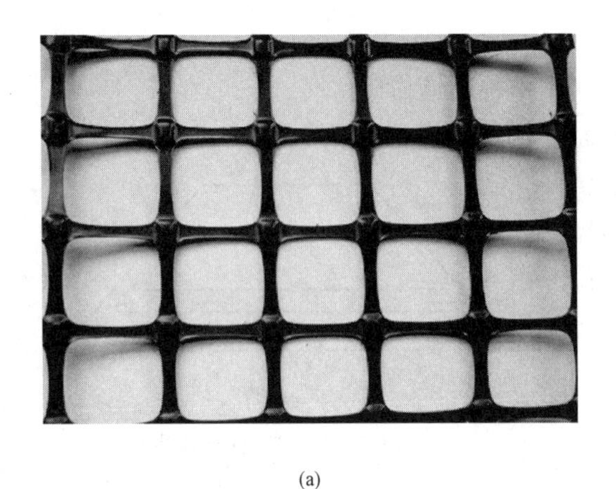

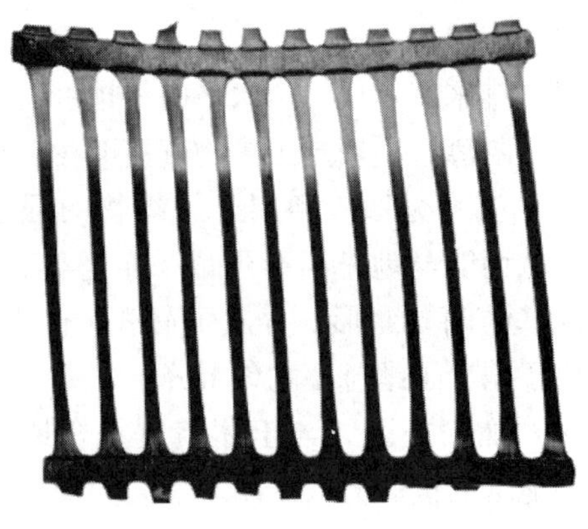

(a) (b)

图 6-4 塑料土工格栅

(a) 双向拉伸土工格栅；(b) 单向拉伸土工格栅

土工格栅将均布的大空格和土嵌锁在一起，表现出较高的筋土界面摩擦力，故其为较土工织物更好的加筋材料。

土工织物和土工格栅加筋土地基的设计包括筋材长度和层数的确定，以及抗拉强度的选择。目前生产厂家可以提供的土工织物和土工格栅产品，其抗拉强度有多种规格。在聚合物中加入其他纤维可使强度增大，同时降低成本。例如，玻璃纤维具有高的抗拉强度和弹性模量，同时具有高的蠕变抗力；加入金属纤维可使抗拉强度高达 3000kN/m^2，将其直接铺于基层中，可提高路面承载力 3～10 倍。

图 6-5 土工网

(2) 土工网。土工织物、土工格栅和土工网都是平面连续的加筋材料，它们被水平铺设在土中。当需要多层筋材分层铺设时，层间土必须经过碾压达到设计的压实度。

土工网（见图 6-5）是由条带、粗股条编织或由高密度聚乙烯经挤压而形成的方形、菱形、六边形网格状产品。可用于软基加固垫层以及用作制造组合土工材料的基材。

土工格室在加拿大公路上的应用

(3) 土工格室。土工格室（见图 6-6）是目前国内外较为流行的一种新型的高强度土工合成材料，它是由土工织物、土工格栅或土工膜、条带聚合物经高强力焊接而形成的蜂窝状或网格状的三维结构材料。

土工格室伸缩自如，运输时可缩叠，施工时可张拉成网格状，连接方便，施工速度快。在网格中填入泥土、砂石、混凝土等松散物料，振动压实后即可构成具有强大侧向限制和较大刚度的结构体。

一般情况下土工格室常见的尺寸为：格室缩叠时宽度 62mm、长度 5600mm，格室伸张时宽度 6300mm、长度 4100mm，格室高 50～200mm，格室单孔面积 0.07m^2。

土工格室在美国公路上的应用

图6-6　土工格室

改变土工格室高度、焊距等几何尺寸，可满足不同的工程需要。土工格室多用于地基加筋垫层、路基基层。

当土工格室应用于公路基层时，一般在格室中充填砂粒，用平板振动器压实，最后喷洒乳化沥青（约60%的沥青和40%水稀释的乳液），喷洒量为5L/m²，水渗入砂中，沥青小球粒在上层砂中形成磨耗层。试验表明，双轴卡车荷载行驶10000遍仅留下轻微车辙，如没有土工格室，仅10遍即会留下深深的车辙。

土工格室加筋土地基，一方面格室的侧限作用提高了垫层的抗剪强度和承载力；另一方面，土工格室垫层相当于基础的旁侧荷载，格室厚度越大，旁侧荷载越大，从而增加的承载力也越大。

土工格栅、土工格室具有一定的开孔率，通过与土体颗粒以及其他粒状填料之间的嵌锁与咬合作用来发挥性能，这使得这种材料总体优于土工布类材料，而且还克服了土工布类材料分隔了土体，不能充分发挥土体自身抗剪强度的弱点。

（4）土工格栅框格。为了建筑更厚的垫层，可将土工格栅连接成平面呈方形或三角形的框格（见图6-7），节点处用钢或塑料棍连接，框格中用砂砾卵石充填。典型的框格垫层厚度为1m。土工格栅框格垫层常用于软弱地基上筑堤。

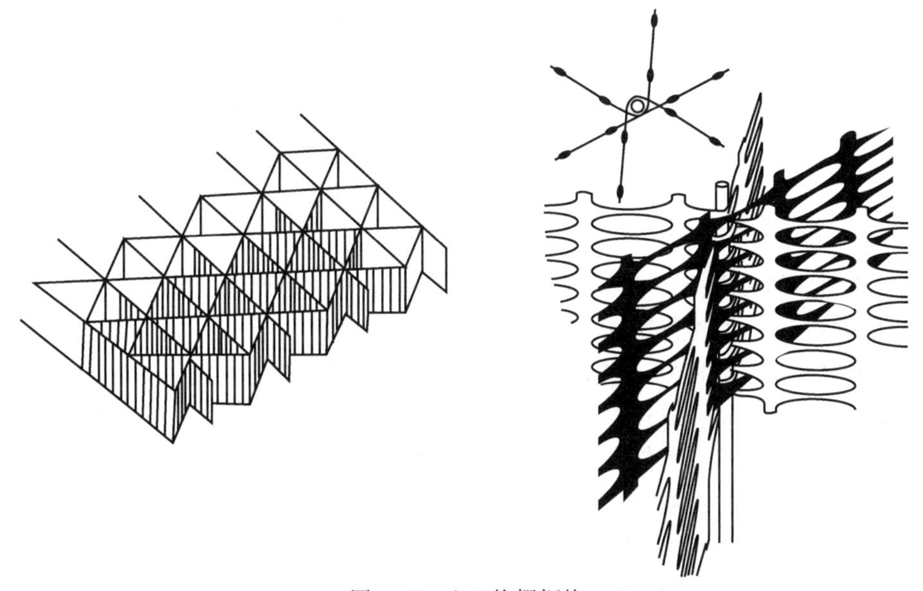

图6-7　土工格栅框格

6.1.3 土工合成材料的特性

土工合成材料的产品种类繁多，应用范围相当广泛。所以在选择最合适的土工合成材料类型时，了解其材料的特性是非常必要的。土工合成材料的性能与其原料、类型及加工制造方法密切相关，即使是相同材料，如果化学成分的混合比例、添加物、制造方法、加工的厚度或形状不同，则土工合成材料的性能就可能大不相同。与土类似，土工合成材料的特性主要包括物理特性、水理特性、力学特性以及耐久性。

1. 物理特性

土工合成材料的物理特性指标主要有质量、厚度和开孔尺寸等。

土工合成材料的质量是以单位面积内的质量来表示的。通过土工合成材料产品的宽度、每卷的长度和单位面积内的质量指标，就可以计算出每卷土工合成材料的质量。这个指标在计划材料的搬运时经常要用到。常用的土工织物和土工膜单位面积质量一般在 500～1200g/m^2 范围内。

土工合成材料的厚度是指在不受任何压力作用时的厚度。因为土工合成材料的厚度是很容易随着载荷而变化的，所以在把握厚度与载荷的关系时，必须知道土工合成材料的厚度这个指标。土工织物一般厚 0.1～0.5mm，最厚的可达 10mm 以上；土工膜一般厚度为 0.75～2.25mm，最厚的可达 2～4mm；土工格栅的厚度随部位的不同而异，其肋厚一般为 0.5～5mm。

土工织物、土工格栅和土工网等土工材料并不是严密无缝的，而是留有孔隙的。土工合成材料的开孔尺寸（亦即等效孔径）是反映开孔大小的指标，它可以小到几微米，也可以大到数厘米。土工织物的开孔尺寸一般为 0.05～1.0mm，土工垫为 5～10mm，土工网及土工格栅为 5～100mm。

2. 水理特性

土工合成材料的水理特性指标包括渗透系数、淤堵、防水性等。

为保证土工结构物的稳定性，使其具备适当的排水、反滤性能是非常重要的。非织造土工合成材料的水理特性与土相似，所以，用于评价土的水理特性的透水系数，也同样可以用来评价土工合成材料的水理特性。但是，开孔尺寸大的土工格栅类的水理特性与土的水理特性并不相似，此时，就不能用水力梯度来评价土工合成材料的水理特性，而是要用导水率和透水率指标来评价。土工织物的渗透系数为 $8\times10^{-4}\sim5\times10^{-1}$ cm/s，其中无纺型土工织物的渗透系数为 $4\times10^{-4}\sim5\times10^{-1}$ cm/s；土工膜的渗透系数为 $1\times10^{-10}\sim9\times10^{-11}$ cm/s。

3. 力学特性

土工合成材料的力学特性指标包括抗拉强度、断裂时的延伸率、抗撕裂强度、抗顶破强度、蠕变性以及与土的摩擦作用（直剪摩擦、拉拔摩擦）等。

土工合成材料是柔性材料，主要通过抗拉强度来承受荷载，以发挥其工程作用。因此，抗拉强度及其应变是土工合成材料的主要特性指标。由于土工合成材料在受力过程中厚度是变化的，故受力大小一般以单位宽度所承受的力来表示。常用的无纺型土工织物抗拉强度为 10～30kN/m，高强度的为 30～100kN/m；常用的有纺型土工织物抗拉强度为 20～50kN/m，高强度的为 50～100kN/m，特高强度的编织物为 100～1000kN/m；一般的土工格栅抗拉强度为 30～200kN/m，高强度的为 200～400kN/m。

土工合成材料在外荷载及土体自重作用下变形时，将会沿其界面发生与周围土体间的相互剪切摩擦作用。根据剪切摩擦试验，土与土工织物之间的黏着力一般很小，通常可略去不计。土与土工合成材料之间的摩擦角与土的颗粒大小、形状、密实度和土工合成材料的种类、孔径以及厚度等因素有关。对于细粒土以及疏松的中砂等，其与合成材料之间的摩擦角大致接近土的内摩擦角；对于粗粒土以及密实的中细砂等，其与合成材料之间的摩擦角一般不小于土的内摩擦角。

抗撕裂强度反映土工合成材料抵抗撕裂的能力；抗顶破强度反映其抵抗带有棱角的石块或树枝刺破的能力。

4. 耐久性

土工合成材料的耐久性指标包括抗紫外线能力、温度的敏感性、化学稳定性和生物稳定性等。

6.1.4 加筋土的有关试验要求

表6-1概括出了试验、建模与设计之间的关系等一些主要内容。要理解加筋土的性质，进行合理的加筋土结构物的设计，需要涉及材料试验、相互作用试验、模型试验、现场试验、监测和数值建模等试验方法。其中，材料试验和相互作用试验是最基本的。

表6-1　　土与土工合成材料特性及试验方法

序号	试验类型		试验方法	与设计的关系
1	材料试验	测定土与土工合成材料的物理、力学参数	(1) 土； (2) 加筋材料、抗拉强度、延伸率、耐久性等	确定土的粒度、重度、抗剪强度等； 确定加筋材料的抗拉、长期抗拉强度、水理性质等
2	相互作用试验	测定土与土工合成材料的相互作用特性	(1) 拉拔摩擦试验； (2) 直剪摩擦试验； (3) 其他试验	确定摩擦特性； 确定加筋材料的锚固及铺设长度
3	模型试验	测定系统工作性能	(1) lg模型试验； (2) ng离心试验	把握结构整体反应，检验设计
4	现场试验	现场大规模试验	(1) 破坏试验； (2) 非破坏试验； (3) 施工影响试验	把握结构整体反应，检验设计
5	监测	监测结构反应	(1) 位移、应变监测； (2) 应力监测； (3) 其他监测	把握结构整体反应，检验设计
6	数值建模	解释、反演数据，揭示细节	FEM数值建模等	把握结构整体反应，检验设计

土工合成材料作为加筋补强材料时，必须了解土与土工合成材料相互作用的特性。在极限平衡设计方法中，计算锚固长度和确定土工合成材料的抗拉拔能力都需要知道土与土工合成材料之间的似内聚力、似摩擦角或似摩擦系数。评价土与土工合成材料相互作

用的试验方法用得最多的是拉拔摩擦试验和直剪摩擦试验。试验方法的确定，应根据结构物的类型、土工合成材料的使用方法及其他们之间的作用机理而定。土工合成材料和土的摩擦特性与现场的变形状态相关，所以，在确定试验方法时应考虑场地的变形状态。

土工合成材料及其与土相互作用的特性的试验方法有其标准或规范，如国际试验标准（ISO）、美国试验材料协会标准（ASTM）、英国标准（BS）、德国工业标准（DIN）、法国标准（NF）、日本工业标准（JIS）以及交通运输部的《公路土工合成材料试验规程》（JTG E50—2006）。

6.2 加筋土法的加固原理

加筋土法即在土体中放置了筋材，构成了土与筋材的复合体。由于土的抗拉、抗剪性能差，在土体中加筋，以筋材为抗拉构件，与土产生相互摩擦作用，限制其上下土体及土体的侧向变形，等效于给土体施加了一个侧压力增量，从而增强土体内部的强度和整体性，提高土体的抗剪强度，根据迄今为止的研究结果，筋土间相互作用的基本原理大致可归纳为两大类：一是准黏聚力原理；二是摩擦加筋原理。

6.2.1 准黏聚力原理

这一原理是根据以砂土和水平布置一层或多层筋材的加筋砂土三轴试验结果分析而提出的。

加筋土结构可以看成是各向异性的复合材料，一般情况下拉筋的弹性模量远远大于土的弹性模量，拉筋与土共同作用，使得加筋土的强度明显提高。砂土试样在单轴压力下受到压密，土样侧向在侧压力作用下发生侧向应变。如在土中布置了拉筋，由于拉筋对土体的摩擦阻力，当土体受到垂直应力作用时，在拉筋中将产生一个轴向力，起着限制土体侧向变形的作用，相当于在土中增加了一个侧向应力，使土的强度提高了。

根据库仑理论，土的极限强度为

$$\tau_f = \sigma \tan\varphi + c \tag{6-1}$$

式中 τ_f——土的极限抗剪强度；

σ——土体上受到的正应力；

c——土的黏聚力；

φ——土的内摩擦角。

当 $c=0$ 时为砂土；$c\neq 0$ 时为黏性土。

设 σ_{1f} 为土样破坏时的最大主应力，σ_3 为土样侧面的最小主应力。根据土样破坏时土样的摩尔图与土样库仑强度线相切条件可得

$$\sigma_{1f} = \sigma_3 \tan^2\left(45° + \frac{\varphi}{2}\right) + 2c\tan\left(45° + \frac{\varphi}{2}\right) \tag{6-2}$$

在三轴对比试验中，如果未加筋砂土样在 σ_1、σ_3 作用下达到极限平衡，保持 σ_3 不变，则加筋砂在相同应力状态下未破坏，而是 σ_1 增至 σ_{1f} 时才达到极限状态，如图 6-8 所示。

砂样在加筋前后 φ 值不变，加筋后土的强度提高了。比较未加筋砂和加筋砂试验的极限平

衡条件，加筋砂多了一项由 c' 引起的强度增加，或者说承载力增加，即

$$\Delta\sigma_{1f}=\sigma_{1f}-\sigma_1 \qquad (6-3)$$

从三轴对比试验的结果来看（见图6-9），加筋砂与无筋砂的强度线几乎完全平行，说明砂样在加筋后 φ 值不变，但加筋后，加筋砂的强度曲线不通过 σ—τ 的坐标原点（即 σ_3—σ_1），而与纵坐标相截，其截距 c' 相当于土的极限强度公式中的 c。则可以认为，加筋砂土力学性能的改善是由于新的复合土体中具有某种“黏聚力”的缘故。砂土本身是没有这个“黏聚力”的，而是砂土加筋后的结果。

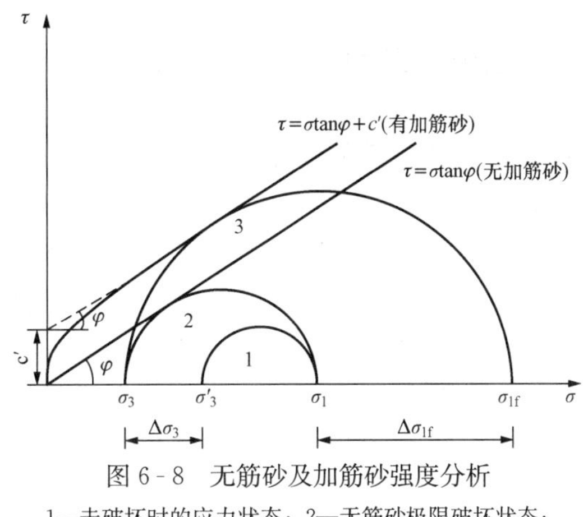

图6-8　无筋砂及加筋砂强度分析

1—未破坏时的应力状态；2—无筋砂极限破坏状态；3—加筋砂极限破坏状态

在土体中加筋，约束了土体的侧向变形，增大了侧向压力，使之增大土体的抗剪强度，相当于增大一个黏聚力 c'，称为准黏聚力。它反映了加筋土这个复合体本身的材料特性。加筋的作用就是提高了土体的抗压强度 $\Delta\sigma_1'$ 和抗剪强度（准黏聚力 c'）。

6.2.2　摩擦加筋原理

筋材与土的摩擦是加筋土的一个重要性质，筋材与土相互摩擦作用机理较为复杂，它与筋材的类型、变形特性、形状长度和土的性质及上覆压力等密切相关。由于摩擦加筋原理概念明确、简单，在加筋土挡墙的足尺试验中得到了较好的验证。因此，在加筋土的实际工程中，特别是在加筋土挡墙工程中得到广泛的应用。

根据加筋土复合体中筋—土之间的基本构造，我们在加筋土体中取出微小体来讨论其摩擦加筋原理，如图6-10所示。

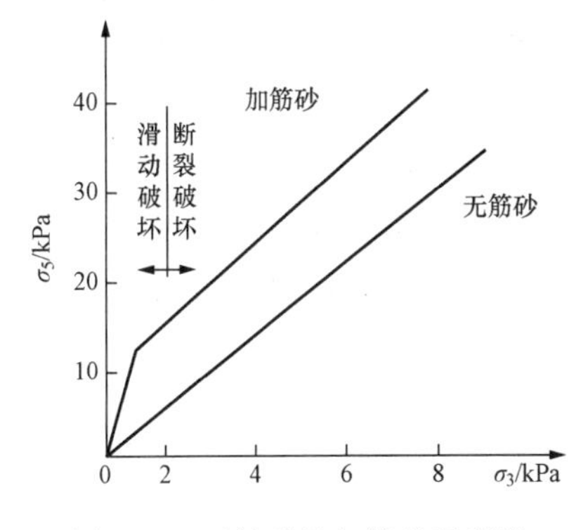

图6-9　无筋砂及加筋砂强度线

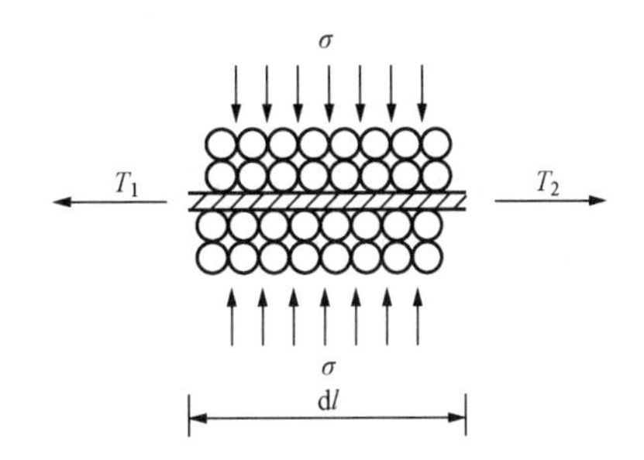

图6-10　加筋土体受力分析图

筋材一是要表面粗糙，能使筋土之间产生足够的摩擦力；二是要有足够的强度和弹性模量，以保证筋—土之间产生错动前拉筋不被拉出，同时保证拉筋的变形与土体的变形大致相同。

6.3 加筋土法的设计计算

6.3.1 加筋土地基的设计理论

土工合成材料加筋地基的设计理论来源于两个方面：一是土工合成材料的特性；二是地基极限承载力的极限平衡理论。土工合成材料是高分子聚合物产品，存在耐久性的问题，并且一般具有较大的蠕变，铺设时可能受到损伤，这些特性应反映在加筋材料设计抗拉强度的确定中。在加筋地基设计中，必须首先确定地基的极限承载力，其理论基础仍然是极限平衡理论和由极限平衡理论推导出的太沙基极限承载力公式，据此进行加筋土地基的设计。

1. 加筋材料的容许抗拉强度

$$T_a=\frac{1}{F_{iD}F_{cR}F_{cD}F_{bD}}T_u \tag{6-4}$$

式中 T_a——设计容许抗拉强度（kN/m）；

F_{iD}——铺设时机械破坏影响系数；

F_{cR}——材料蠕变影响系数；

F_{cD}——化学剂破坏影响系数；

F_{bD}——生物破坏影响系数；

T_u——由加筋材料拉伸试验测得的极限抗拉强度（kN/m）。

式（6-4）中的四个影响系数应按实际经验确定。无经验时，F_{iD}取1.1～2.0，F_{cR}取2.0～4.0，F_{cD}取1.0～1.5，F_{bD}取1.0～1.3。

一般土工合成材料都具有良好的抗化学破坏和抗生物破坏的能力。因此，为了避免土工合成材料的强度折减过大，国家标准《土工合成材料应用技术规范》（GB/T 50290—2014）中规定：无经验时，式（6-4）中的四个影响系数的乘积宜采用2.5～5.0；当施工条件差、材料蠕变性大时，其乘积应采用大值。

2. 极限平衡理论

极限平衡理论是研究土体处于理想塑性态时的应力分布和滑裂面轨迹的理论，它是求解地基极限承载力的理论基础。极限平衡理论给出了土中某点剪切破坏时主应力和抗剪强度之间的关系。

$$\sigma_1=\sigma_3\tan^2\left(45°+\frac{\varphi}{2}\right)+2c\tan\left(45°+\frac{\varphi}{2}\right) \tag{6-5}$$

式中 σ_1、σ_3——土体中某点的大、小主应力（kPa）；

φ——土的内摩擦角（°）；

c——土的黏聚力。

3. 地基极限承载力公式

太沙基及其后的研究者将破坏时的地基分成三个区，如图6-11所示，即主动极限平衡区Ⅰ、被动极限平衡区Ⅲ和过渡区Ⅱ，应用极限平衡理论和脱离体平衡条件，推导出条形基础的地基极限承载力公式。

$$p_u = cN_c + qN_q + \frac{1}{2}\gamma b N_\gamma \tag{6-6}$$

式中　p_u——地基极限承载力（kPa）；

c——地基土的黏聚力（kPa）；

q——基础旁侧荷载，$q=\gamma d$（kPa）；

d——基础埋深（m）；

b——基础底宽（m）；

γ——地基土的重度（kN/m^3）；

N_c、N_q、N_γ——地基承载力因数，可根据地基土的内摩擦角 φ 从表 6-2 选取。

表 6-2　　地基承载力因数

φ（°）	N_c	N_q	N_γ	φ（°）	N_c	N_q	N_γ
0	5.14	1.00	0.000	26	22.25	11.85	8.002
1	5.38	1.09	0.000	27	23.94	13.20	9.463
2	5.63	1.20	0.010	28	25.80	14.72	11.190
3	5.90	1.31	0.023	29	27.86	16.44	13.236
4	6.19	1.43	0.042	30	30.14	18.40	15.668
5	6.49	1.57	0.070	31	32.67	20.63	18.564
6	6.81	1.72	0.106	32	35.49	23.18	22.022
7	7.16	1.88	0.152	33	38.64	26.09	26.166
8	7.53	2.06	0.209	34	42.16	29.44	31.145
9	7.92	2.25	0.280	35	46.12	33.30	37.152
10	8.35	2.47	0.367	36	50.59	37.50	44.426
11	8.80	2.71	0.471	37	55.63	42.92	53.270
12	9.28	2.97	0.596	38	61.35	48.93	64.073
13	9.81	3.26	0.744	39	67.87	55.95	77.332
14	10.37	3.59	0.921	40	75.31	64.20	93.696
15	10.98	3.94	1.129	41	83.86	73.90	113.985
16	11.63	4.34	1.375	42	93.71	85.38	139.316
17	12.34	4.77	1.664	43	105.11	99.02	171.141
18	13.10	5.26	2.003	44	118.37	115.31	211.406
19	13.93	5.80	2.403	45	133.88	134.88	262.739
20	14.83	6.40	2.871	46	152.16	158.51	328.728
21	15.82	7.07	3.421	47	173.64	187.21	414.322
22	16.88	7.82	4.066	48	199.26	222.31	526.444
23	18.05	8.66	4.824	49	229.93	265.51	674.908
24	19.32	9.60	5.716	50	266.89	319.07	873.843
25	20.72	10.66	6.765				

将地基极限承载力除以一定的安全系数即得到地基的容许承载力。安全系数取值2.0～3.0。

从式（6-6）可见，已知基础尺寸 b、基础埋深 d、地基土的重度 γ 和抗剪强度参数 c、φ 即可计算地基的极限承载力和容许承载力。当加筋土的范围不小于图 6-11 中完整滑动面范围（总长度 L_u、最大深度 D_u）时，c、φ 和 γ 取加筋土的有关参数。

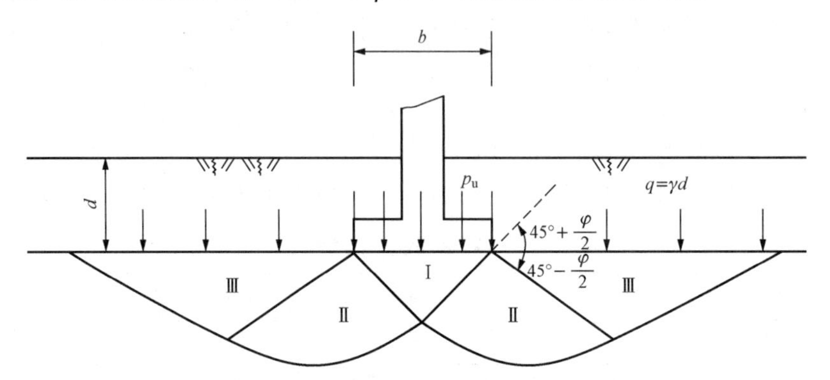

图 6-11 地基承载力计算中的破坏面

从图 6-11 可以求得基础两侧完整滑动面的总长度 L_u：

$$L_u=b\left[1+2\tan\left(45°+\frac{\varphi}{2}\right)\cdot e^{\frac{\pi}{2}\cdot\tan\varphi}\right] \tag{6-7}$$

在过渡区的滑动面为对数螺旋线，求深度的极值可得滑动面的最大深度 D_u：

$$D_u=\frac{b\cos\varphi}{2\cos\left(45°+\frac{\varphi}{2}\right)}e^{\left(\frac{\pi}{4}+\frac{\varphi}{2}\right)\cdot\tan\varphi} \tag{6-8}$$

根据式（6-7）和式（6-8），可求得不同 φ 值对应的 L_u 和 D_u，它们是基础宽度 b 的倍数。

很多模型试验揭示了地基极限承载力随筋材长度和深度增加而变化的规律，虽然长度和深度增加至一定值后，极限承载力增加缓慢，但只有达到表列深度和长度时，极限承载力才停止增长。

6.3.2 加筋土地基的设计

加筋土地基的设计方法主要为极限平衡法，它能给出地基的承载力大小、筋材的强度和布置要求，更重要的是能得出安全系数的大小。有限元法也是一种强有力的设计方法，它能得到丰富的关于土和筋材的应力应变信息，但该法获取计算参数的试验和计算分析均较复杂，同时还缺少成熟的方法获得安全系数的大小，因此，有限元法的应用受到限制。本节只介绍基于极限平衡理论的各种设计方法。对于重要的工程，可以选择一种设计方法为主，并可和其他设计方法的计算结果进行比较，从而得出正确的设计。

加筋土地基的应用主要有三种，它们分别为土堤地基、条形浅基础地基和公路基层的加筋，本节主要介绍这三种加筋土地基的设计。

1. 土堤的加筋土地基

位于软土地基上的土堤，包括堤坝和路堤，其加筋土地基有两种结构形式，一是平铺的土工织物或土工格栅；二是土工格栅框格垫层。前者又分三种情况：①在地基表面平铺一层筋材；②挖除部分软土，分层平铺数层筋材，各层筋材间铺设砂砾料构成加筋土垫层；③在堤身内部沿堤由底向上平铺数层加筋材料；④主要是为了避免软土的开挖，利用软土表面硬壳层的承载能力是防渗的需要（不采用高渗透性的砂垫层）。两种结构形式的设计方法基本上是一致的。

（1）破坏形式。图6-12为加筋土地基土堤可能产生的破坏形式。其中，图6-12（a）和图6-12（b）所示破坏形式常发生在软土地基较浅的情况，（a）图为土堤的堤坡部分沿着筋材表面水平滑动，图6-12（b）为地基土的挤出破坏；图6-12（c）和图6-12（d）所示破坏形式常发生在软土地基深厚的情况，图6-12（c）为土堤和地基的整体破坏，图6-12（d）为地基承载力不足时产生过大的沉降。下面针对每一种破坏形式，提出相应的设计方法。

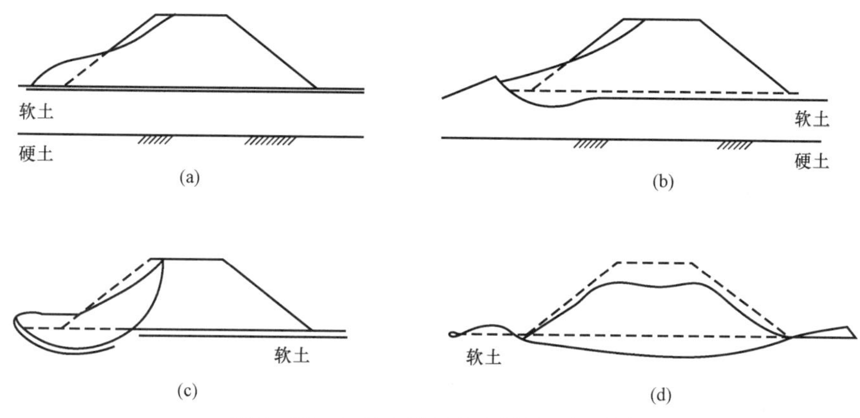

图6-12　加筋土地基上土堤的破坏形式

（2）堤坡滑动。滑动土坡楔体上的受力情况如图6-13所示。滑动力 $E_a=\frac{1}{2}K_a\gamma H^2$，抗滑动力为 $\frac{1}{2}\gamma Hl\tan\varphi_{sg}$，考虑两者的平衡，并取抗滑安全系数为2.0，可得：

$$l\geqslant\frac{2K_aH}{\tan\varphi_{sg}}\tag{6-9}$$

式中　K_a——主动土压力系数，$K_a=\tan^2\left(45°-\frac{\varphi}{2}\right)$；

φ_{sg}——堤土与加筋材料的界面摩擦角（°）。

（3）基土挤出。堤坡下地基土体的受力情况如图6-14所示。其中挤出力为主动土压力 E_{af}，抗挤出力有三个：被动土压力 E_{pf}、筋材对软基土的摩擦力 S_g、硬基土对软基土的摩擦力 S_f。

$$E_{af}=\left(\gamma H+\frac{\gamma_f}{2}D\right)DK_{af}-2c_fD\sqrt{K_{af}}\tag{6-10}$$

$$E_{pf}=\frac{1}{2}\gamma_fD^2K_{pf}+2c_fD\sqrt{K_{pf}}\tag{6-11}$$

$$S_g=l\frac{\gamma H}{2}\tan\varphi_{sg}\tag{6-12}$$

$$S_{\mathrm{f}}=l\left[c_{\mathrm{f}}+\left(\frac{\gamma H}{2}+\gamma_{\mathrm{f}}D\right)\tan\varphi_{\mathrm{f}}\right] \tag{6-13}$$

式中 K_{af}——软基土的主动土压力系数，$K_{\mathrm{af}}=\tan^2\left(45°-\dfrac{\varphi_{\mathrm{f}}}{2}\right)$；

K_{pf}——软基土的被动土压力系数，$K_{\mathrm{pf}}=\tan^2\left(45°+\dfrac{\varphi_{\mathrm{f}}}{2}\right)$；

c_{f}——软基土的黏聚力（kPa）；

φ_{f}——软基土的内摩擦角（°）；

γ——堤土的重度（$\mathrm{kN/m^3}$）；

γ_{f}——软基土的重度（$\mathrm{kN/m^3}$）；

φ_{sg}——筋材和软基土的界面摩擦角（°）。

其余符号如图 6-14 所示。

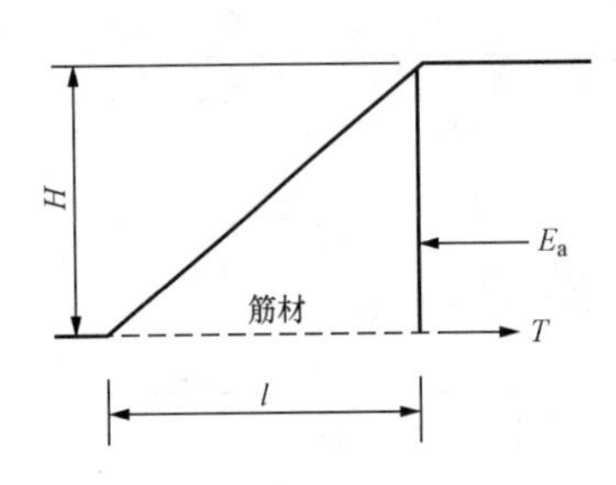

图 6-13 堤坡滑动受力分析

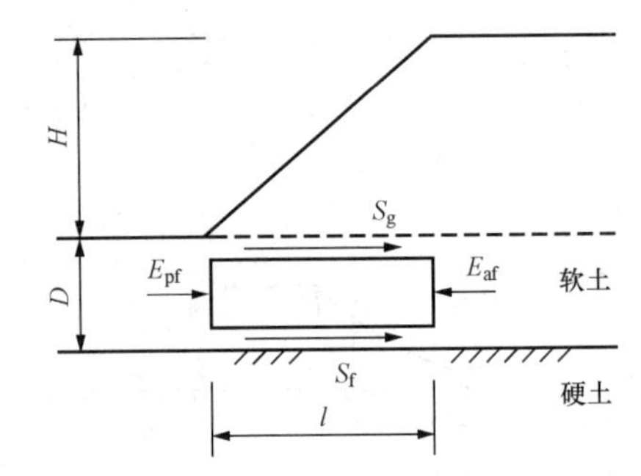

图 6-14 堤坡下软土的受力分析

软基土抗挤出的安全系数：

$$F_{\mathrm{s}}=\frac{E_{\mathrm{pf}}+S_{\mathrm{g}}+S_{\mathrm{f}}}{E_{\mathrm{af}}} \tag{6-14}$$

要求 $F_{\mathrm{s}}\geqslant 1.5$。

对以上设计公式有以下两点需加以说明。

1）式（6-9）和式（6-12）中的摩擦系数 $\tan\varphi_{\mathrm{sg}}$ 应通过试验确定，无试验资料时，根据《水利水电工程土工合成材料应用技术规范》（SL/T 225—1998）中的规定，土工织物可采用 $2\tan\varphi/3\tan\varphi$，土工格栅采用 $0.8\tan\varphi$，φ 为土的内摩擦角。

2）软弱基土的内摩擦角 φ_{f} 很小，可取为 0，则 $K_{\mathrm{af}}=K_{\mathrm{pf}}=1$，式（6-10）和式（6-11）可得到简化，这时黏聚力 c_{f}，应取不排水抗剪强度 c_{u}。

（4）整体滑动。

1）脱离体分析法。将堤坡土体连同软土地基视为一整体，如图 6-15 所示的脱离体 ABGP，其上的受力有：

$$E_{\mathrm{a}}=K_{\mathrm{a}}\left(\frac{\gamma H^2}{2}+qH\right) \tag{6-15}$$

$$E_{\mathrm{af}}=\left(\gamma H+q+\frac{\gamma_{\mathrm{f}}D}{2}\right)D-2c_{\mathrm{u}}D \tag{6-16}$$

$$E_{pf}=\frac{\gamma_f D^2}{2}+2c_u D \tag{6-17}$$

$$S_f=c_u l \tag{6-18}$$

式中　q——堤顶均布荷载（kPa）；

c_u——软基土的不排水抗剪强度。

其余符号如图 6-15 所示。

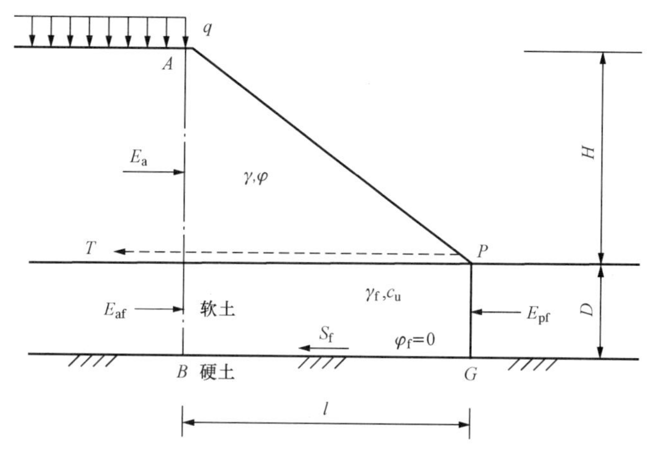

图 6-15　整体滑动脱离体的受力分析

由脱离体 ABGP 的受力平衡可得到抗滑动安全系数

$$F_s=\frac{T+S_f+E_{pf}}{E_a+E_{af}} \tag{6-19}$$

式中　T——加筋材料提供的拉力，取筋材的容许抗拉强度（kN/m）。

要求 $F_s \geqslant 1.5$。

脱离体分析法给出的结果偏于安全，但当软弱基土很厚时，分析结果不可靠，当厚度超过斜坡宽度 l 时，建议用圆弧滑动分析法。

2）圆弧滑动分析法。当堤基下软弱土层较深时，滑动面可能贯穿地基土和堤身，设计采用修正的圆弧滑动条分法。这个方法的要点是先试算出没有加筋材料时最危险圆弧的位置，并假定加筋后滑弧的位置不变，筋材拉力的方向与滑弧相切，如图 6-16 所示。则抗整体圆弧滑动的安全系数为

$$F_s=\frac{\sum(c_i l_i+W_i\cos\alpha_i\tan\varphi_i)+T}{\sum W_i\sin\alpha_i} \tag{6-20}$$

式中　T——加筋材料提供的切向加筋力，取筋材的容许抗拉强度，当为 N 层时，切向加筋力为 N_T（kN/m）；

l_i——第 i 分条条，底滑弧弧长（m）；

W_i——第 i 分条的土重（kN/m）；

c_i——第 i 分条滑弧所在土层的黏聚力（kPa）；

φ_i——第 i 分条滑弧所在土层的内摩擦角（°）。

其余符号如图 6-16 所示。

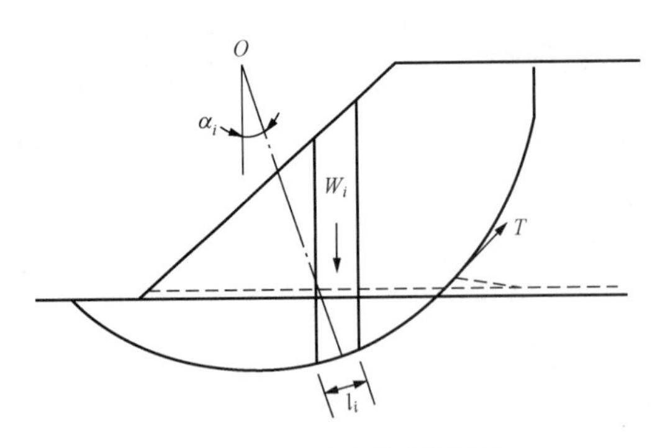

图 6-16　圆弧滑动分析法

抗整体圆弧滑动的安全系数要求不小于1.3。

最危险滑动圆弧的试算工作量很大，且加筋后最危险滑弧位置是变动的，应编制程序在微机上自动搜索最危险滑弧的位置，并计算安全系数。

当加筋材料平铺于堤底并处于堤身内部时，如果有些层的筋材没有满铺，即处于滑弧以外（稳定土体侧）的筋材较短，这时应校核在容许抗拉强度的作用下抗拔出的稳定性。

（5）承载力校核。沿堤基布置加筋材料后，地基和筋材的变形情况如图 6-17 所示，地基的极限承载力：

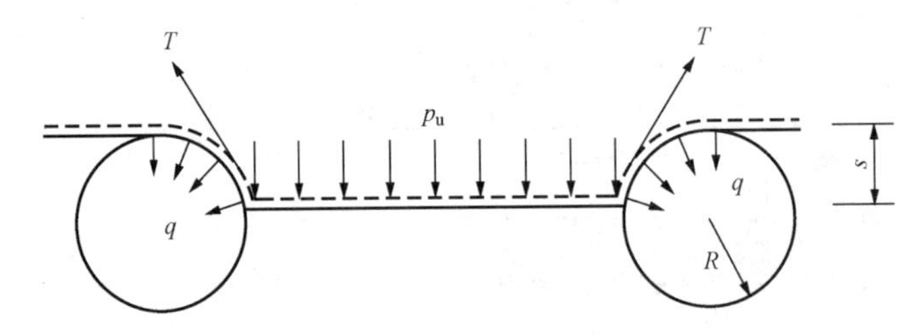

图 6-17　加筋地基承载力分析

$$p_u = c_f N_c + \left(\gamma_f s + \frac{T}{2R}\right) N_q + \frac{2T\sin\theta}{b} + \frac{\gamma_f b}{2} N_\gamma \tag{6-21}$$

式中　p_u——加筋地基极限承载力（kPa）；

c_f——地基土的黏聚力（kPa）；

γ_f——地基土的重度（kN/m^3）；

s——沉降及侧边隆起量，可取堤的容许沉降量，即堤高的（0.5%～1.0%）（m）；

T——筋材拉力，取筋材的容许抗拉强度（kN/m）；

R——两侧基土隆起的假想圆半径，一般取 R=3m，对软土层较薄（小于 6m），取 R 为厚度的一半（m）；

θ——筋材拉力与水平面夹角，由主动破坏面确定，即 $\theta = 45° + \frac{\varphi_f}{2}$（°）；

φ_f——地基土的内摩擦角（°）；

b——平均堤宽，取堤顶和堤底宽度的平均值（m）；

N_c，N_q，N_γ——承载力因数，据 φ_f 从表 6-2 中查取。

式（6-21）为加筋地基极限承载力的改进太沙基公式，式中第 1 和第 4 项为地基土原有承载力；第 2 项为旁侧荷载的影响，它代表了地基土隆起使筋材产生拉力所产生的镇压作用。此外，因是堤基没有考虑基底埋深 d，只考虑了产生的容许沉降的影响；第 3 项为筋材拉力产生的张力膜效应。

抗地基承载力破坏的安全系数：

$$F_s = \frac{p_u}{\gamma H} \tag{6-22}$$

要求 $F_s \geqslant 2.5$。

2. 条形浅基础的加筋土地基

原则上土堤加筋地基的设计方法可用于浅基础的加筋地基。如果是 N 层平铺的加筋材料，式（6-21）中的 T 改为 N_T 即可。

现以土工织物或土工格栅加筋砂垫层为例，说明条形浅基础加筋地基的设计方法。

加筋材料的布置方式对地基承载力有明显影响，例如：靠近基底的第一层筋材布置太深，滑动面可能发生在筋材上方土中；筋材数目太少或太短，筋材可能断裂或发生拔出破坏。筋材的布置方式可用下列参数描述：层数 N；第一层到基底面距离 Z_1；第 N 层到基底面距离 Z_n；第 i 层筋材长度 L_i。

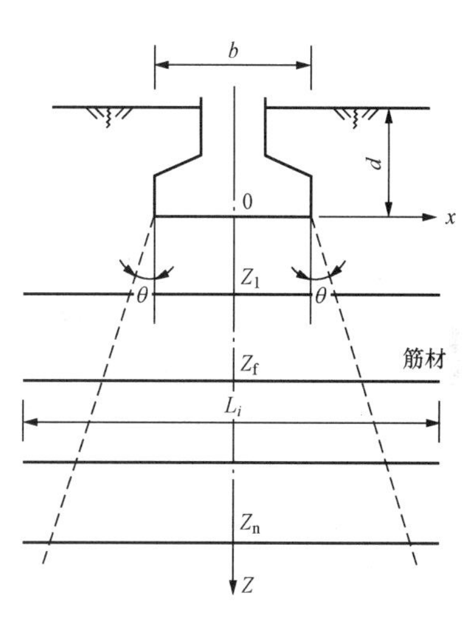

图 6-18　加筋土地基的布置方式

（1）筋材布置。要求筋材分层布置 3～6 层，布置深度应满足 $Z_1 \leqslant 0.67b$、$Z_n \leqslant 2b$，各层等间距布置。

假设破坏面为没有筋材情况下基底压力的扩散线，如图 6-18 所示的虚线。筋材的长度取决于两滑动面间的距离和滑动面外侧筋材抗拔出稳定要求的长度。在计算筋材上抗拔出摩擦力时，只计算上覆土重引起的正应力，不计基底压力产生的附加应力。各层筋材等长布置，都等于最低一层的长度，则

$$L = b + 2Z_n \tan\theta + \frac{TF_{sp}}{\gamma(d + Z_n)\tan\varphi_{sg}} \tag{6-23}$$

式中　L——等长布置的筋材长度（m）；

T——取筋材的容许抗拉强度（kN/m）；

γ——砂垫层的重度（kN/m^2）；

φ_{sg}——筋材与砂垫层的界面摩擦角，取值参见式（6-13）后的说明（°）；

F_{sp}——抗拔出安全系数，$F_{sp} = 2.0 \sim 3.0$；

θ——垫层的压力扩散角，根据表 6-3 选取。

表 6-3　垫层压力扩散角 θ　（单位：°）

Z/b	中砂、粗砂、砾砂、圆砾、角砾、卵石、碎石
≤0.25	20
≥0.5	30

注：1. Z 为基础底面至软弱下卧层顶面的距离。

2. 当 $0.25 < Z/b < 0.5$ 时，θ 值可内插确定。

应说明的是，用式（6-23）确定的筋材长度可能达不到完整滑动面的长度 L_u（参见式 6-7），也就不能达到最大地基承载力，但因筋材短从而减少了基坑开挖量。

（2）地基承载力设计公式。取图 6-16 两滑动面间的土体作脱离体，筋材的拉力是向上向外侧的，其向上分力产生张力膜作用，水平分力的反作用力对土体产生侧限作用。将水平分力除以滑动面最大深度 D_u 就得到水平限制应力增量 $\Delta\sigma_3 = N_T\cos\alpha / D_u$，$\alpha$ 为筋材拉力与水平面夹角，取 $\alpha = 45° + \frac{\varphi}{2}$。用极限平衡条件式（6-5）求 $\Delta\sigma_3$ 对应的竖向应力增量 $\Delta\sigma_1$，即为提高的极限承载力，除以安全系数可得到地基承载力增量的设计值为：

$$\Delta f = \frac{N_T}{F_s}\left[\frac{2\sin\left(45° + \frac{\varphi}{2}\right)}{b + 2Z_n\tan\theta} + \frac{\cos\left(45° + \frac{\varphi}{2}\right)}{D_u}\tan^2\left(45° + \frac{\varphi}{2}\right)\right] \tag{6-24}$$

式中 Δf——加筋地基承载力增量的设计值（kPa）；

F_s——地基承载力安全系数，$F \geqslant 2.5$；

T——取筋材的容许抗拉强度（kN/m）；

φ——砂垫层的内摩擦角（°）。

式（6-24）中第 1 项为张力膜作用，第 2 项为侧限作用。

在地基承载力设计中还应考虑垫层的压力扩散作用，使作用在下卧软土层顶的压力减小，以及软土层因埋深修正而提高的承载力，将这两项叠加于 Δf 上即得到加筋土垫层增加的地基承载力设计值 Δf_R：

$$\Delta f_R = \eta_d\gamma_f(d + Z_n - 0.5) + \frac{2Z_n\tan\theta}{b + 2Z_n\tan\theta}p + \Delta f \tag{6-25}$$

式中 Δf_R——加筋地基增加的地基承载力设计值（kPa）；

η_d——承载力修正系数，参见表 6-4；

γ_f——原地基土重度（kN/m^3）；

p——基底压力设计值（kPa）。

加筋土（或砂）垫层地基承载力设计公式为

$$p - f_k \leqslant \Delta f_R \tag{6-26}$$

式中 f_k——软土地基承载力标准（kPa）。

表 6-4　　承载力修正系数

土的类别		η_b	η_d
淤泥和淤泥质土		0	1.0
人工填土 e 或 I_L 大于等于 0.85 的黏性土		0	1.0
红黏土	含水比 $\alpha_w > 0.8$	0	1.2
	含水比 $\alpha_w \leqslant 0.8$	0.15	1.4
大面积压实填土	压实系数大于 0.95，黏粒含量 $\rho_c \geqslant 10\%$ 的粉土	0	1.5
	最大干密度大于 2100kg/m³ 的级配砂石	0	2.0

续表

土的类别		η_b	η_d
粉土	黏粒含量 $\rho_c \geq 10\%$ 的粉土 黏粒含量 $\rho_c < 10\%$ 的粉土	0.3 0.5	1.5 2.0
e 及 I_L 均小于 0.85 的黏性土 粉砂、细砂（不包括很湿与饱和时的稍密状态） 中砂、粗砂、砾砂和碎石土		0.3 2.0 3.0	1.6 3.0 4.4

注：1. 强风化和全风化的岩石，可参照所风化成的相应土类取值，其他状态下的岩石不修正；

2. 地基承载力特征值按《建筑地基基础设计规范》(GB 50007—2011) 附录 D 深层平板载荷试验确定时 η_d 取 0；

3. 含水比是指土的天然含水量与液限的比值；

4. 大面积压实填土是指填土范围大于两倍基础宽度的填土。

3. 公路土工格室加筋基层

基层是路面结构中的承重部分，主要承受车辆荷载的竖向力，并把由面层传下来的应力扩散到垫层或土基，因此，基层应具有足够的强度和扩散应力的能力。面层和基层都可能开裂，其原因主要有路基土的变形、冻胀融陷、疲劳、收缩和环境影响等。土工格室加筋基层（见图 6-19）可以提高承载力、减小车辙，并能减少裂纹的发生和开展。

可以用地基极限承载力公式分析土工格室加筋基层的效果，也就是假设车辆荷载是静力的，不计水平力的作用，并将车轮下的面层视为条形基础。Koemer R. M. (1998) 在其专著中将破坏面限制于土工格室垫层之下（见图 6-20)，考虑格室壁与其间填土的抗剪强度 τ，给出地基极限承载力公式：

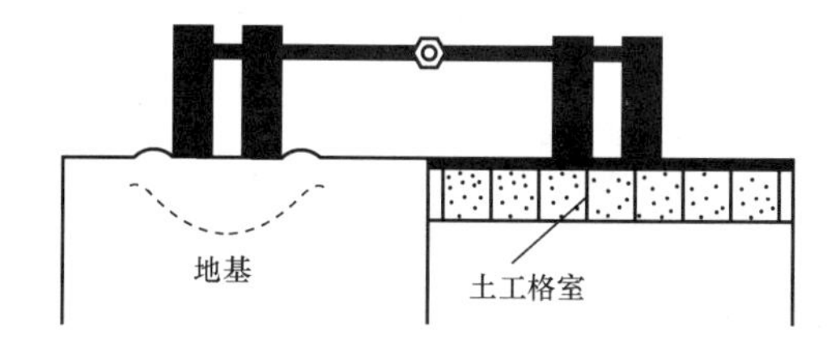

图 6-19　土工格室加筋基层的效果

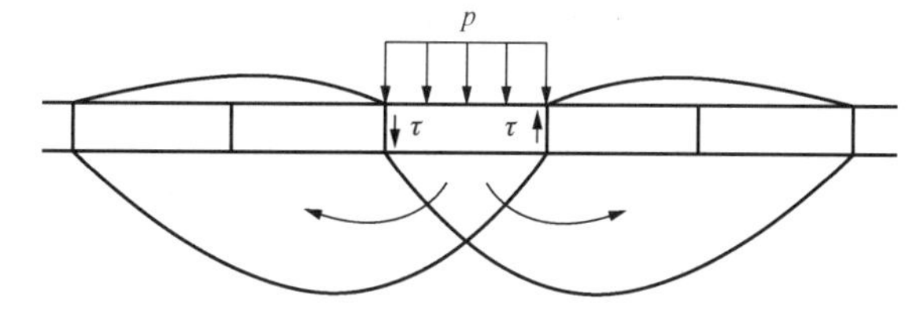

图 6-20　土工格室加筋砂垫层的地基破坏形式

$$p_u = 2\tau + cN_c\xi_c + qN_q\xi_q + \frac{1}{2}\gamma bN_\gamma\xi_\gamma \tag{6-27}$$

式中　p_u——轮载的最大接触压力 (kPa)；

c——黏聚力（当格室内充以粒状土例如砂时，$c = 0$kPa)；

q——旁侧荷载，$q = \gamma_q D_q$ (kPa)；

γ_q——格室中砂的重度 (kN/m^3)；

D_q——格室深度 (m)；

b——轮载的宽度 (m)；

γ——格室下破坏区土的重度 (kN/m^3)；

N_c、N_q、N_γ——承载力因数，根据地基土的内摩擦角 φ 从表 6-2 查找；

ξ_c、ξ_q、ξ_γ——考虑条形基础假设的误差，参见汉森极限承载力的形状修正系数；

τ——格室壁与内装砂土的界面剪切强度，$\tau=\sigma_h \tan\delta$（kPa）；

σ_h——格室内平均水平应力，$\sigma_h=pK_a$（kPa）；

p——施加的垂直压力（kPa）；

K_a——主动土压力系数；

δ——格室壁与内装砂的摩擦角，对砂与高密度聚乙烯，$\delta=15°\sim20°$，对砂与无纺织物 $\delta=25°\sim35°$。

通过计算将有、无土工格室砂垫层的地基极限承载力进行比较，可以看出：

（1）土工格室加筋地基的效果是显著的。

（2）土工格室高度（即深度）越大，地基极限承载力提高也越大。

（3）使用土工织物格室或室壁具有开孔的格室，其室壁与内装土的摩擦力较大，可以得到较好的效果。

（4）提高格室中土的密度可提高极限承载力。式（6-28）也可以用于建筑物条形基础下加筋格室的承载力分析。

对以上加筋地基承载力设计公式（6-28）说明如下。

（1）纤维土。由纤维、小块网片或连续丝加筋形成的纤维土，其力学性质与土相比表现在黏聚力的提高，将试验测得的纤维土的 c、φ 值代入式（6-6）即得纤维土加筋地基的极限承载力。纤维土的布置范围可取宽度为 $2.5b\sim4b$，深度不超过 $2b$。对纤维土的下卧软土层还应进行承载力验算，即考虑基底压力在纤维土层中的压力扩散和软土层因埋深修正提高的地基承载力。

（2）土工格栅三维框格结构。因框格中一般填充的是砾卵石，如果能得到 c、φ 值，可类似于纤维土进行设计；另一种方法是，将其视为基础的一部分，仅对其下软土层进行地基承载力设计。

4. 加筋地基的沉降分析

在地基承载力满足设计要求的前提下，对于需要进行沉降验算的建筑物还应作沉降计算，即建筑物的地基沉降计算值，不应大于地基沉降允许值。地基沉降由两部分组成：一是加筋土体的沉降，二是其下软土层的沉降。沉降的计算方法可参考有关规范最终沉降量的计算公式。

因为加筋土体的压缩模量较原地基大，故加筋地基的总沉降变形较原地基的计算沉降值要小得多。但对堤基一层加筋材料和堤底在堤身内部数层筋材的土堤而言，其沉降减小最不明显，这是因为堤身重力和地基压缩模量均未改变。这种加筋方式提高地基承载力或稳定性的原因可归结为堤底筋材的隔离作用，只要筋材有足够的拉伸应变值，则可适应大的下垂变形而不断裂，使堤身产生整体且较均匀的沉降。

土堤两侧地基土受挤压隆起，产生如下作用。

（1）堤底埋深增加而提高承载力。

（2）两侧地基土挤压排水，抗剪强度提高。

（3）沉降底面为垂线形，中间大，两边小，对堤身顶部有挤压作用，减小堤顶形成纵向裂缝的可能性。

另一方面，因为隔离作用，堤身材料不致混入软土地基，考虑到堤顶无裂缝和堤身沉到地基内的部分，则通过堤身的滑弧增长，而堤身的拉剪强度是较高的，从而提高了抗滑稳定的安全系数。

6.4 加筋土法的施工

土工合成材料加筋地基的施工除了应遵守常规的施工程序和规定外，还应考虑铺设土工合成材料施工的特别要求。土工合成材料的铺设施工随着工程的不同，可以使用各种各样的施工方法和机具，但必须做到精心施工，以确保软土地基加筋处理后的强度和稳定性。

在加筋地基施工过程中，应注意不损伤筋材，并充分发挥其加筋效果，对筋材间的填土或砂垫层要求达到设计的压实度。此外，对极软地基，应减小对它的扰动和避免产生局部过大沉降。施工工艺及施工注意要点如下：

1. 原材料抽样检测

铺设土工合成材料前，由用户对来货抽样检测，抽样率应多于交货卷数的5%，最少不应小于1卷。检测内容按合同规定，一般包括卷长和幅宽、外观有无破损以及物理和力学特性指标，不符合设计要求的产品不能用于铺放。

2. 清理场地准备

铺设土工合成材料前，应平整场地，清理场地杂物（如树根、灌木或尖石等），以免刺破、损伤土工合成材料。

土工合成材料施工时，应尽量在场地平整又无路拱的地基上铺设。

3. 垫层的施工

为避免土工合成材料被刺破，在施工中可在其上下或左右铺设厚度10～20cm的砂垫层或其他细粒料，以提高基底透水性。施工中如发现破坏应及时修补，修补面积不小于破坏面积的4～5倍。

4. 筋材铺设

(1) 铺设土工合成材料的土层表面应平整，严禁有碎、块石等坚硬凸出物；距土工合成材料层8cm以内的路堤填料，其最大粒径不得大于6cm。

(2) 铺设土工合成材料时应注意均匀平整、连续，不得出现扭曲、折皱、重叠，特别要控制过量拉伸，以避免超过其强度和变形的极限产生破坏或撕裂、局部顶破。可以采用人工拉紧，必要时可采用插钉等措施固定土工合成材料于填土层表面。

(3) 应将强度高的方向置于垂直于路堤轴线方向。

(4) 土工合成材料之间的连接应牢固。在受力方向连接处的强度不得低于材料设计抗拉强度，且其叠合长度不应小于15cm。应注意端头的位置和锚固，以保证土工聚合物的整体性。

(5) 土工合成材料铺设后，应在48h内覆盖或回填。

(6) 严禁施工机械直接在土工合成材料上作业。

5. 接缝施工

接缝有搭接、缝合、绑扎三种方法。

搭接法：将一片土工布的末端自由地压在另一片的始端上，地基越松软，搭接宽度越大。搭接可采用重叠、胶接、焊接等方式。一般对平坦地面搭接长度不少于 30cm，对不平坦或极软的路基搭接长度不小于 50cm。

缝合法：是用手提缝纫机将两土工布缝起来，缝合宽度不应小于 10cm，缝接的强度主要由缝纫机线、缝口间距等因素而定，一般要求结合处抗拉强度应达到土工织物抗拉强度的 60%以上。

绑扎法：用 8 号铁丝绑扎或用 U 形钉固定。此法使用于土工格栅，搭接宽度为不小于 15cm。U 形钉间距不得大于 80cm；每隔 1m 用 8 号铁丝进行穿插连接。

6. 填料施工

筋材铺设、接缝施工后，应尽快填筑填料，避免长时间的暴晒或暴露，以免其基本性能劣化。一般情况下，筋材暴露时间不宜超过 24h，在这段间隔时间内，还须检查筋材上有无孔洞、撕裂、破损等缺陷，并对已有小面积缺陷及时进行修补。

（1）土工合成材料上的第一层填土摊铺宜采用轻型推土机或前置式装载机，并宜采用轻型压实机具进行压实。只有当已填筑压实的垫层大于 60cm 后，方能采用重型压实机械压实。

（2）宜采用后卸式卡车沿加筋材料两侧边缘倾卸填料，以形成运土的交通便道，并将土工合成材料张紧。填料不允许直接卸在土工合成材料上面；卸土高度以不大于 1m 为宜，以免造成局部承载能力不足。卸土后应立即摊铺，以免出现局部下陷。

（3）土工合成材料上方填石料时，严禁将石料直接抛落于土工合成材料上。

加筋土法复合地基质量检验标准应符合《建筑地基基础工程施工质量验收标准》（GB 50202—2018）的规定，见表 6-5。

表 6-5　　加筋土法复合地基质量检验标准

项目	序号	检查项目	允许偏差或允许值		检查方法
			单位	数值	
主控项目	1	地基承载力	不小于设计值		静载试验（结果与设计值比）
	2	土工合成材料强度	%	≥-5	拉伸试验（结果与设计值比）
	3	土工合成材料延伸率	%	≥-3	拉伸试验
一般项目	1	土工合成材料搭接长度	mm	≥300	用钢尺量
	2	土石料有机质含量	%	≤5	灼烧减量法
	3	层面平整度	mm	±20	用 2m 靠尺
	4	场地平整度	mm	±25	水准测量

6.5 工程实例

6.5.1 前言

107 国道是我国南北经济的大动脉，沿线地质状况复杂多变，尤其在南方地区，往往要横贯许多湖区、沼泽地段。随着我国经济的快速发展，扩宽原有道路，提高现有线路的等级，成为缓解目前交通运输紧张的重要手段之一。武汉东西湖段是出入武汉市的交通咽喉，在湖区扩宽国道并使之很快投入运行，成为当地交通部门的当务之急。

武汉东西湖区面积大，软土层深厚，沿国道走向还有一条宽而深的大型灌溉渠，这给扩宽工程带来了巨大困难。工程全长近40km，分两期进行。前期进行20km，主要采用反压护道和封沟方案，投资大，施工慢，而效果不理想，有的路段尽管采用了宽到6.0m的反压平台，仍然出现了较深的沉陷，路面损坏严重。为了提高二期工程的质量，长沙交通学院（现长沙理工大学）和武汉市公路管理处联合提出了采用土工网进行湖区软基处理的方案。

6.5.2 工程概况

东西湖段国道南侧是沿公路延伸的农业灌溉渠，并有密集的分支渠道交汇处，这种软土地基性质很差。1993年6月，对K27＋000～K34＋750近8km路段进行勘测，地质状况如下。

表面黏土：为新近沉积物，呈可塑状态，天然含水量接近液限，孔隙比平均大于1，不排水抗剪强度黏聚力平均值为25kN/m^2，内摩擦角平均值为15.5°，标准贯入值小于2击，属高压缩软土。

淤泥质土：天然含水量为41.83%，大于液限39.97%，孔隙比e等于1.53，压缩性高，强度低。

以下为粉、细、中、粗砂层，呈饱和状态，表面黏土层薄，下面淤泥质土层厚，K33＋325～K33＋525段地基条件较差，为重点观察测试路段，人一旦进入，淤泥直没至大腿，机具无法进入，仪器埋设也很困难。

全路段具有如下显著特点：

(1) 地基承载力低，稳定性差，易产生流动破坏。由于软土触变性大，在外加动荷载的作用下，易变成稀释状态，成为可塑性大、流动性大的软土，极易造成路基侧向滑移、竖向沉降，最后导致路面破坏。

(2) 路基沉降量及不均匀沉降差量大，各路段沉降差异显著。由于湖区软土具有高压缩性，在垂直压力作用下，产生较大的压缩变形，各段压缩变形无法控制在均匀一致的范围内，造成路面破坏；同时，由于淤泥质土和黏土透水性差，排水固结沉降时间长，不利于软土的快速固结。

因此，采用新的处理方法，首先必须保证填方高度为5～8m路堤的稳定性，防止路基滑移，避免局部沉陷，并能有效控制边坡溜塌；其次，必须消除路基沉降差异的显著性，使整个路基沉降均匀、稳定，同时使路基快速固结，使工后沉降控制在较低的范围内。

6.5.3 设计

1. 作用机理

(1) 土工网加筋垫层，可阻止路堤填料陷入基底。

(2) 土工网垫层结构，可将分层填土的静载和动载均匀分配至较大范围，减少不均匀下沉。

(3) 土工网与上下土体的机械咬合作用，形成高强度平台，从而增加土体的抗剪强度。

(4) 如采用土工网碎石垫层，可使孔隙水压更快消散，并可抵抗泵吸作用。

2. 设计方案

将老路堤分级挖成台阶，第一层铺设土工网后，在网上填30cm厚的碎石，把土工网折回包裹碎石。铺第二层土工网，上面填土厚 1m，把土工网折回 2m 包裹填土。然后继续向上铺网填土至堤顶，如图 6-21 所示。

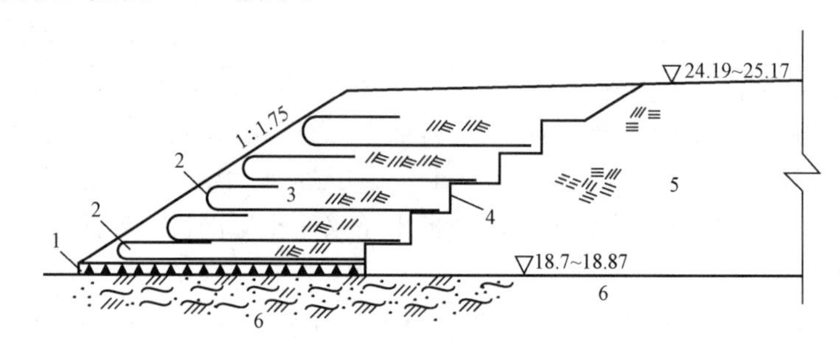

图 6-21 107 国道湖区扩宽断面图（m）

1—土工网包裹碎石；2—土工网；3—填土；4—台阶；5—老路堤；6—软土地基

本工程采用 CE131 土工网，幅宽 2.5m，网孔尺寸 27mm×27mm。

碎石垫层由于有土工网在底部的嵌固作用，在土压力不断增加的过程中始终保持一个整体，成为水平方向的结构性排水层，该垫层具有良好的透水性。在施工过程中，随着填土高度的增加，垫层中不断有水排出，大大加快了垫层下软土地基的固结速率。

6.5.4 施工工艺

采用土工网进行软基加筋处理的施工工艺如下。

(1) 清除老路堤边坡及水渠沟底的杂草，清除浮土 50cm，将地基整平。

(2) 铺设第一层土工网，并用 U 形钉固定，在新老路堤交界面挖台阶，将土工网逐级固定其上，回填 30cm 厚碎石，将土工网反折 2.0m。

(3) 铺设第二层土工网，回填 1.0m 黏性土，分三层铺筑，每层用 8～12t 压路机平压三遍。

(4) 将第二层土工网反折水平伸进边坡 2.0m，再按常规施工要求填筑路基至设计标高，距设计标高 80cm 内土的压实度不小于 93%。

6.5.5 现场观测

施工的同时，在地质状况最恶劣的 K33+325～K33+525 地段 200m 范围内埋设了孔隙水压力及土压力盒，观测路基纵向、横向孔隙水压力及土压力的变化规律。

从测试结果可知：超孔隙水压力增量不大，施工 2 个月后达到最高点，在填到设计标高 4 个月内超孔隙水压完全消散，土压力趋于稳定，说明土工网垫层结构充分发挥了承载能力和快速排水能力。从 1994 年 8 月施工至今经过了雷雨季节及湖区大洪水的冲刷考验，近 8km 路段均完好无损，得到了湖北省交通厅及有关设计、科研单位专家的好评。

现场对比观察表明：采用土工网处理地段，路肩平直，新老路堤连接处无沉陷和裂缝，边坡无滑移现象。未加铺土工网地段，出现了路面破坏现象，并伴有边坡滑移。

6.5.6 土工网处理湖区软基技术的优点

土工网处理湖区软基技术具有如下优点：

(1) 软土地基承载力提高幅度大。在 CE131 土工网加 30cm 碎石垫层上回填 30cm 黏土后，即可采用 8～12t 压路机碾压；未采用土工网路堤，填土高度 1.0m 时，表面仍呈弹簧状态，只能用推土机整平碾压。

（2）压实效果好。采用土工网碎石垫层后，由于有土工网的约束作用，填料易于压实，表面平整，压路机轮迹不明显。未采用土工网路段，表面波浪起伏，压路机轮迹深而宽，并有向两侧扩张的趋势，压实效果差。

（3）占地面积减少，边坡变陡，工程量减少，加快了施工速度。

（4）路堤稳定性好，有效地防止了滑移、塌方、沉陷等现象的产生。

（5）施工简便、易于推广。

（6）节约资金。

本 章 小 结

本章主要介绍了加筋土法的有关概念、加筋材料、应用形式和有关试验要求、土工合成材料的类型与作用、土工合成材料的特性、加筋土法的加固原理、加筋土法的设计计算方法以及加筋土法的施工等内容。

1. 加筋土法的概念

加筋土法处理软土地基是指在软弱地基中放入强度较大的、能承受拉力的加筋材料，利用土体与筋材之间的摩擦力使它们形成一个整体，起到抗拉、抗剪、抗压的作用，从而提高地基的承载力、提高土体的稳定性、减少沉降及不均沉降差、抑制地基的侧向变形。

2. 加筋材料

加筋材料包括天然材料、土工合成材料、钢条、钢带等。其中，天然材料（如木材、竹子）的使用越来越少，钢条、钢带的使用也逐步减少，取而代之的是玻璃纤维和塑料纤维，以及由它们作为原料制成的土工合成材料。

3. 加筋土地基的应用形式

加筋土地基的应用形式主要有三个主要方面：①浅基础地基的加筋；②土堤的地基加筋；③公路面层下基层的加筋。

4. 土工合成材料类型与作用

土工合成材料可分为土工织物、土工膜、土工复合材料和土工特种材料四大类型，主要功能为加筋、隔离、反滤、排水、防渗、防护等。在地基处理方面，主要是利用土工合成材料的加筋作用，常用于地基加筋的土工合成材料包括土工织物（土工布）、土工网、土工格栅、土工格室等。

土工格栅、土工格网等筋材的作用机理与土工布有相似之处，即它们都可以通过与土体的摩擦方式发挥自身的抗拉强度；同时又有很大区别，土工格栅、土工格网具有一定的开孔率，通过与土体颗粒以及其他粒状填料之间的嵌锁与咬合作用来发挥性能。这使得这种材料总体优于土工布类材料，而且还克服了土工布类材料分隔了土体，不能充分发挥土体自身抗剪强度的弱点。

5. 土工合成材料的特性

土工合成材料的特性主要包括物理特性、水理特性、力学特性以及耐久性。物理特性指标主要有质量、厚度和开孔尺寸等；水理特性指标包括垂直渗透系数、平面渗透系数、淤堵、防水性等；力学特性指标包括抗拉强度、断裂时的延伸率、抗撕裂强度、抗顶破强度、蠕变性以及与土的摩擦作用（直剪摩擦、拉拔摩擦）等；耐久性指标包括抗紫外线能力、温度的敏感性、化学稳定性和生物稳定性等。

6. 加筋土法的有关试验要求

要理解加筋土的性质，进行合理的加筋土结构物的设计，可能需要涉及材料试验、相互作用试验、模型试验、现场试验、监测和数值建模等试验。其中，材料试验和相互作用试验是最基本的。

7. 加筋土法的加固原理

筋土间相互作用的基本原理大致可归纳为两大类：一是准黏聚力原理；二是摩擦加筋原理。

8. 加筋土地基的设计计算

加筋土地基的设计理论基础是极限平衡理论和由极限平衡理论推导出的太沙基极限承载力公式，加筋土地基的设计方法主要为极限平衡法。

土工织物和土工格栅加筋土地基的设计包括筋材长度和层数的确定以及抗拉强度的选择，同时需进行验算，以保证稳定性满足要求。当需要多层筋材分层铺设时，层间土必须经过碾压达到设计的压实度。

9. 加筋地基的施工

铺设土工合成材料时，应采用人工拉紧，注意均匀，平整，避免褶皱，并保证施工连续性，还应注意端头的位置和锚固。

筋材铺设后，应尽快填筑填料，避免长时间的暴晒或暴露，筋材暴露时间不宜超过 24h。

垫层的施工方法、分层铺填厚度、每层压实遍数宜通过试验确定，分层铺填厚度可取 200～300mm，素土和纤维土的施工含水量宜控制在最佳含水量 $w_{op}\pm2\%$的范围内。

施工工艺包括原材料抽样检测、清理场地准备、垫层施工、筋材铺设、接缝施工、填料施工等。

施工质量检验的主控项目有地基承载力、土工合成材料强度、土工合成材料延伸率；一般项目有土工合成材料搭接长度、土石料有机质含量、层面平整度、分层厚度等。

复习思考题

1. 什么是地基处理的加筋土法？常用的加筋材料有哪些？
2. 加筋地基的应用形式有哪几种？
3. 土工合成材料有哪些类型？其加筋作用机理是什么？
4. 土工合成材料的特性指标有哪些？
5. 简述加筋土法的加固原理。
6. 加筋地基设计的理论基础是什么？
7. 如何进行土堤的加筋土地基设计？

8. 如何进行浅基础加筋砂垫层的设计？
9. 如何进行加筋地基的沉降分析和验算？
10. 在加筋土法的施工中，应注意哪些要点？
11. 加筋土法的施工工艺有哪些？
12. 填料施工的注意要点有哪些？

第7章　排 水 固 结 法

知识目标

1. 排水固结法的概念。
2. 掌握排水固结法的作用及适用范围。
3. 能够描述排水固结法的排水固结原理。
4. 掌握排水固结法的排水系统设计。
5. 掌握排水固结法的施工要点。
6. 了解排水固结法的质量检验与评价。

7.1　概述

7.1.1　排水固结法的概念

经由各类水域沉积而成的饱和软黏土和冲填土等软弱土层广泛分布在我国许多地区。由于这类土含水量高、压缩性大、强度低、透水性差，将其直接作为天然地基使用，不仅承载力很低，而且在建筑荷载作用下会产生相当大的沉降和差异沉降，且沉降变形持续时间很长，不能满足建筑物对地基的各项要求。因此，这种地基通常需要采取处理措施，排水固结法就是处理软黏土地基的有效方法之一。排水固结法是在建筑物建造以前，对天然地基或已设置竖向排水体的地基加载预压，使土体中的孔隙水排出，逐渐固结沉降基本结束或完成大部分，从而提高地基土强度的一种地基加固方法。

根据排水固结原理发展起来的地基处理方法可有效解决饱和软黏土地层的沉降和稳定问题，它由加压系统和排水系统两个主要部分组成，常用的排水和加压系统如图 7 - 1 所示。加压系统是为地基提供必要的固结压力而设置的，它使地基土层因产生附加压力而发生排水固结。设置排水系统则是为了改善地基原有的天然排水系统的边界条件，增加孔隙水排出路径，缩短排水距离，从而加速地基土的排水固结进程。如果没有加压系统，排水固结就没有动力，即不能形成超静水压力，即使有良好的排水系统，孔隙水仍然难以排出，也就谈不上土层的固结。反之，若没有排水系统，土层排水路径少，排水距离长，即使有加压系统，孔隙水排出速度仍很慢，预压期间难以完成设计要求的固结沉降量，地基强度也就难以及时提高，进一步的加载也就无法顺利进行。因此加压和排水系统是相辅相成的。除了少数天然排水系统能满足要求的情况，排水固结加固地基一般均应设置这两个系统。

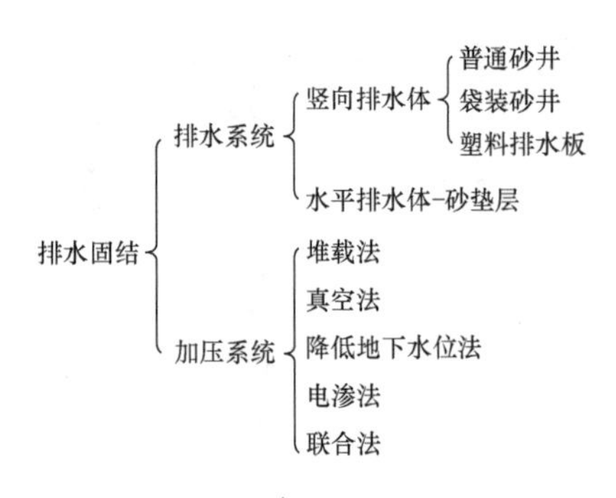

图 7 - 1　排水固结法的组成与分类

排水固结法是从简单的堆载预压这一传统处理方

法发展起来的。由于细粒黏性土透水性差，土层厚时，排水固结需耗费很长时间。20 世纪 30 年代初，美国加州公路局发明了砂井堆载预压法，从而大大加快了黏性土排水固结速度。该法在全世界得到广泛应用。20 世纪 40 年代初，瑞典的齐鲁曼等人发明了纸板排水法。这种方法可用于在极软弱地基中设置竖向排水体，不仅排水体质量稳定，而且施工速度快，费用低，弥补了砂井排水的一些不足。1952 年，瑞典皇家地质学院的研究人员又提出了真空预压法加固软弱地基技术。该法无须堆载，利用大气压力和孔隙中负压加速排水固结，有一定优越性。

塑料排水板现场展示

20 世纪 60 年代末期，日本的研究者改进了普通砂井，开发出质量更容易保证、直径大大缩小，施工更为方便、快捷的袋装砂井排水法。20 世纪 70 年代初期，日本又开发出透水性能良好、便于施工、质量更为稳定的塑料排水带，进一步完善和提高了竖向排水体施工技术。由此，可以清楚看出，排水固结的各种方法都是在改进加压和排水两个系统基础上发展起来的。

塑料排水板现场施工

在地基中设置竖向排水体，早期常用的是砂井，它是先在地基中成孔，然后灌以砂使之密实而形成的。由塑料芯板和滤膜外套组成的塑料排水板在工程上的应用也在日益增加，有取代砂井之趋势。塑料排水板可在工厂制作，运输方便，在没有砂料的地区尤为合适。工程上广泛使用的，行之有效的增加固结压力的传统方法是堆载法，此外还有真空法、降低地下水位法、电渗法和联合法等。采用后面这些方法不会像堆载法那样可能引起地基土的剪切破坏，所以比较安全，但操作技术比较复杂。

7.1.2　排水固结法的作用与适用范围

排水固结处理的主要作用表现在两方面。

（1）降低压缩性。通过排水固结处理，可使地基沉降在加载期间大部分或基本完成，从而大大减小建筑物建成后的沉降和差异沉降。

（2）提高强度。排水固结加速了地基抗剪强度的增长，从而提高了地基的承载力和稳定性。

排水固结处理适用于淤泥质土、淤泥和冲填土等饱和黏性土地基。

目前在地基处理工程中广泛应用、行之有效的方法是堆载预压，特别是砂井堆载预压法。对沉降要求严格的建筑物、冷藏仓库、机场跑道等常用该法。待预压期间的沉降达到设计要求后，移去预压荷载再开始建筑施工。对于以加速地基土排水固结、缩短工期为目的的工程，如土坝、路堤、海港码头等填方工程，则不需要额外的预压材料，直接利用填方本身的所承受的重力分级加载压密，工程费用低。对于油罐地基，则可利用油罐充水预压这一特殊方式分级加载处理。

此外真空预压、降水预压、电渗法等也因各自不同的特点，在各类工程中获得应用。应当指出的是，排水固结法还可与其他类地基处理方法联合使用，不同的排水固结方法亦可联合使用。

如天津新港在建设过程中就曾使用真空预压提高地基强度，然后再设置碎石桩形成复合地基。

7.1.3 排水固结原理

饱和软黏土在外部荷载形成的附加应力 σ_Z 作用下，产生超静水压力 μ 和有效应力 σ'。根据太沙基有效应力原理，$\sigma_Z=\sigma'-\mu$。在 μ 的作用下，孔隙水逐渐排出，孔隙体积减小，即地层发生固结。而随孔隙水的排出，超静水压力 μ 不断减小，于是土颗粒骨架间的有效应力逐渐增大，土的抗剪强度也相应增大。图7-2为地基土的孔隙比 e 和抗剪强度 τ 随固结压力 σ'_C 的变化曲线。地基土的天然固结压力为 σ'_0 时，其孔隙比为 e_0（图7-2中 a 点）。地基的加载预压过程为曲线 $\overset{\frown}{abc}$ 段，c 点为加载预压终点。此时由外载（附加压力 σ_Z）引起的固结压力增量为 $\Delta\sigma'$，孔隙比减小量 Δe。而抗剪强度 τ 在此过程中亦由 a 点上升到 c 点。预压结束卸除加载（为建筑施工做准备），则土体发生膨胀，即图中曲线 $\overset{\frown}{cef}$；随建筑物施工，土体发生再压缩，为图中曲线 $\overset{\frown}{fgc'}$ 段（此后沿 $\overset{\frown}{c'd}$ 继续下去）。由图中 e-σ'_c 曲线可清楚看出，虽然固结压力增量仍为 $\Delta\sigma'$，而孔隙比变化量 $\Delta e'$ 却远小于 Δe。这表明经排水固结后的地基在建筑荷载作用下的沉降量显著下降，且地基承载力亦有明显提高。如果采取超承预压，则效果更明显。

应当指出，土层的排水固结效果除与外荷载有关外，还与排水边界条件密切相关。根据太沙基一维固结理论，$t=(T_V/C_V)H^2$，即黏性土达到一定固结度所需时间与其最大排水距离的平方成正比。随土层厚度增大，固结所需时间迅速增加。设置竖向排水体来增加排水路径、缩短排水距离是加速地基排水固结行之有效的方法。

土层的排水固结效果和它的排水边界条件有关。如图7-3（a）所示的排水边界条件，即土层厚度相对荷载宽度（或直径）来说比较小，这时土层中的孔隙水向上、下两透水层面排出而使土层发生固结，称为竖向排水固结。根据固结理论，黏性土固结所需的时间和排水距离的平方成正比，土层越厚，固结延续的时间越长。为了加速土层的固结，最有效的方法就是增加土层的排水途径，如图7-3（b）所示设置砂井、塑料排水板等竖向排水体等以缩短排水距离。这时土层中的孔隙水主要从水平向通过砂井排出和部分从竖向排出。砂井缩短了排水距离，因而大大加速了地基的固结速率或沉降速率。

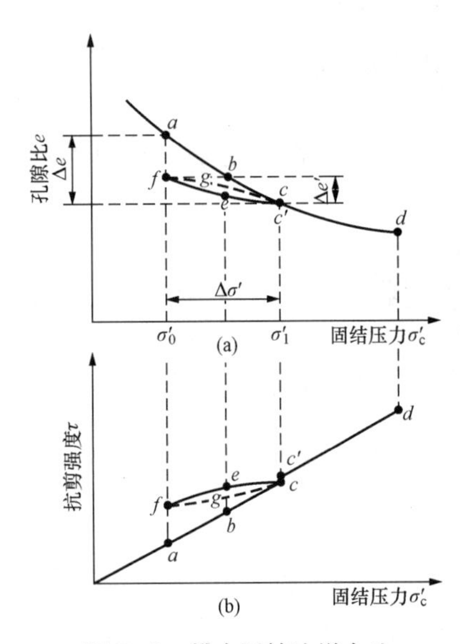

图7-2 排水固结法增大地基土密度的原理

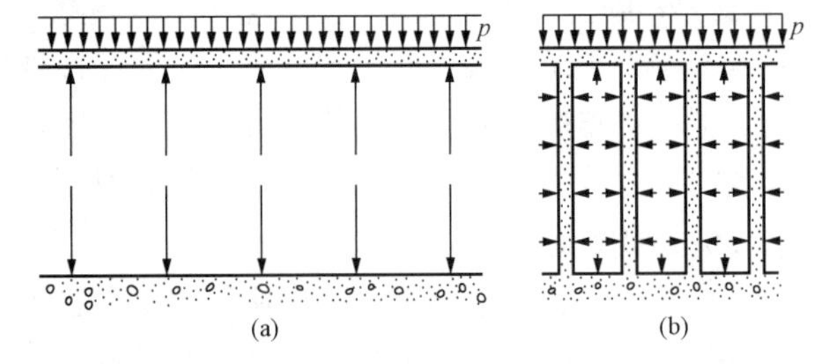

图7-3 排水固结法改善排水边界条件的原理

在加压荷载作用下，土层的排水固结过程，在实质上就是孔隙水压力消散和有效应力增加的过程。用填土等外加荷载对地基进行预压，是通过增加总应力，并使孔隙水压力消散来增加有效应力的方法。降低地下水位和电渗排水则是在总应力不变的情况下，通过减小孔隙水压力来增加有效应力的方法。真空预压是通过抽出覆盖于地面的密封膜内的空气形成膜内外气压差，使黏土层产生固结压力。降低地下水位、真空预压和电渗法由于不增加地基土中的剪应力，地基一般不会产生剪切破坏。所以，在工期等条件许可的情况下，这些方法适用于很软弱的软土地基。

7.2　排水固结法的计算

排水固结法的计算，实质上在于合理协调安排排水系统和加压系统的关系，使地基在受压过程中排水固结，增加一部分强度以满足逐渐加荷条件下地基稳定性要求，并加速地基的固结沉降，缩短预压的时间。理论计算时主要是根据上部结构荷载大小类别、地基土的各层性质及分布、工期要求与设备、环境条件，确定竖向排水体的直径、间距、深度和排列方式以及确定预压荷载的大小和预压时间等。排水固结法的计算可参照图 7-4 的流程进行。

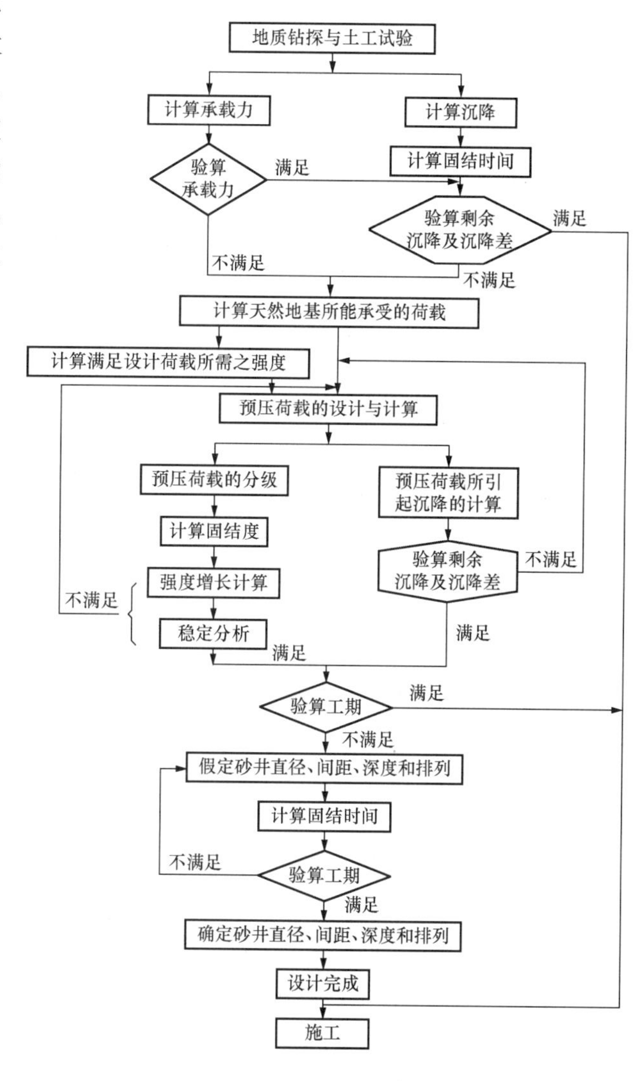

图 7-4　排水固结法计算流程

在设计计算之前，应进行详细的勘探和土工试验，以取得必要的原始资料，主要包括下列各项资料。

（1）土层条件：通过适量的钻孔绘制出土层的剖面图；采取足够数量的试验以确定土的种类、厚度；土的成层程度；透水层的位置；地下水位的深度。

（2）固结试验：固结压力与孔隙比的关系；固结系数。

（3）软黏土层的抗剪强度及沿深度的变化。

（4）砂井及砂垫层所用砂料的粒度分布、含泥量等。

（5）塑料排水带或砂袋在不同侧压力和弯曲条件下的通水量。

对软黏土，常规的土工试验项目见表 7-1。

表7-1 软黏土常规土工试验项目

试验目的	试验名称	试验项目
掌握土体基本性质	物理性试验	含水量（ω），密度（ρ），孔隙比（e），塑限（ω_p），液限（ω_L），塑性指数（I_p），液性指数（I_L），饱和度（S_r）、土颗粒比重（γ_s）
推定固结沉降量固结速率	固结试验	先期固结压力（σ_p'），压缩指数（a），固结系数（C_V、C_h），$e-\sigma_c'$，$e-\log\sigma_c'$曲线，渗透系数（k）
分析地基承载力及稳定性	三轴试验、直剪试验无侧限抗压、十字板剪切试验	三轴固结不排水试验 c'、φ' 三轴或直剪试验：不固结不排水试验 c_u'、ϕ'； 固结不排水试验 c_{cu}、ϕ_{cu}和 c、ϕ_c； 不排水抗剪强度

7.2.1 地基固结度计算

对于不设置竖向排水体，直接对天然地基加载预压时的地基固结度，一般采用太沙基一维固结理论计算；而对于在地基内设置砂井等竖向排水体加载预压加固地基，则属三维固结问题。

1. 竖向平均固结度

根据一维固结理论，对于一次性骤然施加外荷载，且孔隙水仅沿竖向渗透的地基，其竖向平均固结度可按下式计算（$U_z>30\%$时）

$$U_z=1-\frac{8}{\pi^2}e^{-\frac{\pi}{4}T_V} \tag{7-1}$$

式中 U_z——竖向平均固结度；

e——自然对数的底，e=2.718；

T_V——竖向固结的时间因数，$T_V=C_Vt/H^2$；

C_V——土的竖向固结系数，$C_V=1000k_V(1+e_1)/(a\gamma_w)$；

k_V——土的竖向渗透系数；

e_1——土的初始孔隙化；

a——土的压缩系数；

γ_w——水的比重，$\gamma_w=10\text{kN/m}^3$；

t——固结时间，如荷载逐渐施加，则从加荷历时一半起算；

H——单面排水土层厚度，双面排水时取土层厚度之半。

2. 径向平均固结度

砂井平面布置多采用正三角形或正方形（图7-5）。假设在大面积荷载作用下每根砂井均为一独立排水系统。正三角形排列时，每一砂井影响范围为一正六边形［图7-5（a）中虚线］；而正方形布置时，砂井影响范围亦为正方形［图7-5（b）中虚线］。为简化计算，每一砂井影响范围均化作一个等（效）面积圆看待。则等效圆直径 d_e 与砂井间距 l 之间关系如下

（1）正三角形排列

$$d_e=\sqrt{\frac{2\sqrt{3}}{\pi}}l=1.05l$$

（2）正方形排列

$$d_{e}=\sqrt{\frac{4}{\pi}}l=1.13l$$

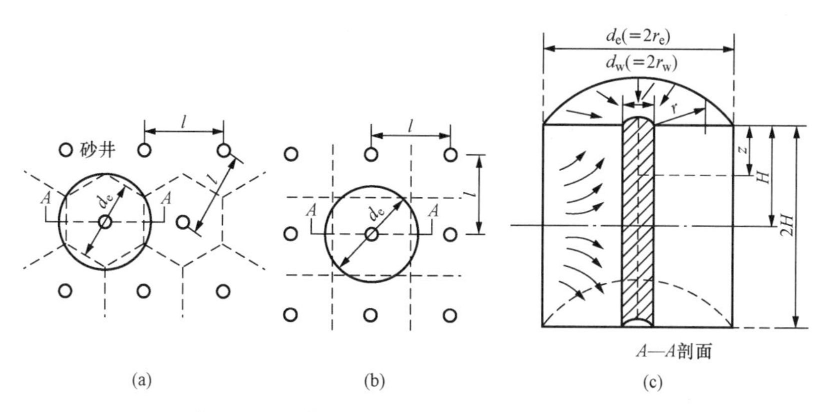

图7-5　砂井平面布置及影响范围土柱体剖面

图7-3（c）为一个影响圆范围的剖面图。考虑在直径为d_{e}、高度H的圆柱体的土层中插入直径d_{w}的砂井，假定砂井地基表面荷载均匀分布，且附加应力的分布不随深度变化；不考虑固结过程中固结系数变化和砂井施工中涂抹作用的影响，且只考虑径向排水效果，则有径向平均固结度计算式

$$U_{r}=1-e^{-\frac{8T_{h}}{F}} \tag{7-2}$$

式中　U_{r}——径向平均固结度；

T_{h}——径向固结时间因数，$T_{h}=C_{h}t/d_{e}^{2}$；

C_{h}——土的径向固结系数，$C_{h}=1000k_{h}(1+e_{1})/(a\gamma_{w})$；

k_{h}——土的径向渗透系数；

d_{e}——等效圆的直径；

F——与井径比n有关的系数，$F=\frac{n_{2}}{n_{2}-1}\ln n-\frac{3n^{2}-1}{4n^{2}}$；

n——井径比，$n=d_{e}/d_{w}$。

3. 总平均固结度U_{rz}

由径向、竖向共同排水引起的总平均固结度表达式为

$$U_{rz}=1-(1-U_{z})(1-U_{r}) \tag{7-3}$$

将式（7-1）、式（7-2）代入式（7-3）得（$U_{rz}>30\%$时）

$$U_{rz}=1-\frac{8}{\pi^{2}}e^{-\left(\frac{8C_{h}}{Fd_{e}^{2}}+\frac{\pi^{2}C_{r}}{4H^{2}}\right)} \tag{7-4}$$

令

$$\beta=\frac{8C_{h}}{Fd_{e}^{2}}+\frac{\pi^{2}C_{r}}{4H^{2}}$$

则

$$U_{rz}=1-\frac{8}{\pi^{2}}e^{-\beta t} \tag{7-5}$$

砂井地基的总平均固结度多用式（7-3）计算，式中 u_r 和 u_z 分别为 T_h、F 及 T_V 的函数。计算时，可根据有关参数先算出 T_V 和 $8T_h/F$，然后分别代入式（7-1）和式（7-2）计算 U_z 和 U_r，再将 U_z 和 U_r 代入式（7-3）。为简化计算，研究者们提出了多种计算图。图7-6 即为其中的一种。该图可以由 n 值查出 F，以及由 T_V 和 $8T_h/F$ 直接查出 U_z 和 U_r。

当 $U_{rz}>30\%$时，可直接用式（7-4）计算之。当软土层厚度较大，或砂井间距较小时，竖向排水占的比例很低，可近似取 $U_{rz}\approx U_r$。

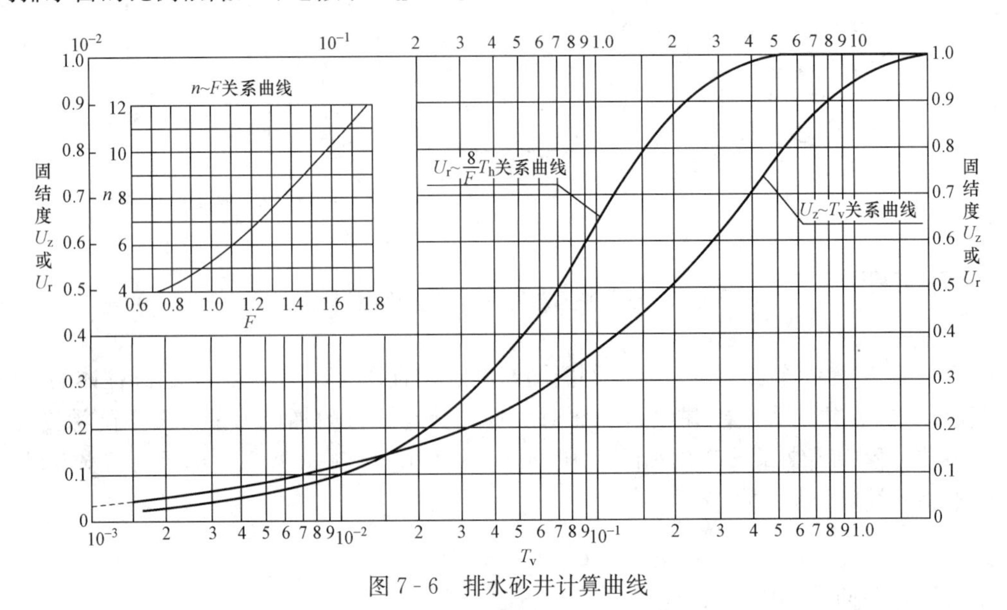

图 7-6 排水砂井计算曲线

［例 7-1］ 有一厚度 15m 的饱和软土层，其下卧层为透水性良好的砂层。现在以软土层中施工贯穿至下部砂层的砂井。砂井直径 $d_w=350$mm，砂井间距 $l=2.0$m，以正三角形布置。经测试，土层竖向固结系数 $C_v=4.5\text{m}^2/$年，径向固结系数 $C_h=7.5\text{m}^2/$年。试求从加荷期中点起算加载预压 3 个月时的总平均固结度。

解：（1）等效圆直径为：$d_e=1.05l=1.05\times2.0=2.1$m；

（2）井径比为：$n=\dfrac{d_e}{d_w}=\dfrac{2.1}{0.35}=6.0$；

（3）根据 n 值查图 7-4 得 $F=1.1$；

（4）竖向固结时间因数为 $T_V=\dfrac{C_Vt}{H^2}=\dfrac{4.5\times\dfrac{3}{12}}{\left(\dfrac{15}{2}\right)^2}=2\times10^{-2}$；

（5）径向固结时间因数为 $T_h=\dfrac{C_ht}{{d_e}^2}=\dfrac{7.5\times\dfrac{3}{12}}{(2.1)^2}=0.425$，$\dfrac{8T_h}{F}=\dfrac{8\times0.425}{1.1}=3.1$；

（6）由 T_V 和 $8T_h/F$ 查计算图 7-4，得 $U_z=16.5\%$，$U_r=96\%$；

（7）总平均固结度为 $U_{rz}=1-(1-16.5\%)(1-96\%)=96.7\%$。

由该例可以看出，砂井的效果是显著的，对“细而密”的砂井尤其如此。此外，该例中径向固结度与总固结度只相差 0.7%，在该种情况下，完全可以忽略竖向排水固结度。

4. 地基固结度计算修正

(1) 多级等速加荷时固结度的计算。在上述固结度计算中，假设荷载是一次骤然施加的，而实际上荷载是分级逐渐施加的，以保证地基的稳定性。因此需根据加荷进度对固结度计算进行修正。对多级等速加荷，修正式如下

$$u'_t = \sum_{n=1}^{n} u_{rz}\left(t-\frac{t_{n-1}+t_n}{2}\right) \cdot \frac{\Delta p_n}{\sum \Delta p} \quad (7-6)$$

式中　t_{n-1}，t_n——每级加荷的起始和终止时间（时间从零点起算）；

Δp_n——第 n 级荷载的增量；

$u_{rz}\left(t-\frac{t_{n-1}+t_n}{2}\right)$——时间 $\left(t-\frac{t_{n-1}+t_n}{2}\right)$ 时的一次骤然加载的总平均固结度，如果 t 在某级加载过程中，则该级加载的终点 t_n 改为 t。

(2) 砂井未打穿受压软土层时固结度计算。当软土层厚度大，砂井无须或未能打穿整个受压土层（图7-5）时，不能仅把砂井部分的固结度代表整个受压层的固结度。此时应分别计算有砂井部分地基土层固结度 u_{rz} 和砂井下部土层固结度 u_z，而整个受压层平均固结度为：

$$u = \rho u_{rz} + (1-\rho)u'_z \quad (7-7)$$

式中　ρ——砂井打入深度与整个受压层厚度之比，$\rho = H_1/(H_1+H_2)$；

H_1、H_2——分别为砂井长度及砂井以下受压土层厚度（图7-7）。

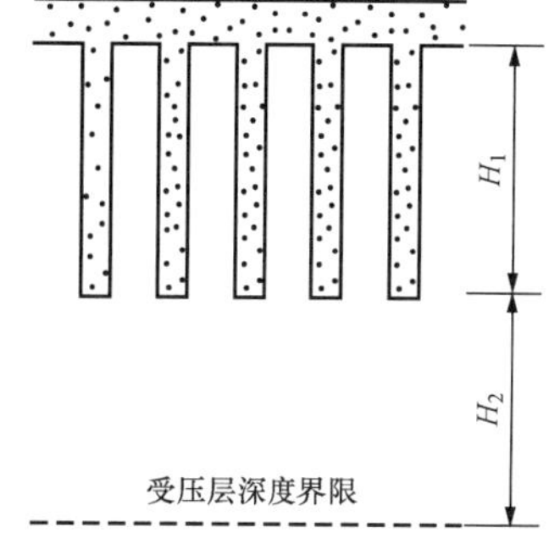

图7-7　砂井未打穿整个受压土层的情况

5. 地基固结度计算通式

对于在一级或多级等速加荷条件下，t 时刻对应总荷载的地基平均固结度，《建筑地基处理技术规范》(JGJ79—2002) 推荐用下列修正式计算

$$u_t = \sum_{i=1}^{n} \frac{\dot{q}_i}{\sum \Delta p}\left[(T_i - T_{i-1}) - \frac{\alpha}{\beta} e^{-\beta t}(e^{-\beta T_i} - e^{-\beta T_{i-1}})\right] \quad (7-8)$$

式中　u_t——t 时间地基的平均固结度；

$\dot{q}_i$——第 i 级荷载加载的速率；

$\sum \Delta p$——各级荷载的累加值；

T_{i-1}、T_i——分别为第 i 级荷载加载的起始和终止时间（从零点起算），当计算第 i 级荷载加载过程中某时刻 c 的固结度时，T_i 改为 t；

α、β——与排水固结条件有关的参数，按表7-2选用。

表7-2　与排水固结有关的 α、β 值选用表

条件参数	竖向排水固结 $u_z>30\%$	向内径向排水固结	竖向和向内径向排水固结（砂井贯穿受压土层）	砂井未贯穿受压土层之固结
α	$\frac{8}{\pi^2}$	1	$\frac{8}{\pi^2}$	$\frac{8}{\pi^2}Q$

续表

条件参数	竖向排水固结 $u_z>30\%$	向内径向排水固结	竖向和向内径向排水固结（砂井贯穿受压土层）	砂井未贯穿受压土层之固结
β	$\frac{\pi^2 C_V}{4H^2}$	$\frac{8C_h}{F_n d_e^2}$	$\frac{8C_h}{F_n d_e^2}+\frac{\pi^2 C_V}{4H^2}$	$\frac{8C_h}{F_n d_e^2}$

注：C_V——土的竖向排水固结系数；

C_h——土的水平向排水固结系数；

H——土层竖向排水距离，双面排水时，H 为土层厚度的一半，单面排水时，H 为土层厚度，$Q\approx\frac{H_1}{H_1+H_2}$；

H_1——砂井深度；

H_2——砂井以下压缩土层厚度；

F_n——井径比，$F_n=\frac{n^2}{n^2-1}\ln(n)-\frac{3n^2-1}{4\pi^2}$。

对井径比大、井料渗透系数又较小的袋装砂井或塑料排水带，应考虑井阻作用。当采用挤土方式施工时，尚应考虑土的涂抹和扰动影响。考虑井阻、涂抹和扰动影响后，按上式计算的砂井地基平均固结度应乘以折减系数，其值通常可取 0.80～0.95。砂井长径比越大，井料渗透系数越小，以及施工产生的涂抹和扰动影响越大时，折减系数取值应越小；反之，折减系数取值可适当增大。

式（7-8）的特点是无须先计算骤然加载条件下的地基固结度，并根据分级加载条件进行修正，而是两者合二为一，直接计算出修正后的平均固结度，且对各种排水固结方式和条件均适用，只需选择不同条件下的 α、β 参数即可计算。

7.2.2 地基抗剪强度增长值的推算

当软弱地基天然强度低时，必须限制加载速率，以利用前期荷载使地基排水固结，提高强度来适应下一级加载。因此，就需要预测抗剪强度在加载过程中的增长情况，以便合理确定预压加载速率。

地基中某时刻土的抗剪强度可用下式表示

$$\tau_{ft}=\tau_{f0}+\Delta\tau_{fc}-\Delta\tau_{fz} \quad (7-9)$$

式中 τ_{ft}——t 时刻地基中某点的抗剪强度；

τ_{f0}——地基中该点土的天然抗剪强度；

$\Delta\tau_{fc}$——由于固结引起的抗剪强度增量；

$\Delta\tau_{fz}$——由于剪切蠕动引起的抗剪强度衰减量。

由于 $\Delta\tau_{fz}$ 目前尚难推算，采用综合折减系数处理，则（7-9）式可改写为

$$\tau_{ft}=\eta(\tau_{f0}+\Delta\tau_{fc}) \quad (7-10)$$

式中 η——强度衰减综合折减系数经验值，可取 0.75～0.90，剪应力大取低值，反之则取高值。

式中的天然地基抗剪强度 τ_{f0} 可用十字板剪切试验测定，如图 7-8 所示。

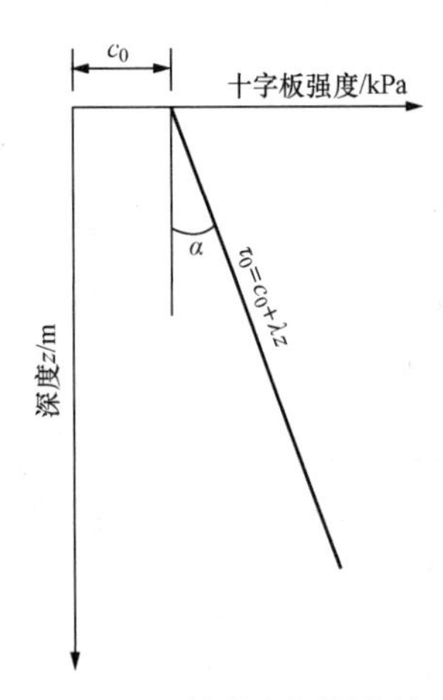

图 7-8 土的强度与深度关系

$$\tau_{f0}=c_0-\lambda z \tag{7-11}$$

式中 c_0——地基强度增长线在处的截距；

λ——地基强度增长线的斜率，$\lambda=\tan\alpha$；

z——地面以下深度。

关于由于排水周结引起的地基抗剪强度增长值 $\Delta\tau_{fc}$，目前常用的计算方法有：有效应力法和有效固结压力法。其计算式为

$$\Delta\tau_{fc}=k\Delta\sigma_z'=k(\Delta\sigma_z-\Delta\mu)=ku_t\Delta\sigma_z \tag{7-12}$$

式中 k——有效内摩擦角的函数，$k=\dfrac{\sin\varphi'\cos\varphi'}{1+\sin\varphi'}$；

$\Delta\sigma_z$——预压荷载引起的该点的附加竖向应力；

u_t——该点土的固结度；

φ'——试验求得的土的内摩擦角。

7.2.3 沉降量计算

沉降计算的目的有以下两点。

(1) 对于以稳定控制的工程，可以估计施工期内因地基沉降而增加的土石方量，以及工程竣工后尚未完成的沉降量，以确定预留高度；

(2) 对于以沉降控制的工程，可以估算预压后期的沉降发展情况、预压时间、超载大小以及卸载后剥留沉降量。

在预压荷载作用下，地基的最终竖向变形量，规范《建筑地基处理技术规范》(JGJ 79—2002) 推荐用下式计算

$$S=m\sum_{i=1}^{n}\frac{e_{0i}-e_{1i}}{1+e_{0i}}\cdot h_i \tag{7-13}$$

式中 S——最终竖向变形量；

e_{0i}——第 i 层中点土自重应力所对应的孔隙比，由室内固结试验所得的孔隙比 e 和固结压力 σ_c'（即 e-σ_c'）关系曲线查得；

e_{1i}——第 i 层中点土自重压力和附加压力之和所对应的孔隙比，由室内固结试验所得的 e-σ_c' 关系曲线查得；

h_i——第 i 层土层厚度；

m——经验系数，对正常固结和轻度超固结黏性土地基可取 1.1～1.4，荷载较大，地基土较软弱时取较大值，否则取较小值。

变形计算深度，可取附加压力与自重压力的比值为 0.1 的深度作为受压层深度的界限。

7.3 加压系统和排水系统的设计

设计前，应通过勘察察明土层在水平方向和竖直方向的分布和变化，透水层的位置及水源补给条件等。应通过土工试验确定土的固结系数、孔隙比和固结压力关系、三轴试验抗剪强度以及原位十字板抗剪强度等。对重要的工程，应在现场先进行预压试验，测定竖向变形、侧向位移、孔隙水压力等数据。根据试验所获资料分析地基处理效果，以修正初步设计，并指导全场地的设计和施工。

7.3.1 加压系统设计

目前采用的加压方法包括堆载法、利用建筑物自重法、降水预压法、真空预压法以及联合法等。这些加压方法各具特色，适用范围亦有差别，下面依次介绍其设计方法。

1. 堆载预压法

堆载预压是在建筑施工前通过临时堆填土、砂、石、砖等散料对地基加载预压，使地基土的沉降大部分或基本完成，并因固结而提高地基承载力，然后除去堆载，再行建筑施工的一种地基处理方法。该法适用于各类软黏土地基。

天然软黏土地基抗剪强度低，一次加载或加载速率过快的分级加载都存在地基中剪应力增长，超过土层、因固结引起的强度增长的危险，因此，堆载预压设计的关键是确定合理的分级加载速率和每级荷载大小。此外，还要确定总荷载水平、预压时间和预压加载范围等。

(1) 根据天然地基的抗剪强度确定第一级加载 p_1。一般的浅基础可用斯开普敦极限荷载的半经验式初步结算

$$p_1=\frac{1}{K}\times 5\tau_{fc}\left(1+0.2\frac{B}{A}\right)\left(1+0.2\frac{D}{B}\right)+\gamma D \tag{7-14}$$

式中 K——安全系数，建议采用 $K=1.1\sim1.5$；

τ_{fc}——天然地基的不排水抗剪强度；

A、B——基础的长和宽；

D——基础埋深；

γ——基底以上土的相对密度。

对于长条梯形堆载亦可用更为简洁的费伦纽斯公式估算

$$p_1=5.52\tau_{fc}/K \tag{7-15}$$

式中各参数意义同前。

(2) 计算第一级荷载作用下地基强度增长值。在 p_1 荷载作用下，经过一定时间预压，地基强度增长为 τ_{f1}，其估算式为式（7-10）和式（7-11）。一般先假定一固结度，通常取70%（即使地基在荷载 p_1 作用下达到70%固结度再施加下一级荷载），用式（7-11）先算出强度增量 $\Delta\tau_{fc}$，再将其代入式（7-10）中算出 τ_{f1}。

(3) 计算 p_1 作用下地基达到所定固结度（70%）所需时间。达到某一固结度所需时间，可由不同排水固结条件下固结度与时间关系求得。算出固结所需时间，也就确定了第二级荷载起始加载时间。

(4) 根据前面确定的 τ_{f1} 计算第二级允许荷载 p_2。p_2 仍可按斯开普敦或费伦纽斯公式估算，只是式中相应的天然地基不排水抗剪强度 τ_{fc} 应改变 τ_{f1}。

再同样求出在 p_2 作用下地基达到70%固结度时的抗剪强度 τ_{f2} 以及所需时间。依次类推，可计算以后各级荷载及其间隔时间，从而可制定出初步加载计划。

(5) 对初步确定的加荷计划应进行每级荷载下地基稳定性验算，如果稳定条件不满足，则应调整加载计划。

(6) 计算预压荷载下地基的最终沉降量和预压期间的沉降量，以确定预压荷载卸除时间。一般来说，对主要以沉降控制的建筑，当地基经预压消除的变形量满足设计要求且受压土层的平均固结度达到80%以上时，方可卸载；对主要以地基承载力或抗滑稳定性控制的

建筑，在地基土经预压增长的强度满足设计要求后，方可卸载。

应当指出，实际施工过程中的加载计划并非完全以理论计算为准。除了重要工程需现场预压试验外，还应根据以往经验，通过施工中现场观测参数加以调控。

预压总荷载水平通常是以建筑物的基底压力大小为依据，一般二者相同。对沉降有严格限制的建筑，以及深厚土层中竖向排水系统难以达到设计深度等情况下，为缩短预压时间，可采用超载预压。超载量应根据预压期间要求消除的变形量通过计算确定。

预压荷载的分布应与建筑物的设计荷载分布大致相同。加载范围不应小于建筑基础外缘所包括的范围。

2. 利用建筑物自重加压法

该法是指直接利用建筑物自身所承受的重力，分期施工，使地基在前期荷载下固结，强度提高到满足下一级荷载再继续施工，如此反复，直至建筑物竣工，达到使用荷载。由于在施工过程中，地基逐渐发生固结沉降，至建筑物投入使用时沉降大部分已完成。该法由于不需要另外的加载系统，是一种经济有效的方法。

该法适用于某些对沉降要求不严格（能够适应较大变形），而以地基稳定性为控制条件的建筑物，如路堤、土坝、油罐等。

路堤、土坝类建筑物由于填土层厚度大、荷载大，虽对沉降变形无严格限制，但软土地基强度往往不能满足快速填筑的要求。因此，工程施工中必须严格控制加荷速率，采取分层填筑方法，以确保地基的稳定。

而油罐、储水池类建筑物工作荷载大（可达 200kPa)，天然地基承载力往往达不到要求。这类建筑使用前，必须先进行分级充水预压，以提高地基土强度，满足地基稳定性要求。

利用建筑物自重分级加载设计与堆载预压法原理相同，不再赘述。

堆载预压期间所能完成的沉降大小和预压荷载的宽度（或面积)、预压荷载的大小以及预压时间等有关。预压荷载的顶宽或顶面积应大于建筑物的宽度或面积。预压荷载的大小取决于设计要求。如果允许建筑物在使用期间有部分沉降发生，则预压荷载可等于或小于建筑物使用荷载。如果建筑物对沉降要求很严格，使用期间不允许再产生主固结沉降甚至需减小一部分次固结沉降，则预压荷载应大于建筑物使用荷载即所谓超载预压。增大预压荷载实质上是增加总的固结沉降量。当地基达到的固结度一定时，则预压荷载越大，完成的主固结沉降量也越大，因此，超载预压可加速固结沉降的过程，此外超载预压尚可减小次固结沉降量并使次固结沉降发生的时间推迟。

3. 降水预压法

降水预压是通过降低地下水位使有效应力增大，促进地基固结的地基处理方法。

在地下水位较浅的土层中进行开挖深度较大的工程时，常用降低地下水位的措施。该法尤其适用于砂或砂质土，以及在软黏土层中存在砂或砂质土的情况。对于深厚的软黏土层，在采用砂井堆载预压的同时还可联合采用降水法。当应用真空装置降水时，地下水位约可降低 5～6m，产生的预压荷载为 50～60kPa，相当于 3m 左右的砂石堆载，可见其效果是很可观的。若采用高扬程的井点法，降水更深，效果将更显著。

降低地下水位的方法有多种，宜根据土层渗透系数及要求降低水位的深度和工程特点，进行技术经济比较后确定。各类井点的适用范围见表 7-3。

表7-3　各类井点的适用范围

项　次	井点类别	土层渗透系数/(m/d)	降低水位深度/m
1	单层轻型井点	0.1～50	3～6
2	多层轻型井点	0.1～50	6～12（由井点层数而定）
3	喷射井点	0.1～2	8～20
4	电渗井点	<0.1	根据选用的井点确定
5	管井井点	20～200	3～5
6	深井井点	10～250	>15

降水预压法的另一优点是，它仅使孔隙水压力降低，而不会引起土体破坏失稳，不需要限制降水速度，因此可加快固结。对于某些承载力低的土层，填土荷载增大有导致地基失稳的危险，在必须限制堆载高度时，采用降水联合堆载预压法，优越性更明显。

降水预压法的缺点是可能引起邻近建筑物基础的附加沉降，这必须引起足够重视。另外，施工时需要一套专用设施，并需专人管理。

井点降水设计计算可参照有关理论结合经验成果进行，并应遵循有关规范中的一些具体规定。

4. 真空预压法

真空预压法通常是在需要加固的软土层内设置砂井或塑料排水带等竖向排水系统，然后在地面铺设砂垫层横向排水层，再在砂垫层顶部覆盖一层不透气的密封薄膜，使之与大气隔绝，通过埋设于砂垫层中的吸水管道，用真空装置进行抽气，将膜内空气排出，因而在膜的内外，产生一个气压差$-\mu_s$，这部分气压差即成为作用于地基上的荷载，软土层随着等向应力（$-\mu_s$）的增加而固结。由于这一应力的性质，不会产生剪应力，故地基不会发生破坏，对加固软土有利。

真空预压与井点降水预压在概念上有所不同。通过理论研究认为，在密闭井管中抽真空和在敞口井管中降水，所得加固的有效应力并不相同。降水预压是靠地下水位降低，使土的表观密度增加，从而使土中的有效应力增加，其值主要取决于地下水位降低的深度和土有效表观密度值改变的大小。

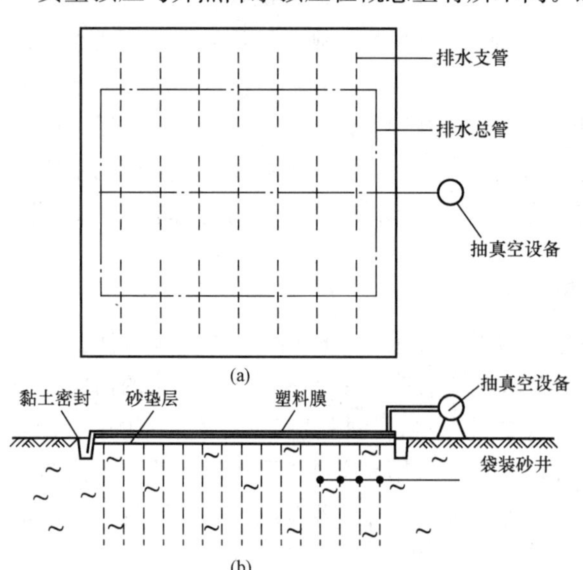

图7-9　真空预压加固地基示意图
(a) 平面图；(b) 剖面图

真空预压加固地基示意图如图7-9所示。

(1) 真空预压加固原理。

1) 由于膜内真空度使膜内外形成大气压力差，该压差成为作用于地基的预压荷载。若膜内真空度为600mmHg（1mmHg＝133.3Pa，600mmHg的真空度是目前技术可以达到的），则可折合预压荷载约80kPa，相当于堆载土厚度 4～5m，可见其效果之显著。

2）抽真空在孔隙中产生负压，孔隙水被逐渐吸出，地下水位下降，土的有效应力增加，使土层压密固结。

真空预压适用于均质黏性土及含薄粉砂夹层黏性土等，尤其适用于新吹填土地基的加固。对于在加固范围内有足够补给水源的透水层，而又没有采取隔断补给水源措施时，不宜采用该法。

真空预压与堆载预压相比，具有不需大量堆载材料，不需分期加压，可在很软的地基上使用以及工期较短等优点。真空预压与堆载预压虽然都是通过孔隙水压力减小而使有效应力增加，但它们的加固机理并不完全相同，由此而引起的地基变形、强度增长的特性也不尽相同，现列表对它们的主要不同点做一比较，见表 7-4。

表 7-4　　真空预压与堆载预压的比较

堆　载　预　压	真　空　预　压
（1）根据有效应力原理。增加总应力，孔隙水压力消散而使有效应力增加（注：1—原地基总应力线；2—地下水压力线；3—附加应力线）； 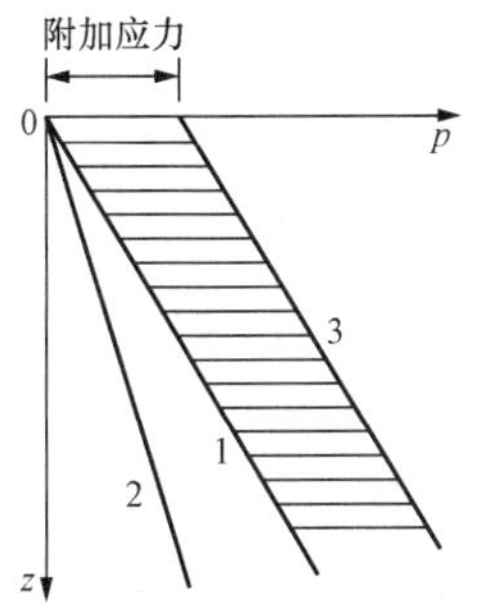 	（1）根据有效应力原理，总应力不变，孔隙水压力减小而使有效应力增加（注：1—原地基总应力线；2—原水压力线；3—降低后的水压力线）； 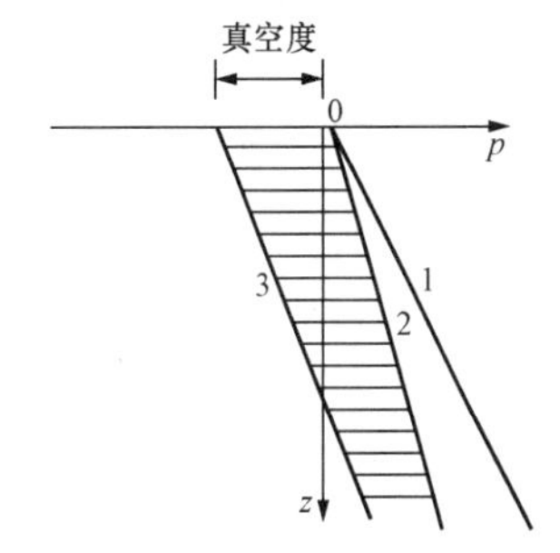
（2）加载预压过程中一方面土体强度在提高，另一方面剪应力也在增大。当剪应力达到土的抗剪强度时，土体发后破坏如图中的 a 点； 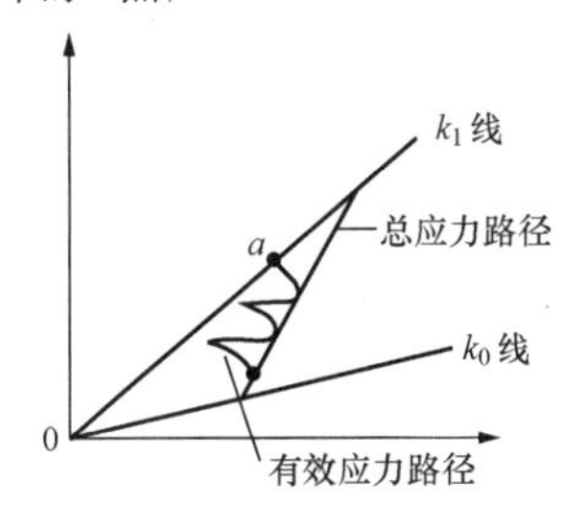 	（2）预压过程中，有效应力增量是各向相等的。剪应力不增加。不会引起土体的剪切破坏。在 $p'-q$ 平面上，有效应力路径从 k_0 线上的 b 点出发，平行于 p' 轴向右移动； 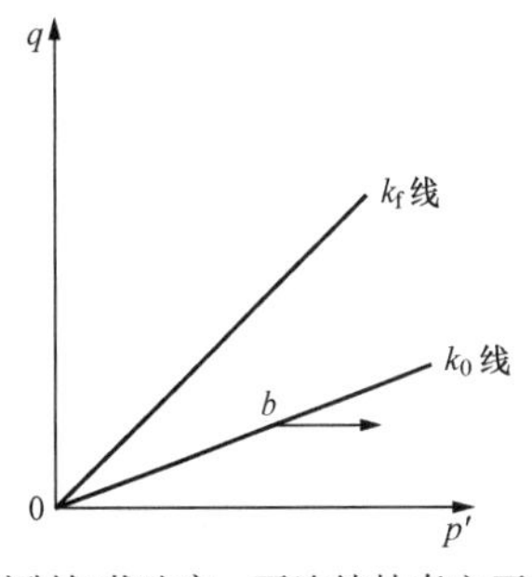
（3）由于第 2 点原因，堆载过程中需控制加载速率；	（3）不必控制加载速率，可连续抽真空至最大真空度，因而可缩短预压时间；
（4）预压过程中，预压区周围土产生向外的侧向变形；	（4）预压过程中，预压区周围产生指向预压区的侧向变形；
（5）非等向应力增量下固结而获得强度增长；	（5）等向应力增量下固结而使土的强度增长；
（6）有效影响深度较大	（6）真空度往下传递有一定衰减（实测真空度沿深度的衰减为每延米 0.8～2.0kPa）

（2）真空预压的设计。真空预压法处理地基时，必须设置排水竖井。设计内容除排水系统外，主要包括膜下真空度、土层固结度、地基变形计算、地基强度增长计算及预压区分块大小等。

1）膜内真空度。真空预压效果与密封膜内所能达到的真空度大小关系极大，真空度越大，预压效果越好。如果真空度不高，加上砂井井阻影响，真空度传递受到阻碍，加固效果将受到较大影响。根据国内一些工程的经验，当采用合理的施工工艺和设备，膜内真空度应稳定地保持在86.7kPa（650mmHg）以上，且应均匀分布；竖井范围内土层平均固结度应大于90%。

2）加固区要求达到的平均固结度，一般可采用80%的固结度。如工期许可，也可采用更大一些的固结度作为设计要求达到的固结度。

3）竖井断面尺寸、间距、排列方式及竖井长度等，竖井的设计原则与砂井地基相同；砂井的砂料应选用中粗砂，其渗透系数应大于1×10^{-2}cm/s。根据实测证明，袋装砂井的长度为10m时，真空度将会降低10%。为了减少真空度的损失，当砂井长度超过10m时，对砂料的选择要求应更高。

4）对表层存在良好透气层以及在处理范围内有充足水源补给的透水层等情况，应采取有效措施切断透气和透水层。

5）沉降计算。先计算加固前建筑物荷载下天然地基的沉降量，然后计算真空预压期间所能完成的沉降量，两者之差即为预压后在建筑物使用荷载下可能发生的沉降。预压期间的固结沉降可根据设计所要求达到的固结度推算加固区所增加的平均有效应力，可由相应的孔隙比进行计算。和堆载预压不同，由于真空预压周围土产生指向预压区的侧向变形。因此，按单向压缩分层总和法计算所得的固结沉降应乘以一个小于1的经验系数方可得到实际的沉降值。经验系数的取值有待在实际工程中积累。

6）强度增长。真空预压加固地基，土体在等向应力增量下固结，强度提高，土体中不会产生因预压荷载而引起的剪应力增量。

7）预压区面积和分块大小。真空预压面积不得小于建筑物基础外缘所包围的面积，每块预压面积宜尽可能大，且相互连接。

8）真空预压工艺。根据工程需要，真空预压还可联合其他地基加固方法共同处理地基。如真空预压联合堆载预压法，以进一步加速地基的固结沉降和地基强度的增长；真空预压与碎石桩法联合使用，可解决极低强度软黏土层中成桩困难等问题。

9）要求达到的真空度和土层的固结度。加固区受压土层的平均固结度设计值应大于80%。

10）真空预压联合堆载预压。工程上真空预压尚可和其他加固方法联合使用。真空预压联合堆载预压就是其中的一种。目前我国工程上真空预压可达到80kPa左右的真空压力，对于一般工程已能满足设计要求，但对于荷载较大，对承载力和沉降要求较高的建筑物，则可采用真空联合堆载预压加固软黏土地基。两种预压效果是可以叠加的。

在真空预压区边缘，由于真空度会向外部消散，其加固效果不如中部。真空预压区的边缘应大于建筑物基础的轮廓线，每边增加量不得小于3.0m，每块预压面积宜尽可能大且呈方形。真空预压效果与预压区面积大小及长宽比有关。在同一真空度作用下，面积越大，中心区的沉降量越大，预压区面积大，影响区的深度越深。

7.3.2 排水系统设计

排水系统包括水平排水体（砂垫层）和竖向排水体（砂井、袋装砂井和塑料排水带）两部分。利用排水固结法处理地基必须在地表铺设砂垫层形成水平排水体。但竖向排水体却并非必不可少。若软土层厚度不大或软土层含较多薄粉砂夹层，预计依靠地基中的天然排水通道固结速率能够满足要求的条件下，可以不设置竖向排水体，以简化施工，节省费用。

1. 水平排水体

水平排水体即砂垫层，其作用是保证地基固结过程中排出的水能够顺利地通过砂垫层迅速排出，使受压土层的固结能够正常进行，以利于提高地基处理效果，缩短固结时间。因此，水平排水垫层的质量对排水固结处理的效果有着重要影响。

（1）垫层材料。排水垫层材料宜采用透水性好的中粗砂，含泥量应小于5%，砂料中可混有少量粒径小于50mm的石粒。砂垫层的干密度应大于1.5t/m^3。若无理想的砂料来源，亦可选用符合排水要求的其他材料，还可采用连通砂井的砂沟来代替整片砂垫层。砂沟可按纵横交错的网格状布置，使砂井位于砂沟的交叉点上。

（2）垫层厚度。排水砂垫层的厚度首先应满足地基对其排水能力的要求；其次，当地基表面承载力很低时，砂垫层还应具备持力层的功能，以承担施工机械荷载。满足排水要求的砂垫层厚度以大于400mm为宜。为满足一定的承载力要求，可用厚的砂垫层或用砂与其他粒料形成混合料持力层，具体厚度按承载力大小或有关规定确定。

在预压区内宜设置与砂垫层相连的排水盲沟，并把地基中排出的水引出预压场地。

2. 竖向排水体

软黏土的孔隙非常细小，渗透系数大约比砂要小5～6个数量级，因此孔隙水的排出速度极低。对厚度大的黏土层采用排水固结处理时，如不改善黏土层排水条件，地基固结将十分缓慢。这就需要在地基中设置竖向排水体，以缩短排水距离，增加排水通道，加速排水固结。

目前应用最多的竖向排水体有普通砂井、袋装砂井和塑料排水带三种。

（1）普通砂井。典型的砂井堆载预压地基剖面如图7-10所示。砂井设计内容包括砂井深度、直径、间距、排列方式和砂井材料等。这些参数的选择一般要求满足在不太长的预压时间里，使地基的固结度达到80%以上。

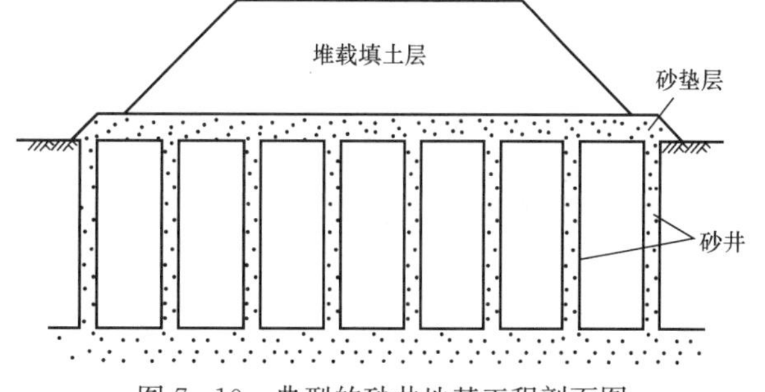

图7-10 典型的砂井地基工程剖面图

1）砂井深度。砂井的深度应根据建筑物对地基的稳定和变形的要求确定。对以地基滑动稳定性控制的工程，砂井深度至少应超过最危险滑动面2m。对以沉降控制的建筑物，如果压缩土层厚度不大，砂井宜贯穿压缩土层；对深厚的压缩土层，砂井深度根据在限定的预压时间内应消除的变形量确定。若施工设备条件达不到设计深度，则可采取其他途径来满足工程要求。

2）砂井直径和间距。减小砂井间距较之增大井径对加速固结的效果更显著。因此应以“细而密”的原则选择井径和间距，并以黏性土层的固结特性、灵敏度、上部荷载大小以及施工期等为依据进行设计。一般井径可取300～500mm。但它还受施工方法制约。有些施工方法砂井直径过小，易出现灌砂量不足、缩颈或砂井不连续等质量问题。砂井间距通常按井径比 n 确定。一般 $n=6\sim8$。$n<5$ 时，沉管施工法对周围土体扰动大，有破坏土体结构的可能；$n>9$ 时，砂井排水效果变差。

3）砂井排列。砂井平面布置可采用正三角形或正方形排列，其相应的有效排水范围分别为正六边形和正方形（见图6-3）。为简化计算，将其均化为等效圆，则等效圆的直径 d_r 和砂井间距 l 间的关系为：正三角形布置时，$d_r=1.05l$；正方形布置时，$d_r=1.13l$。

为防止地基产生过大的侧向变形和防止基础周边附近地基的剪切破坏，砂井布置范围应适当扩大。扩大范围可由基础外缘向外增加2～4m。

4）砂井材料与灌砂量。砂井用的砂料宜用中粗砂，含泥量应小于3%，其中密状态的干密度不小于1.55t/m^3。砂井灌砂量应按井孔容积和砂在中密状态时的干密度计算，其实际灌砂量不得小于计算值的95%。

（2）袋装砂井。袋装砂井是由普通砂井改进而产生的一项新技术。与普通砂井相比，它主要有以下几方面的优越性。

1）可在更大程度上体现“细而密”的原则，其排水固结效果更好。

2）砂井施工质量易保证，不会出现缩颈、或砂井不连续等质量问题。

3）设备轻便，可以在更软弱的地基上施工出质量稳定的砂井。

4）节省砂料，施工进度快，工程造价较低。

袋装砂井直径一般采用70～100mm。一般根据地下水位分布情况和施工工艺确定具体的直径大小。砂井间距选用1.5～2.0m，井径比选用 $n=15\sim20$。

砂袋材料应选用透水性好、抗拉强度高，且具有较好的抗老化、耐腐蚀性能的材料。目前国内普遍采用聚丙烯编织布。

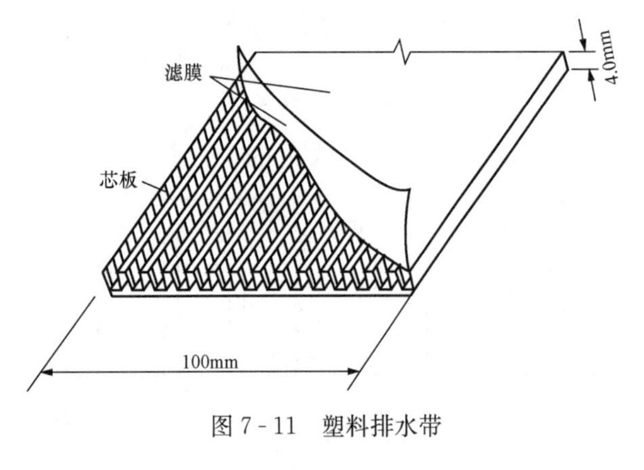

图7-11 塑料排水带

（3）塑料排水带。塑料排水带是一种人工排水体，它是在早期的纸板排水法基础上改进而发展起来的。

1）塑料排水带的结构与性能。塑料排水带由芯板和滤膜组成（见图7-11）。芯板多由不易产生压缩变形且有较高强度的聚乙烯或聚丙烯塑料制成两面有间隔槽的板体；滤膜则由渗透性好且耐腐蚀的涤纶衬布制成。亦有用带排水孔或不带排水孔的无纺布取代芯板制成柔性排水带的结构。

用塑料排水带作为竖向排水体，地基土层中的孔隙水在固结压力作用下渗流通过滤膜层进入芯板沟槽，并通过沟槽从排水砂垫层中排出。塑料排水带单孔过水断面天，排水畅通，固结排水效果好，且质量轻、强度高、耐久性好。因系工厂化生产，质量稳定可靠。采用塑料排水带法还具有施工机械较轻便，可在超软弱地基上施工，施工效率高，便于施工和管理、缩短地基加固周期等一系列优点。

2）塑料排水带施工设计。塑料排水带的设计计算方法与砂井相同。其当量换算直径 d_p 可按下式计算

$$d_p = a\frac{2(b+\delta)}{\pi} \tag{7-16}$$

式中　a——换算系数，无试验资料时可取 $a=0.75\sim1.00$；

b——塑料排水带宽度；

δ——塑料排水带厚度。

$$l = d_r/f \tag{7-17}$$

式中　l——砂井间距；

d_r——砂井；

f——系数。

正三角形布置时，$f=1.05$；正方形布置时，$f=1.13$。

7.4　排水固结法施工

运用排水固结原理的各种地基处理方法，其施工主要内容可归结为三个主要方面。

(1) 铺设水平排水砂垫层。

(2) 设置竖向排水体。

(3) 施加固结压力。

7.4.1　水平排水砂垫层施工要点

(1) 若地基承载力较好，能上一般运输机械时，可采用机械分堆摊铺法，即先堆成若干砂堆，再由推土机或人工摊平。

(2) 当地基表面承载力不能负担运输机械压力时，可采取顺序推进铺筑法，避免机械进入未铺垫层的场地。

(3) 若地基表面非常软，可先在地基表面铺设筋网层，再铺设砂垫层。筋网可用土工聚合物、塑料编织网或竹筋铺网等材料。但应注意对受水平力作用的地基，当筋网腐烂形成软弱夹层时对地基稳定性的不利影响。

(4) 若超软弱地基采取加强措施后，承载力仍然不足以负担一般机械的压力时，可采用人工或轻便机械顺序推进铺设砂垫层。如人力手推车、轻型皮带运输机以及小型水力泵输砂等。

应当指出，无论采取何种方法施工，在排水垫层的施工过程中都应避免过度扰动软土表层，以免造成砂土混合，影响垫层排水能力。此外，在铺设垫层前，应注意清除砂井顶部可能存在的淤泥或其他杂物，以利排水。

7.4.2　竖向排水体施工

1. 普通砂井施工

(1) 施工方法。根据成孔工艺的不同，砂井施工方法可分为如下三类。

1）沉管法。将带有活瓣管尖或混凝土端靴的套管采用静压、锤，击或振动方法沉入地基中的预定深度，然后在管内灌砂，拔出套管形成砂井的方法称为沉管法。静压、锤击及其联合沉管法。

提管时易将管内砂柱带起来，造成砂井缩颈或断开，影响排水效果，辅以气压法虽有一定效果，但工艺复杂。振动沉管法可以弥补上述缺陷和不足，保证砂井的连续，但其振动作用对土的扰动较大。此外，沉管法的一个缺点是由于挤土效应产生一定的涂抹作用，影响孔隙水的排出。

2）水冲成孔法。该法是通过专用喷头，依靠高压下的水射流成孔，成孔后经清孔、灌砂形成砂井。该法无挤土效应，涂抹作用小，但其成孔和灌砂质量不易保证，易产生井径不均、垮孔、砂中夹泥、缩颈等质量问题，且不适于土质很软的土层，如淤泥等。

3）螺旋钻孔法。该法以螺旋钻具干钻成孔，然后孔内灌砂形成砂井。它具有成孔规整、不易垮孔、挤土效应小等优点。但该法只适用于陆地，且砂井长度一般不能超过10m，对很软弱的地基亦不适用。

（2）质量要求。砂井施工工艺的选择和实施，应以满足砂井质量为首要目标，对砂井施工质量主要提出以下三点要求。

1）应保证砂井的连续和密实，尽量避免砂井缩颈、砂中夹泥等影响排水效果的现象发生。

2）施工应尽可能避免或减小对土的扰动和挤土涂抹效应。

3）砂井长度、直径和间距等参数应符合设计要求，且砂井施工位置准确，垂直度高。

2. 袋装砂井施工

（1）施工机械。袋装砂井直径只有70～120mm，为提高施工效率，减轻设备质量，国内外均开发了专用于袋装砂井施工的专用设备，基本形式为导管式振动打设机。但在移位方式上则各有差异。国内几种典型设备有履带臂架式、步履臂架式、轨道门架式、吊机导架式等，其性能见表7-5。

表7-5　　打设机械性能表

序号	进行方式	打设动力	整机质量/t	接地面积/m^2	接地压力/(kN/m^2)	打设深度/m	打设效率/(m/台班)
1	履带臂架式	振动锤	34.5	35.0	10	20	1500
2	步履臂架式	振动锤	15	3.0	50	10～15	1000
3	轨道门架式	振动锤	18	8.0	23	10～15	1000
4	吊机导架式	振动锤	16	1.5	>100	12	1000

（2）施工要点。袋装砂井施工的基本步骤包括设备定位、整理桩尖、导管沉入、砂袋灌砂并放入导管、管内灌水、拔管等。为保证施工质量，施工中还应注意如下几点。

1）定位要准确，砂井垂直度要高，袋装砂井平面井距偏差应不大于井径，垂直度偏差宜小于1.5%。

2）袋装砂料含泥量应小于3%，且宜用于砂装填密实，以免湿砂干燥后体积减小，长度缩短，出现与排水垫层分离等质量问题。

3）砂袋入口处的导管口应装设滚轮，以免砂袋下入时被挂破漏砂。

4）施工中要经常检查桩尖与导管口的密封情况，避免导管内进泥过多，影响施工。

5）确定袋装砂井实际长度时，应综合考虑袋内砂体积减小，砂袋在孔内的弯曲、施工超深以及伸入水平排水垫层长度等因素。砂袋放入孔内后应高出孔口200mm，以便埋入砂垫层中。

6）砂袋放入管内后拔管时，带上的砂袋长度不宜超过500mm。

3. 塑料排水带法施工要点

塑料排水带的施工方法和原理与袋装砂井大致相同。塑料排水带需用专门插板机将其插入地基中。其施工基本步骤包括设备定位、塑料带通过导管穿出并与桩尖连接固定、塑料板插入土中、拔出导管、剪断塑料带等。为保证质量，施工中应注意以下几点。

(1) 所选排水带除具有符合设计要求的透水性能外，还应有足够的湿润抗拉强度和抗弯曲能力。

(2) 不得使用滤水膜受损的排水带，施工过程中亦应注意保护，以免受损，防止淤泥进入板芯堵塞排水通道。

(3) 塑料带插设位置要准确，以保证间距和垂直度符合要求（＜1.5%）。

(4) 塑料带与桩尖应连接牢固，以免拔管时脱开，将塑料带带出。带出长度不宜超过500mm。

(5) 塑料排水带需要接长时，应采用滤膜内芯板平搭接法，以保证排水畅通；搭接长度宜大于200mm，以保证有足够的搭接强度。

7.4.3 施加预压荷载

1. 堆载预压施工要点

堆载预压的材料一般为散料，如土、石料、砂、砖等。大面积施工时通常采用自卸汽车与推土机联合作业。对超软地基，第一级荷载宜用轻型机械或人工作业。堆载预压工艺虽不复杂，但处理不当，特别是加载速率控制不好时，容易导致工程施工的失败。因此，施工中应注意如下要点。

(1) 必须严格控制堆载速率。除严格执行设计中制定的堆载计划外，还应通过施工过程中的现场观测掌握地基固结变形动态，以保证在各级荷载下地基的稳定性。当地基变形出现异常时，应及时调整堆载计划。为此，加载过程中应每天进行竖向变形、边桩位移及孔隙水压力等项目的观测。基本控制标准是：竖向变形每天不应超过10mm；边桩水平位移每天不应超过4mm。

(2) 堆载面积要足够。堆载的顶面积不小于建筑物底面积；堆载的底面积也应适应扩大，以保证整个建筑物范围内的地基得到均匀加固。

(3) 要注意堆载过程中荷载的均匀分布，避免局部堆载过高导致地基的局部失稳破坏。关于利用建筑物自重分级加压，其原理与堆载预压相同。其施工关键问题也在于合理控制分级加压速率，不再赘述。

2. 真空预压法施工

(1) 真空预压系统设置。

1）埋设水平向分布滤水管。滤水管的主要作用是使真空度在整个加固区域内均匀分布。

滤水管在预压过程中应能适应地基的变形，特别是差异变形。滤水管可用钢管或塑料管，其外侧宜缠绕铅丝，外包尼龙纱网或土工织物作为滤水层。滤水管在加固区内的分布形式可采用条状、梳齿状或羽毛状等形式。滤水管一般埋设在排水砂垫层中间，其上应有100～200mm砂层覆盖。对滤水管埋设质量的基本要求是分布适当，以利于真空度的均匀分布；其滤水层渗透系数应与砂相当，一般要求不小于3×10^{-3}m/s。

扫一扫

真空预压法现场施工

2）铺设密封膜。密封膜铺设质量关系到真空预压施工的成败。密封膜应选用抗老化性能好、韧性大、抗穿刺能力强的不透气材料。普通聚氯乙烯薄膜虽可使用，但性能不如线性聚乙烯等专用膜好。密封膜热合时宜用双热合线平搭接，搭接长度应大于20cm。

密封膜宜铺设三层，以确保膜层自身密封性。膜周边可采用挖沟折铺、平铺并用黏土压边、围捻沟内覆水以及膜上全面覆水等方法进行密封。当处理区内有充足水源补给的透水层时，应采用封闭式板桩墙、封闭式板桩墙加沟内覆水或其他密封措施隔断透水层。

3）设置抽气系统。抽气设备宜采用射流式真空泵。真空泵的设置数量应根据预压面积、真空泵性能指标以及施工经验确定，但每块预压区至少应设置两台真空泵。对真空泵性能的一般要求是抽真空效率高、能适应连续运转、工作可靠等。

连接真空泵与预压区的真空管路不仅向膜内传递真空压力，而且是排水的主要通道，因此要求应具有满足总排水量需要的过水断面。管路的各个连接点应严格密封。为避免停泵后膜内真空度立即降低，在真空管路中应设置止逆阀和截门。当预计停泵时间较长时，应关闭截门。

（2）真空预压施工基本步骤。

1）按照工艺要求，连接好真空泵、真空管及膜内真空压力传感器，并测读初始数据。

2）射流箱接好进水管，并在箱内注满水。

3）在加固区域内按要求设置沉降观测点。

4）开动离心泵开始抽真空。

5）观测泵、真空管、膜内及砂井深度的真空度、土层的深部沉降、地表总沉降、土层侧向位移随深度变化、孔隙水压力等参数在抽真空过程中的变化情况等。

6）当真空预压达到设计要求时停止抽真空，结束施工。

7.5 质量检验

质量检验的主要内容包括如下。

（1）对于以抗滑稳定性控制的重要工程，应在预压区内选择有代表性地点预留孔位，在加载不同阶段进行不同深度的十字板抗剪强度试验和取土样进行室内试验，以验算地基的抗滑稳定性，并检验地基的处理效果。

（2）在预压期间应及时整理变形与时间、孔隙水压力与时间等关系曲线，推算地基的最终固结变形量、不同时间的固结度和相应的变形量，以分析处理效果并为确定卸载时间提供依据。

（3）真空预压处理地基除应进行地基变形和孔隙水压力观测外，尚应量测膜下真空度和砂井不同厚度的真空度，真空度应满足设计要求。

（4）预压后的地基应进行十字板抗剪强度试验及室内土工试验等，以检验处理效果。

7.5.1 堆载预压的现场检测与判断

为了准确判断软土层预压处理的效果，较齐全的测试内容应包括以下几方面。

（1）沉降观测。沉降观测是估算地基固结度的最基本方法，通过 s-t 曲线可以推算出最终沉降量，除了设置地表沉降观测点外，还应设置分层沉降测试点，以便掌握预压的影响深度。

（2）孔隙水压力观测。孔隙水压力监测是非常重要的，通过孔隙水应力的变化除了可估算固结度外，还可以用来反算土层的固结参数，同时根据有效应力原理计算土的强度增长。

（3）土的物理力学性能指标的变化。包括土的含水量、孔隙比以及强度的变化。根据这些指标预压前后的差异来判断预压的效果。

沉降观测和孔隙水应力观测点的布置，无论在数量上还是范围上都不可能很多，而土物理力学性指标的采样比较灵活，根据需要而定，有助于判断预压效果均匀性。用沉降法来判断土层的固结度与用孔隙水应力来判断固结度，常会出现矛盾。这是因为由沉降法得到的是整个土层的平均值，而孔隙水应力只反映某一点的固结，如果有足够数量的观测点，取得整个土层孔隙水应力的分布资料，就可以计算出土层的平均固结度。

7.5.2 真空预压的现场检测与判断

（1）对不同来源的砂井和垫层的砂料，必须取样进行颗粒分析和渗透性试验。

（2）采用塑料排水带时，必须在现场随机抽样，送往试验室进行性能指标的测试。性能指标包括纵向通水量、复合体抗拉强度、滤膜的抗拉强度、滤膜的渗透系数和等效孔径等。

（3）对于以抗滑稳定控制的重要工程，应在预压区内选择具有代表性的部位预留孔位，在加载不同阶段进行原位十字板剪切试验和取土进行室内试验，检验加固效果。

（4）对预压工程，应进行地基竖向变形、侧向位移和孔隙水压力等项目进行监测。真空预压现场监测作为施工过程的控制，可以根据监测的数据了解工程的进展和加固过程中出现的问题，并可以判断加固工程是否达到了预期的目的，从而决定加固工程的中止及后续工程开始的时间。通过原位测试和室内试验等手段对加固后地基土进行检验，与加固前进行比较，可以真实、直观和定量地反映加固的效果。内容包括以下几项。

1）表面沉降观测。通过在预压区及周围放置沉降标，掌握施工、预压和回弹期间的地表面沉降情况，绘制整个预压区域及其影响区域的等沉线图，为计算沉降的研究及设计提供验证的资料。

2）分层沉降观测。通过在预压区钻孔埋设分层沉降标，然后用沉降仪来量测土层深部沉降。地基分层沉降观测作为地表面沉降观测的补充，可得到不同深度的土层在加固过程中的沉降过程曲线，可从中了解到各土层的压缩情况，判断加固达到的有效深度及各个深度土层的固结程度，并可为计算沉降的研究及设计提供验证的资料。

3）水平位移观测。通过钻孔埋设测斜管，监测土层深部水平位移，表层水平位移监测也可采用设置位移边桩的方法。水平位移观测可以了解预压期间土体侧向移动量的大小，判断侧向位移对土体垂直变形的影响，同时监测真空联合堆载预压的影响范围，并可为数值分析研究和设计提供验证的资料。

4）真空度观测。通过在膜下、竖向排水体及地基土中设置真空度测头，了解预压期间各个阶段真空度的分布、大小及随时间变化情况。

5）孔隙水压力观测。通过钻孔埋设孔隙水压力计，了解土体中孔隙水压力发展变化过程，并可为施工、数值分析研究和设计提供必要的资料。

6）地下水位观测。通过在预压区及周围埋设地下水位观测孔，得到预压期间不同时刻的地下水位，了解抽真空情况下地下水位变化过程，并为数值分析和设计提供资料。

7）加固效果的检验。

①钻孔取土的室内试验分析。在加固区的同一地点，于加固前后分别钻孔取土，在室内对土样进行试验分析，测定土性的变化，从而进行比较分析。测定的项目主要有含水量、密度、孔隙比、压缩性指标、强度指标等。通过对以上项目的试验分析，可以了解到上体加固前后物理力学性的变化大小，可以间接知道土体强度与压缩性的改善程度。

②现场十字板剪切试验。测试时沿深度每隔1m做一个测点，可以得到加固前后自地面向下沿深度的十字板强度变化曲线。它能比较准确直观地反映土体强度的变化，从而检验加固效果。

③静力触探试验。在加固区的同一区域，于加固前后分别进行静力触探试验，检验加固效果。

④静载荷试验。在加固区的同一区域，于加固前后分别进行载荷板试验，检验加固效果。

真空预压加固软土地基工程监测有两个方面的内容：一方面要提高现有监测水平，得到更准确可靠的监测资料；另一方面大量真空预压加固软土地基工程积累了一大批实测资料，需要对这些资料的分析整理，总结各主要参数变化规律，提高设计和施工水平。

7.5.3 质量检验标准

排水固结法复合地基质量检验标准应符合《建筑地基基础工程施工质量验收标准》（GB 50202—2018）的规定，见表7-6。

表7-6 排水固结法复合地基质量检测标准

项目	序号	检查项目	允许偏差或允许值		检查方法
			单位	数值	
主控项目	1	地基承载力	不小于设计值		静载试验
	2	处理后地基土的强度	不小于设计值		原位试验
	3	变形指标	设计值		原位试验
一般项目	1	预压荷载（真空度）	%	≥−2	高度测量（压力表）
	2	固结度	%	≥−2	原位测试（与设计要求比）
	3	沉降速率	%	±10	水准测量（与控制值比）
	4	水平位移	%	±10	用测斜仪、全站仪测量
	5	竖向排水体位置	mm	≤100	用钢尺量
	6	竖向排水体插入深度	mm	+200 0	经纬仪测量
	7	插入塑料排水带时的回带长度	mm	≤500	用钢尺量
	8	竖向排水体高出砂垫层距离	mm	≥100	用钢尺量
	9	插入塑料排水带的回带根数	%	<5	统计
	10	场地平整度	%	≤5	水洗法

7.6 工程实例

7.6.1 静力排水固结法（袋装砂井＋堆载预压）

1. 概述

福州某火电厂工程规划装机容量 140 万 kW，兴建在近代海相沉积的淤泥地基上。淤泥的基本特性是：高含水量（w 为 75%～80%）、高孔隙率（e 为 1.80～2.40）、高压缩性（a_{1-2}为 2.0～2.4MPa）、高灵敏度（S_t 为 6～14）、低强度（40kPa）的软土地基。同时，场地又是处于地震基本烈度为 7 度的地震区。

该工程的地基处理曾设想过多种加固方法，如钻孔灌注桩（ϕ600）、振冲挤密碎石桩、石灰桩、袋装砂井预压等方法。本节仅介绍厂前区 8.67m×104m 范围内大面积采用排水砂井预压加固软土地基的实例。

2. 场地条件

厂前区布局在平坦开阔的近代海相沉积阶地上，自然地面标高为黄海 2.7～3.3m。厂区地坪设计标高为黄海 4.7m。场地的各层岩土特征如图 7-12 所示。

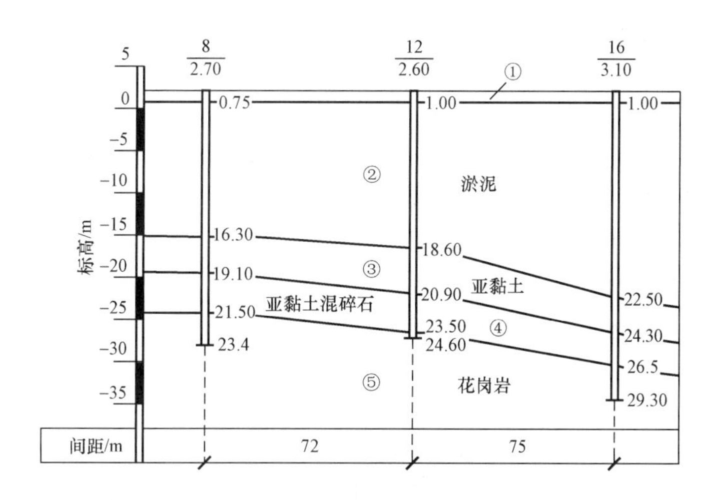

图 7-12　场地各层岩土特征

（1）黏土。灰、灰褐色，可塑状态，中压缩性，厚度 0.5～1.0m。

（2）淤泥。灰、深灰色，饱和，流塑状态，含有较多未完全碳化的木屑、植物根茎，高压缩性，高灵敏度，厚度 15～27m。

（3）亚黏土。灰白、灰褐色，湿，可塑状态，厚度 2～5m。

（4）亚黏土混碎石。灰褐色，湿，可塑状态，混有粒径大于 5cm 的碎（块）石，含量为 10%～15%，厚度 1～3m。

（5）花岗闪长岩。各土层的物理力学性质见表 7-7。

表 7-7 各土层的主要物理力学特性

土层编号	土层名称	天然含水量（%）	重度/(kN/m^3)	孔隙比 e	塑性指数 I_p	塑性指数 I_L	压缩性				
							压缩系数 /MPa^{-1}	压缩模量 /kPa	压缩指数 /MPa^{-1}	固结系数 /(cm^2/s×10^{-4})	
										水平	垂直
1	黏土	40	17.4	1.124	17.4	0.63	0.43	4900			
2	淤泥	76	15.4	2.039	26.0	>1	2.03	1300	0.80	5.8	6.0
3	亚黏土	33	17.7	1.040	14.7	0.54	0.43	5300			
4	亚黏土混碎石	41	18.0	1.094	12.3	0.40	0.41	5700			

土层编号	土层名称	无侧限抗压强度/kPa	抗剪强度				固结比 OCR	容许承载力 /kPa
			直接快剪		三轴固结不排水剪			
			内聚力 /kPa	内摩擦角 /(°)	内聚力 /kPa	内摩擦角 /(°)		
1	黏土						1	120
2	淤泥	25.6	12	2	6	15	<1	40
3	亚黏土		37	5.5			1	150
4	亚黏土混碎石		12	12.5			1	170

3. 地基处理方案选择

（1）工程概况简介。场地按设计地坪标高需要回填 2.5～22.0m 的回填土（回填材料为中砂），其所受重力已达 32～40kPa。厂前区总平面布置如图 7-13 所示，其主要建筑物的特征见表 7-8。当场地回填 2.5m 填土时，淤泥层将承受的荷载已超过它本身的容许承载力，所以无法采用天然地基。

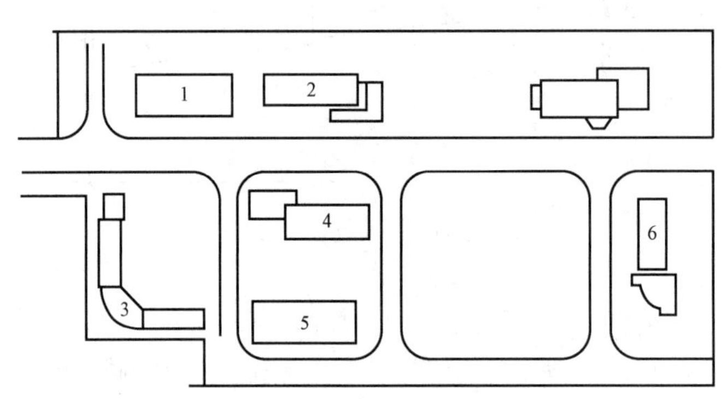

图 7-13 场地各层岩土特征

1—锻铆车间；2—金工车间；3—汽车库；4—多层材料库；
5—单层材料库；6—综合办公楼

（2）地基处理方案的选择。拟建的建筑物按其荷载修建在这类淤泥地基上所产生的沉降量相当大，其计算结果见表 7-9。其沉降量之大足以影响建筑物的正常使用，所以必须对软土地基进行加固处理，为此选择了几种地基处理方案进行比较。

表 7-8　**主要建筑物特征表**

建筑物名称	高度/m	层数	结构形式	容许变形值/mm		备注
				沉降量	沉降差	
综合办公楼	17	5	框架	300	0.003L	
金工车间	16	4	框架	300	0.003L	5t 吊车
锻铆车间	18	1	框架	300	0.002L	18m 跨，5t 吊车
多层材料库	16	3	框架	300	0.002L	18m 跨，5t 吊车
单层材料库	15	1	框架	300	0.002L	18m 跨，5t 吊车
汽车库	5	1	框架	300		

注：L——砂井施工深度。

表 7-9　**100kPa 荷载作用下地基最终沉降量计算**

建筑物名称	淤泥层厚度/m	沉降量/m	建筑物名称	淤泥层厚度/m	沉降量/m
综合办公楼	32	2.5	汽车库	25	0.8～1.0
金工车间	12～23	0.7～1.2	围墙	10～34	1.0
锻铆车间	12～20	0.6～1.0	传达室	28～30	1.0
多层材料库	28～30	2.4	地下管道		0.9
单层材料库	25～27	1.3			

(1) 桩基。桩基持力层一般要选择在亚黏土混碎石层上，由于该层有混碎石，沉桩困难，不宜采用打入式预制桩及沉管灌注桩。故选用钻孔灌注桩，桩直径为 ϕ600，一般桩长 28m，短桩长度为 15m，特长桩为 34m。通常 ϕ600、28m 长的桩，单桩承载力可达 1170kN/根。但在 7 度地震区，考虑到淤泥在地震时将产生触变沉陷，厚度为 2.15m 的大面积回填土地面产生沉降，从而促使场地桩周土对桩产生向下的摩擦力——负摩擦力，其负摩擦力理论计算值为 569kN/根，若再考虑钻孔灌注桩施工质量的因素影响，折减系数取 0.85，则单桩承载力只能采用 540kN/根。按六个主要建筑物估算需要 ϕ600 桩径的桩约 547 根。

(2) 振冲挤密碎石桩。由于淤泥抗剪强度低，三轴固结不排水剪内聚力 $C_{cu}=6\sim10$kPa，灵敏度 $S_t=6\sim14$，振冲扰动后，其瞬时强度将会迅速降低，往往发生触变现象，所以成桩可能性小，不宜选用此方法。

(3) 石灰桩。石灰桩对软土加固的主要作用是吸水胀发使桩间加固土脱水挤密，因而提高承载力。但由于渗透系数小，不利于软土脱水固结，试验表明石灰桩脱水加固效果很小，一般强度提高仅 15%～20%。同时当地也无生石灰资源，且需用量大，也不宜选用。

(4) 深层（水泥土）搅拌复合地基。由于场地的淤泥厚度一般为 20m 左右，而这类复合地基的承载力较低，根据试验区试验表明：ϕ700，水泥渗入比 12%，水灰比 0.45，高效减水剂 0.5%，三乙醇胺 0.05%，水泥的强度等级为 42.5，其 10m 长的水泥土桩单桩极限承载力为 250kN，复合地基极限承载力 197kPa。这里尚没有考虑场地回填后淤泥固结引起地面沉降所产生的负摩擦力的因素，地基加固造价较高。

（5）砂井。当地有丰富的砂资源，由于厂区内尚需开挖土石方20多m^3，这些土石方可供砂井预压的堆载源使用，投资节省。砂井又可以贯穿整个淤泥层，能改善淤泥层的天然结构，有利于软土排水固结，提高抗震能力。

综上所述，现将可能采用的地基处理方案进行经济比较，见表7-10，采用袋装砂井预压方案是最经济的。但方案的经济比较仅仅是其中一个因素，方案成立与否还要分析它的技术可行性与施工工期。

表7-10　地基处理方案经济比较

地基处理方案	桩径/mm	造价/万元
钻孔灌注桩	600	478
水泥土深层搅拌	700	334
袋装砂井预压	70	139

砂井预压的技术是由太沙基固结理论发展而来，在国内外应用于工程的实例颇多。但是应用于含水量达75%的软土地基的实例却不多。只要采用合适井径、间距和合理布置的砂井预压加固软土地基，在半年左右的施工限期内，可望完成80%固结度。因此该工程综合考虑技术可行、工期允许、砂料便宜、预压堆载源不必另外购买等多种因素，最后决定选择砂井堆载预压加固软土地基的处理方案。

4. 砂井设计与预压荷载设计

（1）砂井设计。根据场地的淤泥物理力学特性及建筑物的荷载要求，建筑物建在天然地基上自然固结所经历的时间见表7-11。为了满足工期要求，砂井设计按场地在180天前后完成软土地基固结度80%的原则进行估计，为此我们选用砂井直径为70cm，井距为120cm，呈等边三角形布置。砂井预压加固软土地基固结历时见表7-12。

表7-11　建筑物砌筑在淤泥地基上自然固结历经时间

固结度U(%)	30	40	50	60	70	80	90
时间函数T_h	0.071	0.126	0.197	0.287	0.403	0.567	0.848
固结历时t/d	2687	4769	7456	10 863	15 253	21 461	32 097

表7-12　砂井预压加固淤泥地基固结历经时间

固结度U(%)	30	40	50	60	70	80	90
时间函数T_h	0.080	0.152	0.184	0.250	0.324	0.412	0.623
固结历时t/d	3028	5752	6963	9461	12 262	15 592	23 577

注：淤泥固结系数$C_h=0.419\ 5\text{cm}^2/\text{d}$。

计算公式：$t=\dfrac{d_e^2T_h}{C_h\times 86\ 400}(d_e=1.05\times 120=126\text{mm})$。

由于淤泥层厚度大，同时为了改善淤泥的抗震能力，防止砂井施工中出现断井、缩井等现象，因此决定采用袋装砂井，砂井长度要穿透淤泥层。

（2）预压荷载设计。根据建筑物的要求，需要施压100kPa的预压荷载。通过100kPa荷载预压后欲得如下两个目的：一是使欠固结淤泥固结度达到80%；二是完成主固结阶段的固结沉降，并使之地基容许承载力达到80～100kPa。由于欠固结淤泥本身现有承载力仅有40kPa，为了使之施加预压荷载后，不致造成地基失稳破坏，因此采用分级加载。按式（3-17）和式（3-18）计算其堆载高度，确定首级施加荷载量，其计算结果列入表7-13。首级预压荷载采用55kPa；第二级预压荷载为45kPa。

表 7-13　堆载高度计算结果表

内聚力 c/kPa	12	安全系数 F	1.5
重度 γ/(kN/m³)	15.4	容许堆载高度 H/m	2.8
极限堆载高度 H_c/m	4.3	预压土重度 γ'/(kN/m³)	19.6
首级预压荷载/kPa	56		

极限堆载高度

$$H_c = 5.52\frac{C_u}{\gamma} \tag{7-18}$$

式中　H_c——极限高度；

C_u——由快剪法测定软土的内聚力；

γ——填土重度。

容许高度

$$H = \frac{H_c}{F} \tag{7-19}$$

式中　H——容许高度；

F——安全系数（1.2～1.5）。

5. 施工监测

为了保证砂井预压加固淤泥地基达到设计要求目的，施工期监测是一个非常关键的环节，而且要严密，手段与方法要合理、可靠方能取得加固预期效果。

首先是砂井施工成井工艺。鉴于地基土为高含水量且处于流塑状态的淤泥，决定采用机械静压成井工艺，严禁用冲水（冲孔）法成孔。

其次，施加预压荷载与堆载高度虽然都控制在容许范围值内，可是在大面积（8000m²）堆载预压时，施工是采用机械化运输、卸土，推土机堆高，这时如果现场指挥、堆高方法与速度等施工过程一旦有不当之处，将会导致加固土体产生失稳破坏。为了防止土体在加载预压过程产生失稳，埋设孔隙水压力计来监测堆载过程中孔隙水压力增长情况，以指导堆载速度。观测堆载完成后，根据孔隙水压力消散情况，指导下一级荷载堆载的时间。同时分别埋设不同深度的沉降板，观测堆载过程和预压过程中的土体固结沉降量。其一方面配合孔隙水压力的监测来分析、判断土体在加载及预压过程中是否产生失稳破坏或将可能出现失稳来控制堆载速度与高度；另一方面用沉降量来监测土体的固结度，作为确认固结度的依据，并且严格控制每天的沉降量均不得超过 10mm，若超过 10mm，须立即采取减载措施以保证土体稳定。

6. 小结

本实例介绍了福州火电厂厂前区在近代海相沉积淤泥质软土地基上，采用砂井预压成功的经验。近代海相沉积的淤泥土的物理力学性能指标特别差，含水量高达 80%左右，孔隙比超过 2.0，固结系数为 5.8×10^{-4}cm²/s。通过对各种地基处理方案的比较，在此基础上选择了具有经济性和效率性的砂井预压方案。

厂前区淤泥在 100kPa 的预压荷载下，经 240～300d，淤泥地基完成了 80%以上的固结沉降量，地基允许承载力由 40kPa 提高到 80kPa，地基沉降量达到 2.0～2.5m。基本上消除了地基的主固结沉降，可以确保建筑物后期沉降满足使用要求。

7.6.2 静力排水固结法（插塑料排水板＋堆载预压）

1. 场地条件

处理场地为广州市某道路软土处理工程，工程地层特征见表7-14。

表7-14 地层特征表

岩层编号	岩土名称	厚度		土层描述	地基容许承载力建议值 f/kPa
		范围值/m	平均值/m		
①	冲填土	0～3.8	1.40	灰黑色，松软，地表分布有大、小泥潭，面积超过4万m^2	50
②	淤泥	3.5～18.7	9.84	灰黑色，饱和，呈流塑状态，黏性较强，污手，含少量生物贝壳。本层遍布整个场地。液性指数（I_L）＝24.40～61.40，平均44.87；孔隙比（e_0）＝1.17～2.60，平均2.05；w_0＝37.5%～101.4%，平均75.02%；a_1-2＝0.51～3.36MPa^{-1}，平均1.40MPa^{-1}	45
③	粉质黏土	0.7～9.5	4.30	黄褐色为主，可塑。液性指数（I_L）＝0.17～1.25，平均0.75；孔隙比（e_0）：0.68～1.15，平均0.91；w_0＝21.5%～41.6%，平均32.28%；a_1-2＝0.27～0.70MPa^{-1}，平均0.45MPa^{-1}，为中压缩性土	120
④	粉砂	1.0～18.1	7.55	呈灰黑色，灰白色，饱和，松散、局部稍密。N＝2.0～20.0击，平均N_m＝8.9击，标准差σ_f＝5.170，变异系数δ＝0.577，统计修正击数标准值N_k＝7.6击	140

2. 软基处理要求

(1) 按施工后变形要求进行控制：使用期内，最大工后沉降≤300mm，差异沉降≤0.3%。

(2) 处理后地基承载力满足以下要求：f_{ak}≥120kPa。

(3) 造价要求：在合理工期内，满足处理后场地变形要求条件下，达到最优性价比。

3. 工艺要求

(1) 砂垫层厚度为1.0m，采用中粗砂，平均含泥量＜5%，最大含泥量＜8%。

(2) 排水板间距1.2m，正方形布置，打设至软土下卧层0.5m。

(3) 分2～3级（根据稳定情况）堆载至设计标高。

(4) 满载时间为80d。

(5) 卸载标准：①满载时间超过80d；②根据沉降分析的固结度＞80%；③工后沉降＜30cm。

当下卧淤泥层层厚大于3m时，仅用堆载预压处理，固结时间非常长，该条件下需采用塑料插板加快排水固结。预压荷载的大小根据地基土的固结特性和预定时间内所要求达到的固结度确定，并使预压荷载下受压土层各点的有效竖向压力大于或等于使用荷载所引起的相应点附加应力。

4. 施工工艺与技术要求

（1）水平排水体系。本区段处理的是部分道路，其宽度较小，不须设置盲沟；直接采用砂垫层与集降水井排水，利用砂垫层将水汇集至集降水井再抽排水，此外该种水井起到一定的降水作用。

1）砂垫层：厚度1.0m，采用中粗砂或瓜米石，平均含泥量＜5%，最大含泥量＜8%。

2）集降水井沿道路内侧（库区一期侧）纵向每隔设定距离设置1口集降水井，在施工及交工前期间，使用自动控制式潜水泵抽排井内地下水；施工期间须对集降水井加以维护及保护。有关要求：①砂垫层底面需形成一定坡度以利汇集水流至集水井，集水井须与砂垫层盲沟连通良好，平面位置误差≤5cm；②水井的孔口须超出孔口位置最高填土面的高度40～60cm之间，周边用碎石等滤水材料围裹；③平面位置误差≤5cm；④井底标高误差≤20cm；⑤整个施工及交工前期间及时抽水，集降水井水深不宜超过100cm；记录抽水时间和井水变化。

（2）竖向排水体系。插设塑料排水板，排水板间距1.2m，正方形布置，插设至软土下卧层不少于0.5m，平均约12.0m；塑料板上端高出砂垫层20cm（在填土前，高出部分需沿水平向摆放埋入砂垫层中）。

塑料排水板应有足够的抗拉强度，沟槽表面平滑，尺寸准确，能保持一定的过水面积，抗老化能力在2年以上，并且耐酸碱性抗腐蚀性。塑料排水板质量、品格要求应依据有关规范标准，依据插板深度不同选用，其性能应不低于表7-15中所列。

表7-15　　塑料排水板质量、品格要求的选用

项目		打入深度 L/m				备注
		10	15	20	25	
材质	芯带	聚乙烯、聚氯乙烯、聚丙烯				
	滤膜	涤纶、丙纶等无纺织物				
断面尺寸	宽度/mm	≥100				
	厚度/mm	≥4.0				
复合体抗强度/(kN/10cm)		≥1.3				延伸率为10%的强度
通水能力/(cm^3/s)		≥30				
滤膜渗透性/(kN/m)	干	1.5	1.5	2.5	2.5	延伸率为10%的强度
	湿	1.0	1.0	2.0	2.0	延伸率为15%的强度
滤膜渗透性	渗透系数/(cm/s)	$\geq 5\times10^{-3}$				
反滤特性	等效孔径	＜0.08				
抗压屈服强度/kPa	带长小于5m	250				
	带长大于5m	350				

插板施工技术有以下几项要求。

1）排水板插设布点须按行、按排编号进行插入记录；布点偏差小于50mm。

2）插板垂直偏差不超过插板长度的1.5%。

3）入孔插板必须完整无损。

4）插板不能有回带现象，若有回带，则在附近150mm内补插。

5）插板施工时，插板机应配有长度记录装置，记录每根插板的长度、孔深等。

（3）土层填筑与卸载。

1）采用砾质黏性土或土夹石（山皮土）或吹砂或其他满足路基填筑要求的填料，填土底面要向集降水井与邻近排水沟形成一定的倾斜的坡度（1%～3%）。

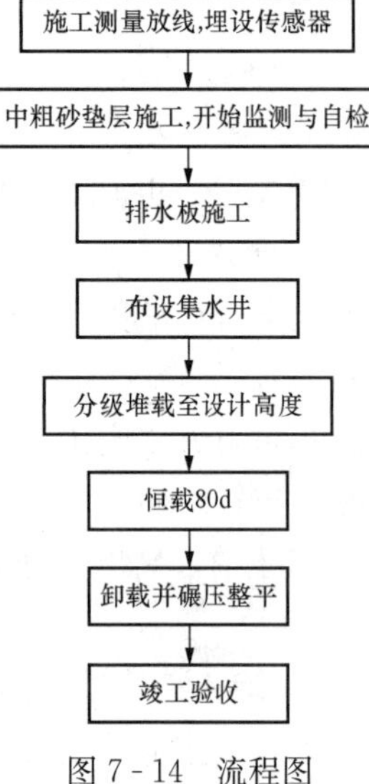

图7-14 流程图

2）预压土设计：预压土边坡为1∶2，预压土可采用土、砂等材料，可不作碾压，但必须有必要的防护措施，避免水土流失。

3）路基填筑时应根据填土土料及地层等情况分多级填筑（2～3级），并控制填筑速率，竖向沉降增长率小于15mm/d，稳定标准为连续10d沉降量小于0.5mm/d；满载后恒载天数不少于80d。

4）卸载：根据检测与监测资料分析地基处理效果，作为卸载依据。卸载时超载的预压土可作填筑材料填入相邻地段，就地平衡。

5）道路区处理区交工面以下土层压实度不小于90%。

5. 工艺流程

工艺流程如图7-14所示。

本 章 小 结

本章主要介绍了排水固结法的作用及适用范围、排水固结原理、设计计算、施工及质量检验与评价。

（1）排水固结法是在建筑物建造以前，对天然地基或已设置竖向排水体的地基加载预压，使土体中的孔隙水排出，逐渐固结沉降基本结束或完成大部分，从而提高地基土强度的一种地基加固方法。

（2）排水固结法的作用表现在两方面：①降低压缩性；②提高强度。

（3）排水固结处理适用于淤泥质土、淤泥和冲填土等饱和黏性土地基。

（4）排水固结原理可概述为：在加压荷载作用下，土层的排水固结过程实质上就是孔隙水压力消散和有效应力增加的过程。由排水和加压两个系统两部分组成。

（5）排水固结法的设计与计算，实质上在于合理协调安排排水系统和加压系统的关系，使地基在受压过程中排水固结，增加一部分强度以满足逐渐加荷条件下地基稳定性要求，并加速地基的固结沉降，缩短预压的时间。

（6）施工主要内容可归结为三个方面：①铺设水平排水砂垫层；②设置竖向排水体；③施加固结压力。

第8章　深层搅拌法

知识目标

1. 能够描述深层搅拌法的概念。
2. 掌握深层搅拌法的加固机理。
3. 能够描述深层搅拌法的设计计算。
4. 掌握深层搅拌法的施工机具和施工工艺。
5. 了解深层搅拌法的施工质量检验。

8.1　概述

深层搅拌法是通过特制机械-各种深层搅拌机，沿深度将固化剂（水泥浆，或水泥粉或石灰粉，外加一定的掺合剂）与地基土强制就地搅拌形成水泥土桩或水泥土块体（与地基土相比较，水泥土强度高、模量大、渗透系数小）加固地基的方法。

第二次世界大战后，美国首先研制成功水泥深层搅拌法，制成水泥土桩称为就地搅拌桩(Mixed-in-place Pile)。1953 年，日本从美国引进水泥深层搅拌法，1967 年日本和瑞典开始研制喷石灰粉深层搅拌施工方法，并获得成功，于 20 世纪 70 年代应用于工程实践。在日本水泥系深层搅拌法称为 CDM 工法或 MDM 工法。

我国于 1977 年由冶金部建筑研究总院和交通部水运规划设计院引进、开发水泥深层搅拌法，制成双搅拌轴、中心管输浆陆上型深层搅拌机，于 1980 年正式应用于工程实践。1980 年天津市机械化施工公司与交通部一航局引进、开发成功单搅拌轴、叶片输浆型深层搅拌机。1983 年，浙江大学土木工程学系会同联营单位开发成功 DSJ 型单轴喷浆水泥深层搅拌机。1983 年铁道部第四勘测设计院开始进行喷石灰粉搅拌法研究，并获得成功，不久应用于喷水泥粉深层搅拌。1992 年交通部一航局引进、开发海上深层搅拌技术，于 1994 年通过交通部鉴定。目前深层搅拌法可分为喷浆深层搅拌法和喷粉深层搅拌法两种，而且喷粉深层搅拌法主要是喷水泥粉。深层搅拌机所用机械型号很多，并且还在不断发展。深层搅拌法施工顺序如图 8 - 1 所示。

深层搅拌法适用于处理淤泥、淤泥质土、粉土和黏性土地基，可根据需要将地基加固成块状、圆柱状、壁状、格栅状等形状的水泥土，主要用于形成复合地基、基坑支档结构、地基中形成止水帷幕及其他用途。深层搅拌法施工速度快，无公害，施工过程无振动、无噪声、无地面隆起，不排污、不排土，不污染环境，对相邻建筑物不产生有害影响，具有较好的经济效益和社会效益。近十几年来，在我国分布有较多软土的省份，如浙江、江苏、上海、天津、福建、广东、广西、云南、湖北、湖南、安徽、河南、陕西、山西以及台湾等地得到广泛应用，发展很快。国外，在美国、日本、西欧，以及东南亚地区应用广泛，发展迅速。

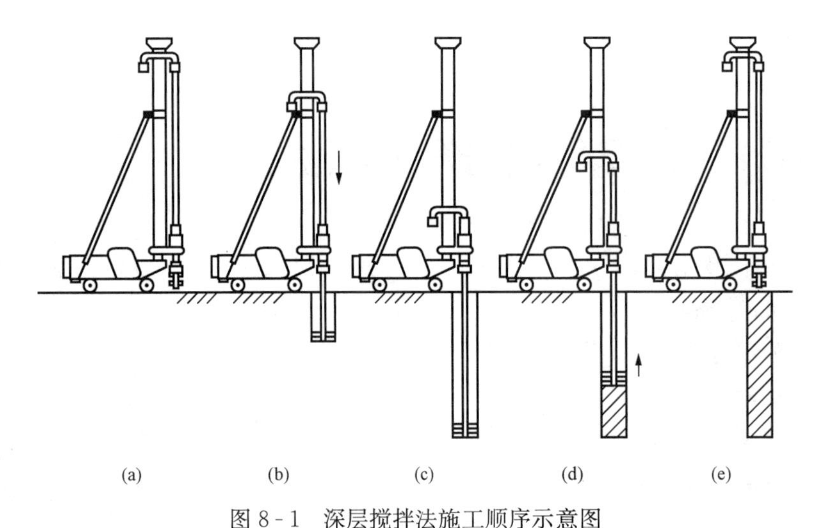

图8-1 深层搅拌法施工顺序示意图

（a）机械就位；（b）边搅边喷；（c）达设计深度；（d）搅拌上升；（e）搅拌结束

8.2 深层搅拌法的加固机理

深层搅拌法适用于处理淤泥、淤泥质土、粉土和含水量较高且地基承载力标准值不大于120kPa的黏性土地基，当用于处理泥炭土或地下水具有侵蚀性时，宜通过试验确定其适用性。

深层搅拌法加固地基主要利用水泥土具有较高的强度、模量和小的渗透系数，并具有很好的隔水性能。

8.2.1 形成水泥土桩复合地基，提高地基承载力和改善地基变形特性

深层搅拌法形成的水泥土增强体强度比天然土体提高几倍至数十倍，变形模量也是如此。将水泥土增强体与增强体之间天然土形成复合地基可有效提高地基承载力和减少地基上建筑物的沉降。复合地基可具有桩式复合地基和格栅式复合地基两种，桩式布置可采用三角形布置或正方形布置，如图8-2所示。有时为了获得更高的承载能力，适当增减复合地基置换率，即在平面上对地基土体全面进行搅拌，形成水泥土块体基础，如图8-3所示。

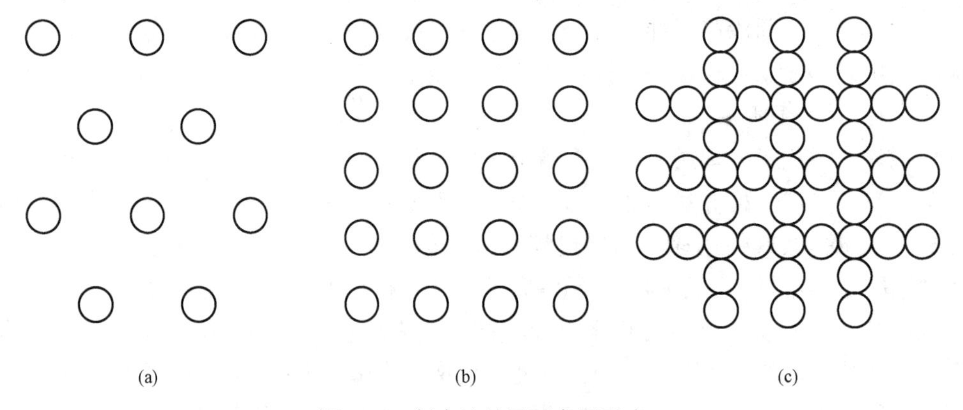

图8-2 复合地基平面布置形式

（a）三角形布置；（b）正方形布置；（c）格子形布置

8.2.2 形成水泥土支挡结构

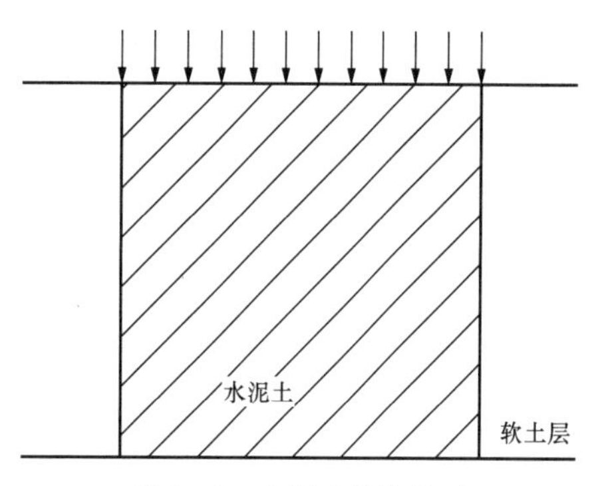

图8-3 水泥土块体基础

在软黏土地基中开挖深度为5～6m的基坑，应用深层搅拌法形成的水泥土重力式挡墙可以较充分利用水泥土的强度和防渗性能，既是挡土墙又是防渗帷幕。因此具行较好的经济效益和社会效益。水泥土重力式挡墙一般做成格构形式，如图8-4所示。

上图中重力式挡墙高为l，宽为B，基坑深度为H，支档结构插入深度为d。由图8-4（b）可以看到，重力式挡墙由水泥土与水泥土范围内的地基土组成。挡墙上有压顶梁以增加整体性。水泥土格构形挡墙的设计计算方法采用重力式挡土墙的设计计算方法。近几年来深层搅拌水泥土重力式挡墙被广泛应用于深厚软黏土地基地区5～6m深基坑围护结构、管道沟围护结构、河道围护结构等。为了改善水泥土重力式挡墙的受力性能，增大支护深度，不少设计者在设计中采取在墙两侧增设水泥土桩改良土体以减小主动土压力，或增大被动土压力。为了充分利用水泥土的抗压性能，根据基坑形状，如条件允许可把水泥土挡墙设计成圆弧形。为了克服水泥土抗拉强度低的特点，有人在水泥土挡墙中插置竹筋，也取得较好效果。在水泥土挡墙中插置型钢，如图8-5所示，称为加筋水泥土挡墙，在日本称为SMW工法，在我国国内也有应用。国内外实践表明，如不能回收钢材，则其成本较高。

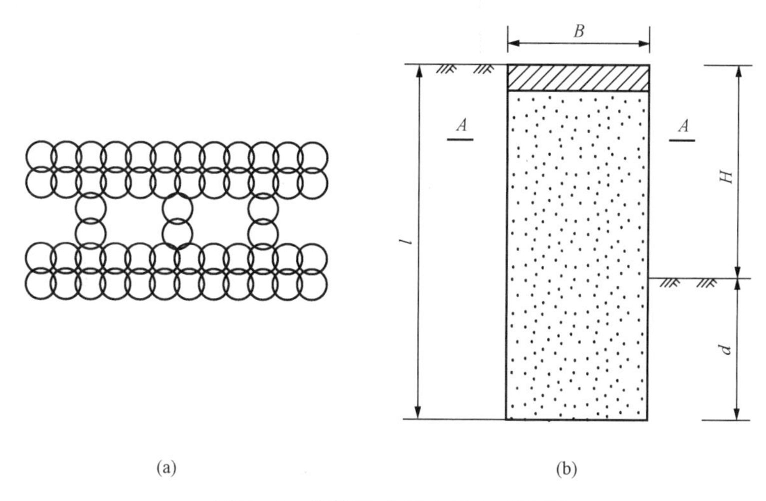

图8-4 格构形水泥土重力式挡墙

（a）重力式挡墙；（b）A—A剖面

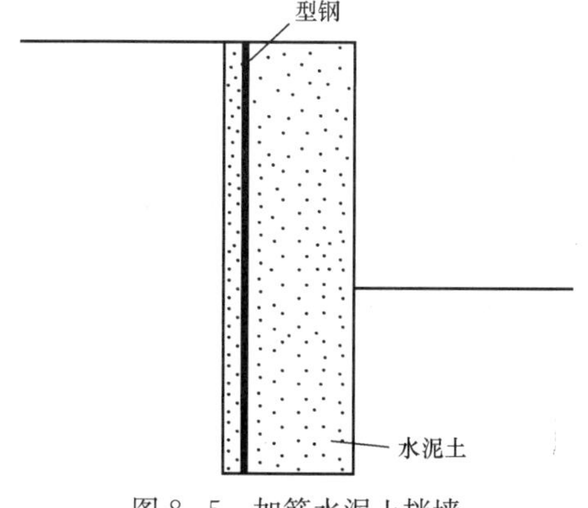

图8-5 加筋水泥土挡墙

8.2.3 形成水泥土防渗帷幕

水泥土的渗透系数比天然土的渗透系数小几个数量级，水泥土具有很好的防渗水性能。

近几年被广泛用于软黏土地基基坑开挖工程和其他工程的防渗帷幕。防渗帷幕由相互搭接的水泥土桩组成。视土层土质情况，可由一排或二排或多排相互搭接的深层搅拌桩组成。

8.2.4 其他方面的应用

深层搅拌法的应用范围还在不断扩大，下述几个方面应用深层搅拌法都取得了良好的经济效益和社会效益：与钢筋混凝土灌注桩联合形成拱形组合型围护结构应用于较深的深基坑围护工程，如图 8-6（a）所示；应用于沟底、河道底、基坑底水平面止水层（封底），如图 8-6（b）所示；底部水平支撑，如图 8-6（c）所示；应用于盾构施工地段地基土的加固，以保证盾构稳定掘进，如图 8-6（d）所示；应用于支护结构被动区土质改良以增大被动土压力，如图 8-6（e）所示；以及增加桩的侧面摩阻力，提高桩的承载力，如图 8-6（f）所示。

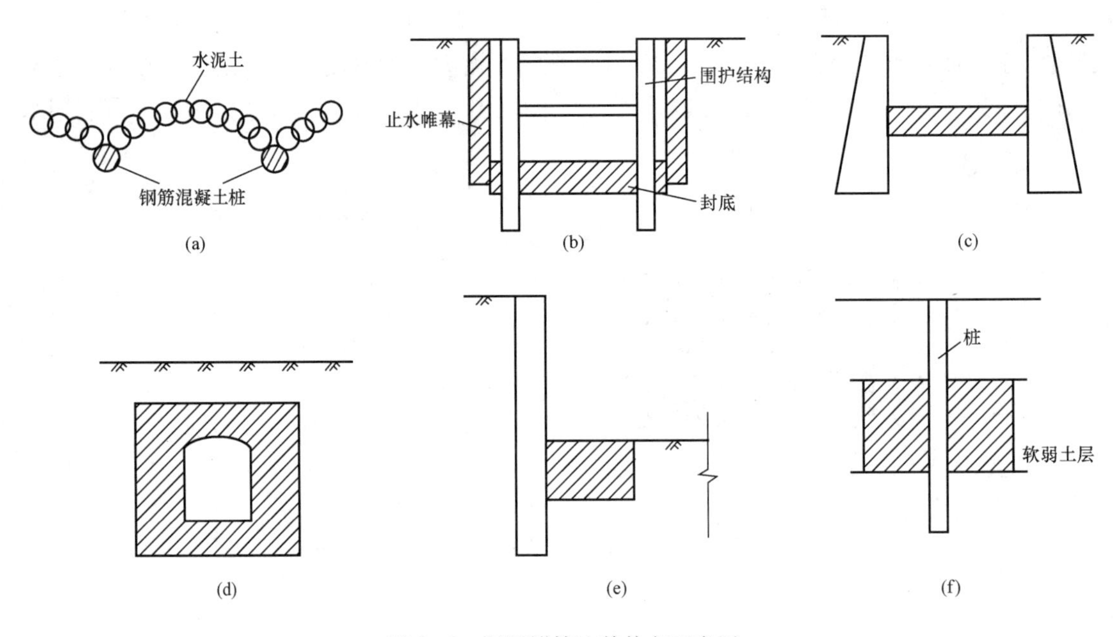

图 8-6 深层搅拌法其他方面应用

8.3 深层搅拌法的设计计算

确定处理方案前应搜集拟处理区域内详尽的岩土工程资料，尤其是填土层的厚度和组成，软土层的分布范围、分层情况，地下水位及 pH 值，土的含水量、塑性指数和有机质含量等。

设计前还应进行拟处理土的室内配比试验。针对现场拟处理的最弱层软土的性质，选择合适的固化剂、外掺剂及其掺量，为设计提供各种龄期、各种配合比的强度参数。

竖向承载的水泥土桩强度宜取 90d 龄期试块的立方体抗压强度平均值，承受水平荷载的水泥土桩强度宜取 28d 龄期试块的立方体抗压强度平均值。

1. 固化剂

宜选用强度等级为32.5级及以上的普通硅酸盐水泥。水泥掺量可用被加固湿土质量的12%～20%。湿法的水泥浆水灰比可选用0.5～0.6。外掺剂可根据工程需要和土质条件选用具有早强、缓凝、减水以及节省水泥等作用的材料，但应避免污染环境。

2. 桩长

水泥土搅拌桩的设计，主要是确定搅拌桩的置换率和长度。竖向承载搅拌桩的长度应根据上部结构对承载力和变形的要求确定，并宜穿透软弱土层到达承载力相对较高的土层。为提高抗滑稳定性而设置的搅拌桩，其桩长应超过危险滑弧以下2m。

3. 桩径

水泥土搅拌桩常用桩径为500mm。

4. 承载力

竖向承载水泥土搅拌桩复合地基的承载力特征值应通过现场单桩或多桩复合地基荷载试验确定。在初步设计时，可按下式估算

$$f_{\mathrm{spk}}=\lambda m\frac{R_{\mathrm{a}}}{A_{\mathrm{p}}}+\beta(1-m)f_{\mathrm{sk}} \tag{8-1}$$

式中　f_{spk}——复合地基承载力特征值（kPa）；

m——面积置换率；

R_{a}——单桩竖向承载力特征值（kN）；

A_{p}——桩的截面积（m^2）；

f_{sk}——处理后桩间土承载力特征值（kPa），宜按当地经验取值，如无经验时，可取天然地基承载力特征值；

β——桩间土承载力折减系数。

λ——单桩承载力发挥系数，可按地区经验取值。

当桩端土未经修正的承载力特征值大于桩周土的承载力特征值的平均值时，可取0.1～0.4，差值大时取低值；当桩端土未经修正的承载力特征值小于或等于桩周土的承载力特征值的平均值时，可取0.5～0.9，差值大时或设置褥垫层时取高值。

单桩竖向承载力特征值应通过现场载荷试验确定。初步设计时也可由以下两式估算，取小值。应使由桩身材料强度确定的单桩承载力大于（或等于）由桩周土和桩端土的抗力所提供的单桩承载力

$$R_{\mathrm{a}}=\eta f_{\mathrm{cu}}A_{\mathrm{p}} \tag{8-2}$$

$$R_{\mathrm{a}}=u_{\mathrm{p}}\sum_{i=1}^{n}q_{\mathrm{s}i}l_i+\alpha q_{\mathrm{p}}A_{\mathrm{p}} \tag{8-3}$$

式中　f_{cu}——与搅拌桩桩身水泥配合比相同的室内加固土试块（边长为70.7mm的立方体）在标准养护条件下90d龄期的立方体抗压强度平均值（kPa）；

η——桩身强度折减系数，干法可取0.20～0.25，湿法可取0.25；

A_{p}——桩的截面积（m^2）；

u_{p}——桩的周长（m）；

n——桩长范围内所划分的土层数；

q_{si}——桩周第 i 层土的侧阻力特征值。对于淤泥，可取4～7kPa；对于淤泥质土，可取6～12kPa；对于软塑状态的黏性土，可取10～15kPa；对于可塑状态的黏性土，可取12～18kPa；

l_i——桩长范围内第 i 层土的厚度（m）；

q_p——桩端地基土未经修正的承载力特征值（kPa），可按现行国家标准《建筑地基基础设计规范》（GB 50007）的有关规定确定；

α——桩端天然地基土的承载力折减系数，可取0.4～0.6，承载力高时取低值。

桩身强度折减系数 η 是一个与工程经验以及拟建工程性质密切相关的参数。工程经验包括对施工队伍素质、施工质量、室内强度试验与实际加固强度比值以及对实际工程加固效果等情况的掌握。拟建工程性质包括工程地质条件、上部结构对地基的要求以及工程的重要性等。目前，在设计中一般取 $\eta=0.2\sim0.33$。

桩端地基承载力折减系数 α 取值与施工时桩端施工质量及桩端土质等条件有关。当桩较短且桩端为较硬土层时取高值，如果桩端施工质量不好，水泥土桩没能真正支撑在硬土层上，桩端地基承载力不能发挥，这时取 $\alpha=0.4$；反之，当桩端质量可靠时，取 $\alpha=0.6$，通常情况下取 $\alpha=0.5$。

对式（8-2）和式（8-3）进行分析可以看出，当桩身强度大于式（8-2）所提出的强度值时，相同桩长的桩的承载力相近，而不同桩长的桩的承载力明显不同。此时桩的承载力由地基土支撑力控制，增加桩长可提高校的承载力。但桩身强度是有一定限制的，也就是说，水泥土桩从承载力角度存在一个有效桩长，单桩承载力在一定程度上并不随桩长的增加而增大。桩身水泥土强度一般为1.0～1.2MPa，根据式（8-2）和式（8-3），直径500mm的单头搅拌桩有效桩长为7m左右，双头搅拌桩的有效桩长为10m左右。

根据上海地区大量的单桩静载荷试验结果，直径500mm的单头搅拌桩的单桩承载力一般为100kN左右，双头搅拌桩的单桩承载力为250kN左右。

5. 垫层

竖向承载搅拌桩复合地基应在基础和桩之间设置200～300mm厚褥垫层，其材料可选用中砂、粗砂、级配砂石等，最大粒径不宜大于20mm。

6. 布桩

竖向承载搅拌桩的平面布置可根据上部结构特点及对地基承载力和变形的要求，采用柱状、壁状、格栅状或块状等加固型式。桩可只在基础平面范围内布置，独立基础下的桩数不宜少于3根。柱状加固可采用正方形、等边三角形等布桩型式。

7. 变形计算

水泥土搅拌桩复合地基的变形 s 包括复合土层的平均压缩变形 s_1 与桩端下未加固土层的压缩变形 s_2

$$s=s_1+s_2 \tag{8-4}$$

其中，复合土层压缩变形可按下式计算：

$$s_1=\frac{(p_z+p_{z1})l}{2E_{sp}} \tag{8-5}$$

式中 s_1——复合土层的平均压缩变形（m）；

p_z——复合土层顶面的附加压力值（kPa）；

p_{z1}——复合土层底面的附加压力值（kPa）；

l——复合土层的厚度（m）；

E_{sp}——水泥土搅拌桩复合土层的压缩模量（kPa），可按下式计算

$$E_{sp}=mE_p+(1-m)E_s \tag{8-6}$$

E_p——水泥土搅拌桩的压缩模量，可取（100～120）f_{cu}（kPa），对桩较短或桩身强度较低者，可取低值；

E_s——桩间土的压缩模量（kPa）。

桩端以下未加固土层的压缩变形 s_2，可按现行国家标准《建筑地基基础设计规范》（GB 50007）的有关规定进行计算。

8.4 常用机具及性能

目前国内常用的深层搅拌桩机分动力头式及转盘式两大类。转盘式深层搅拌桩机多采用大口径转盘，配置步履式底盘，主机安装在底盘上，安有链轮、链条加压装置。其主要优点是重心低，比较稳定，钻进及提升速度易于控制。动力头式深层搅拌桩机可采用液压电动机或机械式电动机-减速器。这类搅拌桩机主电机悬吊在架子上，重心高，必须配有足够质量的底盘，且电机与搅拌钻具连成一体，质量较大，因此可以不必配置加压装置。

国内已经开发出动力头式单头和双头深层搅拌桩机，只能喷浆，主要用于施工复合地基中的水泥土桩。

8.4.1 动力头式深层搅拌桩机

1. 单头深层搅拌桩机

（1）主要机具组成及作用。

1）动力头。由电动机、减速器组成，主要为搅拌提供动力。

2）滑轮组。主要由卷扬机、顶部滑轮组组成，使搅拌装置下沉或上提。

3）搅拌轴。由法兰及优质无缝钢管制成，其上端与减速器输出轴相连，下端与搅拌头相接，以传递扭矩。

4）搅拌钻头。采用带硬质合金齿的二叶片式搅拌头，搅拌叶片直径 500～700mm；为防止施工时软土涌入输浆管，在输浆口设置单向球阀；当搅拌下沉时，球受水或土的上托力作用而堵住输浆管口；提管时，它被水泥浆推开，起到单向阀门的作用。

5）钻架。由钻塔、付腿、起落挑杆组成，起支承和起落搅拌装置的作用。

6）底车架。由底盘、轨道、枕木组成，起行走的作用。

7）操作系统。由操作台、配电箱组成，是主机的操作系统。制浆系统由挤压泵、集料斗、灰浆搅拌机、输浆管组成，主要作用是为主机提供水泥浆。

（2）机械示意图。DJB—14D 型深层搅拌桩机配套机械示意图如图 8-7 所示。单头深层搅拌装置示意图如图 8-8 所示。

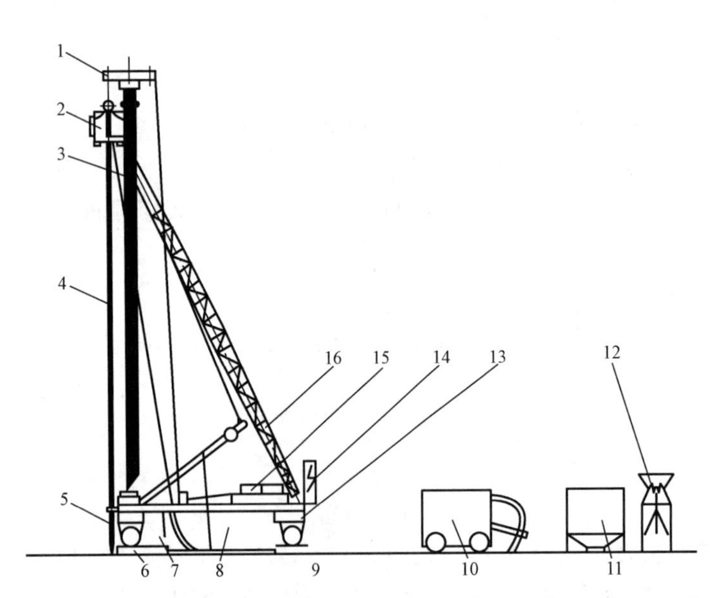

图8-7 单头深层搅拌桩机配套机械

1—顶部滑轮组；2—动力头；3—钻塔；4—搅拌轴；5—搅拌钻头；6—枕木；7—底盘；8—起落挑杆；9—轨道；10—挤压泵；11—集料斗；12—灰浆搅拌机；13—付腿；14—操作台；15—配电箱；16—卷扬机

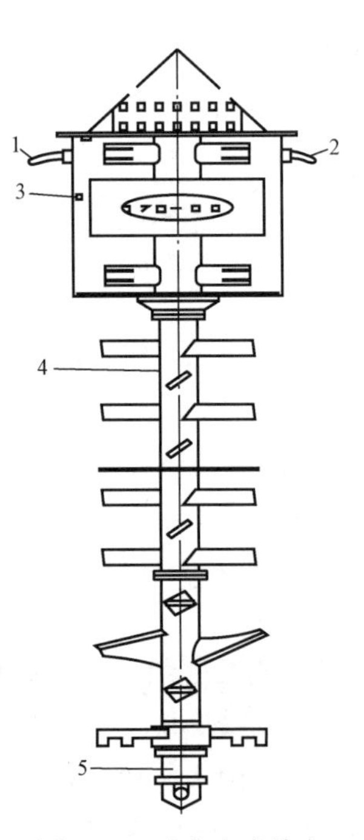

图8-8 动力头式单头深层搅拌装置

1—电缆接头；2—进浆口；3—电动机；4—搅拌轴；5—搅拌头

（3）主要技术参数（见表8-1）。

表8-1 单头深层搅拌机械技术参数表

机型		CZB-600	DJB-14D
搅拌装置	搅拌轴数量/根	1	1
	搅拌叶片外径/mm	600	500
	搅拌轴转数/(r/min)	50	60
	电机功率/kW	2×30	1×22
起吊设备	提升能力/kN	150	50
	提升高度/m	14	19.5
	提升速度/(m/min)	0.6～1.0	0.95～1.20
	接地压力/kPa	60	40
制浆系统	灰浆拌制台数×容量/L	2×500	2×200
	灰浆泵量/(L/min)	281（AP-15-B）	33（UBJ_2）
	灰浆泵工作压力/kPa	1400	1500
生产能力	一次加固桩面积/m	0.283	0.196
	最大加固深度/m	15.0	19.0
	效率/(m/台班)	60	100
总质量/t		12	4

2. 双头深层搅拌桩机

(1) 机具组成和作用。双头深层搅拌桩机是在动力头式单头深层搅拌桩机基础上改进而成的，其搅拌装置比单头搅拌桩机多了一个搅拌轴，可以一次施工两根桩。其他组成和作用同动力头式单头深层搅拌桩机。

(2) 机械示意图。双头深层搅拌桩机配套机械示意如图 8-7 所示。SJB-1 型双头深层搅拌桩机的搅拌装置如图 8-9 所示。

(3) 主要技术参数 (见表 8-2)。

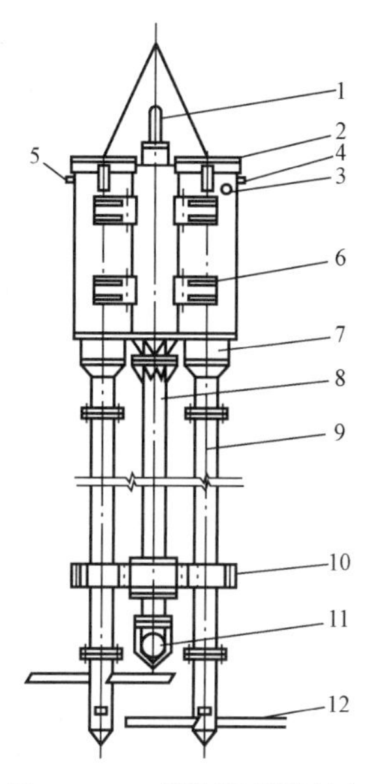

图 8-9　双轴深层搅拌桩机搅拌装置

1—输浆管；2—外壳；3—出水口；4—进水口；5—电动机；6—导向滑块；7—减速器；8—中心管；9—搅拌轴；10—横向系板；11—球形阀；12—搅拌头

表 8-2　双头深层搅拌机械技术参数表

机型		SJBB-30	SJB-40	SJB-1
搅拌装置	搅拌轴数量/根	2	2	2
	搅拌叶片外径/mm	700	700	700～800
	搅拌轴转数/(r/min)	43	43	46
	电机功率/kW	2×30	2×40	2×30
起吊设备	提升能力/kN	>100	>100	>100
	提升高度/m	>14	>14	>14
	提升速度/(m/min)	0.2～1.0	0.2～1.0	0.2～1.0
	接地压力/kPa	60	60	60
制浆系统	灰浆拌制台数×容量/L	2×200	2×200	2×200
	HB6-3 灰浆泵量/(L/min)	50	50	50
	灰浆泵工作压力/kPa	1500	1500	1500
生产能力	一次加固桩面积/m^2	0.71	0.71	0.71～0.88
	最大加固深度/m	12.0	18.0	15.0
	效率/(m/台班)	40～50	40～50	40～50
质量 (不包括起吊设备) /t		4.5	4.7	4.5

8.4.2　转盘式深层搅拌桩机

国内已经开发出转盘式单头和多头 (三头、四头、五头和六头) 深层搅拌桩机。单头深层搅拌桩机可喷水泥粉，也可喷水泥浆，主要用于施工复合地基中的水泥土桩。多头深层搅拌桩机以喷水泥浆为主，主要用于施工水泥土防渗墙。

1. 转盘式单头深层搅拌桩机

(1) 主机机具组成和作用。

1) 步履机构。由支承底盘，上、下底架及滑枕组成。上底架装有 4 只伸缩支腿，可以横向拉伸，扩大底面积，增加整机稳定性。上、下底架之间可以纵向移动，横向步履与下底架相连，可以左右相对滑动。桩机通过滑枕及上、下底架之间的相互运动实现整机移位。

2) 动力机构。主要指主电动机，功率为 37kW 或 45kW。

3) 传动机构。由变速箱、蜗杆箱、传输带、链轮、链条等组成。它是桩机运行过程的

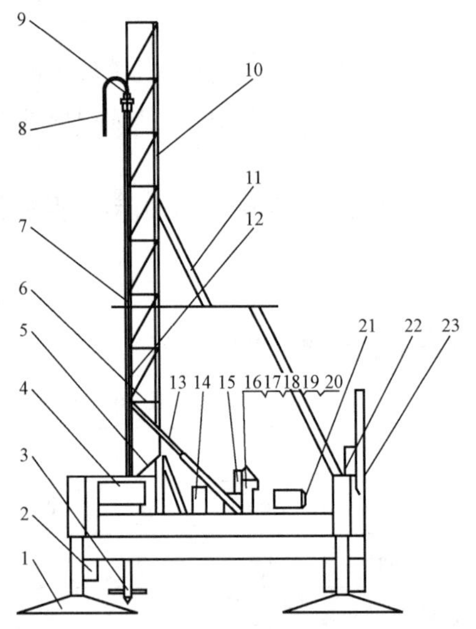

图8-10 转盘式单头深层搅拌桩机示意图

1—支承底盘；2—滑枕；3—钻头；4—转盘；5—A字门；6—立架；7—钻杆；8—高压软管；9—水龙；10—单排链条；11—斜撑杆；12—深度计；13—立架支承油缸；14—蜗杆箱；15—液压油箱；16—变速箱；17—液压操纵台；18—主机操纵台；19—摩擦式离合器和手柄；20—牙嵌离合器手柄；21—主电动机；22—主电气柜；23—立架倒下支承架

动力传送系统，实现钻头的正反方向转动。

4）操作机构。是操作指令发送机构。在操作台上，由液压操纵台、主机操纵台、离合器和操纵手柄等组成，通过它实现制桩过程。

5）机架。安装有异向加减压机构，由上下链轮、同步轴、链条、钻具组成。通过链条输入动力，实现钻具上下起落。

6）钻进机构。它包括钻杆和钻头，可通过空心钻杆向土层中喷浆。钻头为叶片式，通过起落钻杆进行钻孔，一般成孔直径为500mm。

（2）主机机械示意图。图8-10是GPP型转盘式单头深层搅拌桩机示意图。

（3）主要技术参数。主要技术参数见表8-3。

（4）粉喷施工配套设备组成及作用。当采用粉喷施工时需要的配套设备有空压机与储气罐、粉体发送器和固化剂罐、输送胶管。

1）空压机与储气罐。空压机是生产压缩空气的专用设备，它与储气罐间有高压输气钢管相连。空压机生产出来的压缩空气通过输气钢管进入储气罐储存，避免空压机直接向用气设备送气造成很大冲击力，利用储气罐供风比空压机直接供风要更稳定和安全。粉体搅拌法所用的空压机的压力不需要很高，风量也不宜太大。

表8-3　　单头深层搅拌机械技术参数表

机型		GPP-5	PH-5B
搅拌装置	搅拌轴规格/（mm×mm）	108×108	114×114
	搅拌叶片外径/mm	500	500
	搅拌轴转数（正）（反）/(r/min)	28、50、92 28、50、92	7、12、21、35、40 8.5、14、25、40、60
	最大扭矩/（kN·m）	8.6	22
	电机功率/kW	30	45
起吊设备	提升能力/kN	78.4	78.4
	提升高度/m	14	20
	速度（下沉正）（提升反）/(m/min)	0.48、0.8、1.47 0.48、0.8、1.47	0.2、0.4、0.6、1、1.5 0.2、0.3、0.5、1.2
	接地压力/kPa	34	30
制浆系统	灰浆拌制台数×容量/L	2×200	2×200
	HB6-3灰浆泵量/(L/min)	50	50
	灰浆泵工作压力/kPa	1500	1500

续表

机　型		GPP-5	PH-5B
生产能力	一次加固桩面积/m^2	0.196	0.196
	最大加固深度/m	12.5	18.0
	效率/(m/台班)	100～150	100～150
总质量/t		9.2	12.5

2）粉体发送器和固化剂罐。粉体发送器与固化剂罐连为一体，固化剂罐在上，发送器在下。同时，发送器通过高压风管与储气罐连接起来，从储气罐放出压缩空气通过气流阀调节到合适的风量后，进入气水分离器进行干燥处理。干风到达发送器的喉管后，气的流速加大，与发送器的转鼓定量输出的粉料在管路中迅速雾化成气粉混合物，此混合物经输送胶管进入钻机的旋转龙头，送至空心钻杆内，再到达钻头，由钻头上的喷口射入软土层中，随着钻头的旋转达到与软土的均匀混合。单位时间内固化料输送量，可以通过调节气流阀的通风量及发送器转鼓转速来调节，输送量的多少用电子秤计量，由电脑显示，由操作员控制。

3）输送胶管。连接于发送器和钻杆顶旋转龙头之间，主要用来将气粉混合料送至钻杆底端的钻头。

粉喷设备如图 8 - 11 所示。

2. 转盘式 BJS 型多头深层搅拌桩机

BJS 型多头深层搅拌桩机为三钻头小直径深层搅拌桩机，钻头直径为 200～450mm。主要用于江河堤坝截渗工程和其他水利水电防渗工程。

（1）主机机具组成和作用。

1）水龙头。水泥浆经水龙头进入钻杆。

2）立架。支承钻杆上下作业。

3）钻杆。用于钻进和浆液通道。

4）转盘。带动钻杆转动。

5）推进链条。带动钻杆同步上下运动。

6）上下车架。上车架支承主机上的所有部件；下车架通过液压装置可使上下底架之间做前后左右的相对运动。

7）滑枕及滚轮。滑枕通过液压装置可使上下底架左右运动；滚轮可使上下底盘滚动。

8）高压输浆管。输送水泥浆。

9）支腿。由支腿油缸及鞋盘组成。通过操作油缸保持主机水平；鞋盘用于支承

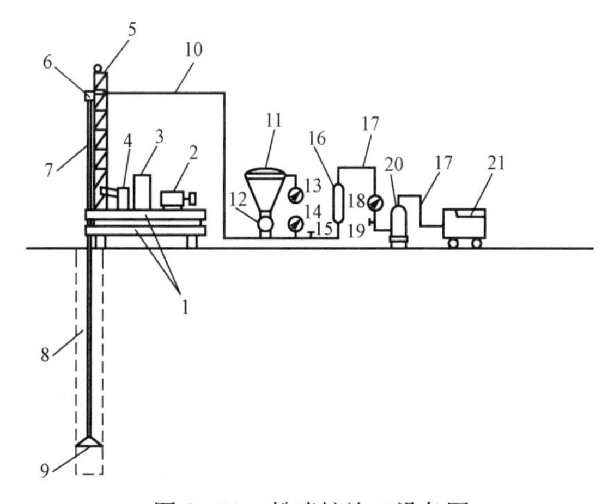

图 8 - 11　粉喷桩施工设备图

1—步履机构；2—主电动机；3—操作台；4—传动机构；5—钻架；6—旋转龙头；7—钻杆；8—钻孔；9—钻头；10—输料管；11—固化剂罐；12—转鼓；13—料罐压力表；14—气管压力表；15—安全阀；16—汽水分离器；17—压力气管；18—流量计；19—气流阀；20—储气罐；21—空压机

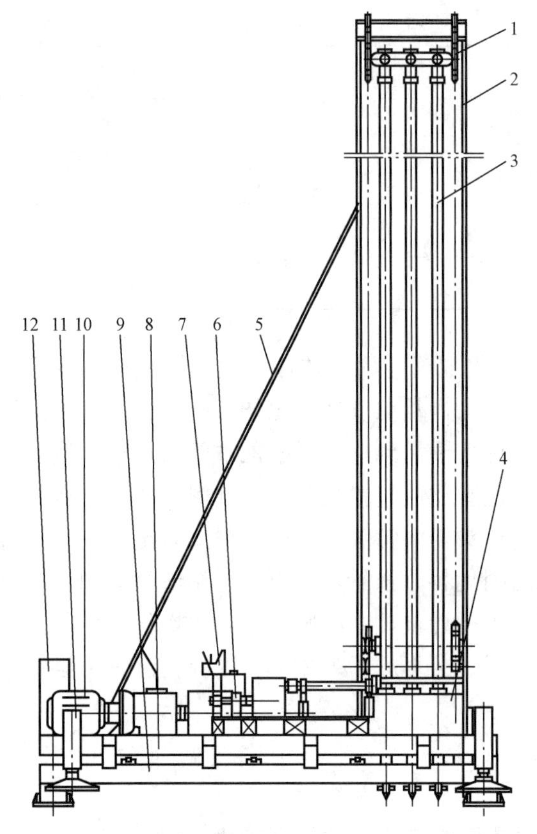

图 8-12　BJS型多头小直径深层搅拌桩机示意图

1—水龙头；2—立架；3—钻杆；4—主变速箱；5—稳定杆；6—离合操纵；7—操作台；8—上车架；9—下车架；10—电动机；11—支腿；12—电控柜

主机。

10）钻头。起钻进搅拌作用。

11）横梁。连接水龙头及钻杆，与它们同步上下运动。

12）传动系统。电机、离合器、联轴节、减速箱、传动轴使转盘运动。

13）操作台。发送操作指令。

（2）机械示意图。主机示意图如图 8-12 所示。

（3）主要技术参数。主要技术参数见表 8-4。

（4）搅拌制浆系统组成及作用。

1）高压输浆管。向主机送浆。

2）三管浆泵。通过它向三根高压送浆管送浆。

3）操作手柄。控制送浆量。

4）储浆罐。储存制备好的水泥浆。

5）流量仪。通过它计量送浆量。

6）搅拌罐。水泥浆制作。

7）蜗轮箱。通过它进行搅拌。

8）输浆管。从单管浆泵向储浆罐送浆。

9）操作阀。控制送浆量。

10）单管浆泵。从搅拌罐向储浆罐送浆。

11）浆管。从储浆罐向三管浆泵输浆。

表 8-4　　BJS型深层搅拌机械技术参数表

机　　型		BJS-15B	BJS-18B
搅拌装置	搅拌轴规格/mm×mm	114×114	120×120
	搅拌轴数量/个	3	3
	搅拌叶片外径/mm	200～400	200～450
	搅拌轴转数（正反）/(r/min)	20、34、59、95	20、34、59、95
	最大扭矩/（kN·m)	21	25
	电机功率/kW	55	60
起吊设备	提升能力/kN	115	155
	提升高度/m	17	20
	升降速度/(m/min)	0.32～1.55	0.32～1.55
	接地压力/kPa	40	40

续表

机　　型		BJS-15B	BJS-18B
制浆系统	制浆机容量/L	300	300
	储浆罐容量/L	800	800
	BW150 灰浆泵量/(L/min)	11～50	11～50
	灰浆泵工作压力/kPa	1000～2000	1000～2000
生产能力	加固一单元墙长/m	1.35	1.35
	最大加固深度/m	15	18.0
	效率/(m^2/台班)	100～150	100～150
质量/t		16.5	19.5

搅拌制浆系统示意图如图 8-13 所示。

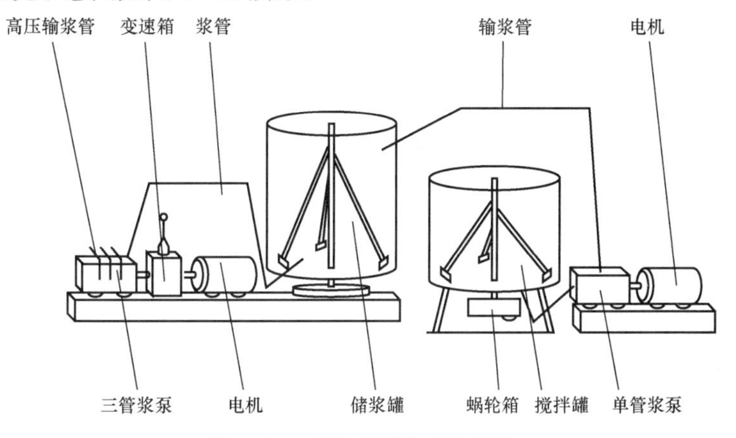

图 8-13　BJS 型搅拌制浆系统

3. 转盘式 ZCJ 型多头深层搅拌桩机

ZCJ 型多头深层搅拌桩机一机有 3～6 头，一个工艺流程可形成一个单元防渗墙。钻杆间中心距为 32cm，钻杆之间带有连锁装置，解决了 BJS 型桩机在较大施工深度时可能产生的搭接错位问题，ZCJ 型多头深层搅拌桩机的搅拌制浆系统除容量、功率大小区别外，其余基本同 BJS 型桩机，因此以下仅介绍主机。

(1) 主机机具的组成和作用。

1) 水龙头。水泥浆经水龙头进入钻杆。

2) 滑板。沿着桅杆两侧的滑道带动钻杆上升、下降。

3) 立柱。提升机构的支撑点，两侧为滑板组的滑道。

4) 钻杆。用于钻进和浆液通道。

5) 液压马达。升降钢丝绳组。

6) 深度仪标尺。每格间距 0.1m，钻杆上升、下降，升降度量仪自动积累。

7) 支腿油缸。桩机的四只支腿伸缩。

8) 上下车架。上底盘支撑主机上的所有部件；下底盘通过液压装置可使上下底架之间做前后左右的相对运动。

9）钻杆连锁器。钻杆之间的约束装置，作业时能保证墙体搭接，防止桩位之间分叉。

10）钻头。分左旋和右旋钻头，起钻进搅拌作用。

11）操作台。电器系统、液压系统的操作手柄均布在操作台上，可发送操作指令。

12）垂直度及深度显示器。反映桩机的水平情况，桩机工作时的钻深，并有桩机倾斜时安全保护报警功能。

13）测斜仪。监测桩机塔架的垂直度。

（2）主机机械设备示意图（见图8-14）。

（3）机械设备主要技术参数（见表8-5）。

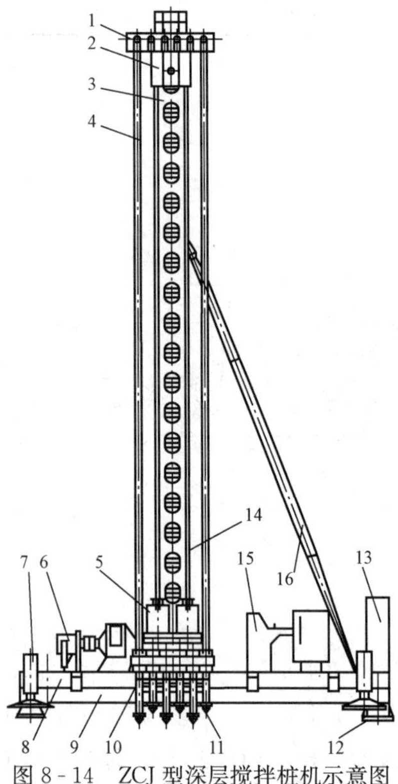

图8-14　ZCJ型深层搅拌桩机示意图

1—水龙头；2—滑板；3—立柱；4—钻杆；5—电机；6—液压马达；7—支腿；8—上车架；9—下车架；10—连锁器；11—钻头；12—滑枕；13—配电柜；14—操作台；15—稳定杆；16—测斜仪

表8-5　ZCJ型深层搅拌机械技术参数表

机型		ZCJ-22	ZCJ-25
搅拌装置	搅拌轴规格/mm×mm	114×114	120×120
	搅拌轴数量/个	4～6	3～5
	搅拌叶片外径/mm	350～470	350～470
	搅拌轴转数（正反）/(r/min)	40	24、44、75
	最大扭矩/（kN·m）	21	44
	电机功率/kW	150	150
起吊设备	提升能力/kN	200	200
	提升高度/m	24	30
	升降速度/(m/min)	0.0～1.2	0.3～1.5
	接地压力/kPa	40	67
制浆系统	制浆机容量/L	400	800
	储浆罐容量/L	1000	1600
	BW150灰浆泵量/(L/min)	22～100	22～100
	灰浆泵工作压力/kPa	1000～2000	1000～2000
生产能力	加固一单元墙长度/m	1.2	0.96～1.6
	最大加固深度/m	22	25
	效率/(m²/台班)	120～200	150～200
质量/t		33	42

8.5 深层搅拌法的施工工艺与注意事项

8.5.1 施工工艺

1. 浆喷施工工艺

深层搅拌桩施工流程：桩机就位→钻进喷浆到孔底→提升搅拌→重复喷射搅拌→重复提升复搅→成桩完毕，如图8-15所示。

在施工中，有时在钻进贯入时喷浆，也有在提升时喷浆，何时喷浆最佳须根据地层的软硬情况和搅拌头的工艺特点而定。同理，重复搅拌过程中是否喷浆，亦应根据地基土的力学指标和设计要求灵活掌握。

(1) 桩机就位。利用起重机或开动绞车移动深层搅拌桩机到达指定桩位对中。为保证桩位准确，必须使用定位卡，桩位对中误差不大于 2cm，导向架和搅拌轴应与地面垂直，垂直度的偏离不应超过 0.5%。

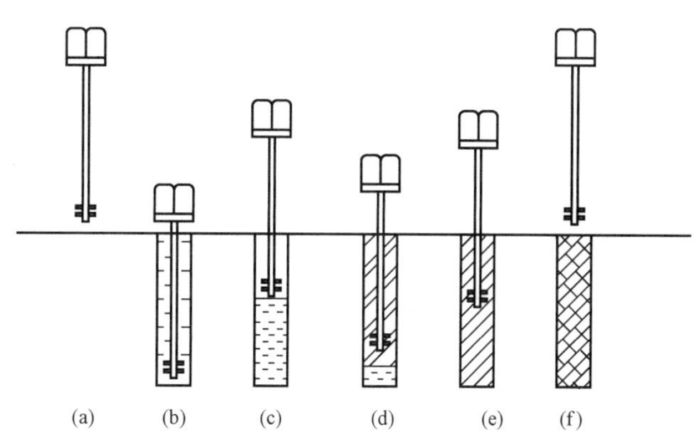

图 8-15　浆喷搅拌桩施工流程图

(a) 桩机就位；(b) 喷浆成桩；(c) 提升搅拌；(d) 重复钻进搅拌；(e) 重复提升复搅；(f) 成桩完毕

(2) 喷浆成桩。开动灰浆泵，核实浆液从喷嘴喷出后启动桩机向下旋转钻进喷浆成桩并连续喷入水泥浆液。钻进速度、旋转速度、喷浆压力、喷浆量应根据工艺试成桩时确定的参数操作。钻进喷浆成桩到设计桩长或层位后，原地喷浆半分钟，再反转匀速提升。

(3) 提升搅拌。搅拌头自桩底反转匀速搅拌提升，直到地面。搅拌头如被软黏土包裹应及时清理。

(4) 重复钻进搅拌。按上述 (2) 操作要求进行，如喷浆量已达设计要求时，需要重复搅拌不再送浆。

(5) 重复搅拌提升。

按照上述 3 操作步骤进行，将搅拌头提升到地面。

(6) 成桩完毕。连同 3、4、5 共进行 3 次复搅，即可完成一根搅拌桩的作业。开动灰浆泵清洗管路中残存的水泥浆，桩机移至下一桩位，施工下一根搅拌桩。

2. 粉喷施工工艺

粉喷桩施工必须做好施工流程控制，通常一根粉喷桩的施工过程应遵守如图 8-16 所示的施工程序。

(1) 整套设备安装就位。

(2) 喷粉桩机自动纵横向移动，钻头对准孔位。

(3) 启动搅拌桩机，钻头正向旋转，实施钻进作业。为了不致堵塞钻头上的喷射口，钻进过程中不喷固化剂，只喷射压缩空气，即确保顺利钻进，又减小负载扭矩。随着钻进，使被加固的土体在原位受到搅动。

(4) 钻至设计孔底标高后停钻。

(5) 启动搅拌桩机，反向旋转提升钻头，同时打开发送器前面的控制阀，按需要量向被搅动的疏松土体中喷射固化剂，边提升边喷射边搅拌，尽量达到均匀搅拌，使软土与固化剂充分混合，喷射量与控制阀的开放大小成正比，与钻头的提升速度成反比。

(6) 当钻头提升至高出桩顶 40～50cm 时，发送器停止向孔内喷射固化剂，桩柱形成，将钻头提出地面。

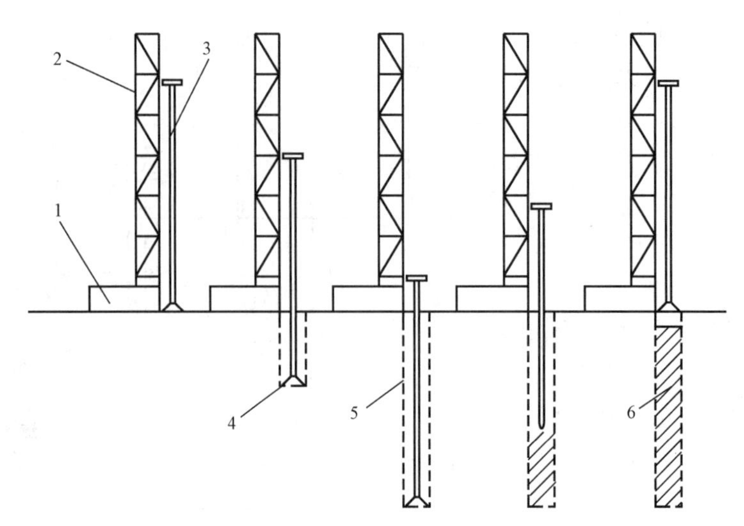

图8-16　粉喷施工过程图

1—搅拌桩机；2—机架；3—钻杆；4—钻头；5—钻孔；6—成桩

实践证明喷射过程中在提升钻头的最后阶段应注意控制，使钻头距地表50cm左右时停止喷粉，则粉体不会被带出地面向空中飞散，因此桩顶设计标高不得距地面太浅，应大于90cm。

（7）有时，为了确保固化剂与主体充分混合，或当感到喷射质量欠佳时，对原孔应复钻一次至孔底。

（8）再次反向旋转提升钻头，边提升边搅拌（不喷射粉体），直到钻头提升地面。

（9）利用粉喷桩机底座的步履功能移动钻机至新孔位重复以上的过程。

8.5.2　浆喷施工注意事项

1. 注意事项

搅拌桩现场施工管理包括劳动组织、施工进度、安全技术和质保措施等内容，要建立和健全质量保证体系，并切实注意以下事项。

（1）当以水泥浆做固化剂时，浆体拌制后应有防止其发生离析的措施。

（2）机具下沉搅拌中遇有硬土层阻力大，下沉慢且搅拌钻进困难时，应增加搅拌机自重，然后启动加压装置加压或边输入浆液边搅拌钻进成桩。也可采用冲水下沉搅拌，凡经输浆管冲水下沉的桩，喷浆前应将输浆管内的水排净。

（3）桩机操作者应与拌浆施工人员保持密切联系，保证搅拌机喷浆时连续供浆，因故需停浆时，须立即通知桩机操作者。为防止断桩应将搅拌桩机下沉至停浆位置以下0.5m（如采用下沉搅拌送浆工艺时则应提升0.5m），待恢复供浆时再喷浆施工。因故停机超过3h，应拆卸输浆管彻底清洗管路。

（4）当喷浆口到达桩顶设计标高时，宜停止提升，搅拌数秒，以保证桩头均匀密实。

（5）施工停浆面应高出桩顶设计标高0.3m，开挖基坑时再将该多余部分凿除。

（6）桩与桩搭接的间隔时间不应大于24h。如间隔时间太长，搭接质量无保证时，应采取局部补桩或注浆措施。

（7）当设计要求在桩体内插入加筋材料时，必须在搅拌成桩后2～4h内插毕。

（8）必须做好每一根桩的施工记录，垂直度偏差不得超过1.0%。桩位偏差不得大于50mm，深度记录误差应不大于50mm，时间记录误差不大于5s。

2. 施工中常见的问题和处理方法（见表8-6）

表8-6　施工中常见的问题和处理方法

常见问题	发生原因	处理方法
预搅下沉困难，电流值高，电机跳闸	（1）电压偏低	（1）调高电压
	（2）土质硬，阻力太大	（2）适量冲水或加稀浆下沉
	（3）遇大石块、树根等障碍物	（3）挖除障碍物，或移桩位
搅拌桩机下不到预定深度，但电流不高	土质黏性大，或遇密实砂砾石等地层，搅拌机自重不够	增加搅拌机自重或开动加压装置
喷浆未到设计桩顶面（或底部桩端）标高，集料斗浆液已排空	（1）重新标定投料斗	（1）投料不准确
	（2）灰浆泵磨损漏浆	（2）检修灰浆泵使其不漏浆
	（3）灰浆泵输浆量偏大	（3）调整灰浆输浆量
喷浆到设计位置集料中剩浆液过多	（1）拌浆加水过量	（1）调整拌浆用水量
	（2）输浆管路部分堵塞	（2）清洗输浆管路
输浆管堵塞爆裂	（1）输浆管内有水泥结块	（1）拆洗输浆管
	（2）喷浆口球阀间隙太小	（2）调整喷浆口球阀间隙
搅拌钻头和混合土同步旋转	（1）灰浆浓度过大	（1）调整浆液水灰比
	（2）搅拌叶片角度不适宜	（2）调整叶片角度或更换钻头

8.5.3　粉喷施工注意事项

（1）桩体顶端一般常因喷粉量不足、搅拌不匀等原因造成质量缺陷，因此桩体的喷射长度应比设计桩顶标高出30～50cm，待桩体达到一定强度（一般可取20～30d）后，再将多余桩体截掉。应注意采用合适的截断方法。截掉桩头时应谨慎操作，可先用人工沿周边凿槽，再用铁锤轻轻击碎，不得采用猛力冲击的方式来切割桩头，避免桩头下桩体遭到破坏。条件允许时，应采用有效的切割工具实施桩头截除。为避免桩顶因送气压力骤减出现松散段，在每根桩的上部1m范围内，应重复钻进喷粉一次。

（2）粉喷桩适宜在含有地下水的土层中施工，施工中不得随意向孔中注水；对含水量低的土层，可经试验论证后，提前向土层中注水或浸水湿润，并等水分均匀渗透到土层中后，再实施制桩。

（3）必须做好粉体喷出量试验，保证按设计规定的掺入比向孔中喷射粉料，不允许降低喷入量。

（4）严格防止地下水或其他水渗入套管等输送气粉混合料的通道中，以免堵塞通道，影响喷粉质量。预防方法是钻头一入土就不停地送气。如果造成堵塞，则应起升钻杆，拆下钻头，用铁丝疏通。

（5）向固化剂罐中送料时，应在罐口装过滤网，防止纸屑、灰块、杂物、金属碴等掉进罐内。

（6）钻架必须注意保持竖直，以保证桩体的垂直度。每一孔在开钻前，均须检查钻头是否对准桩位中心，允许桩位偏差不大于20mm。

(7) 制桩过程中要时刻注意施工情况，避免发生供气不足、喷粉不够、断喷、喷嘴堵塞等不良现象，发现问题应及时处理。

(8) 每根桩的桩体制作应一次连续完成，不得在喷粉过程中间歇中断。应根据桩长和固化料掺入比计算出一根桩的喷灰量，并装入灰罐，完成一根桩后，再装入另一根桩的用灰。每根桩的用灰入罐量应稍高于计算用量，以防因喷灰不均匀造成储灰量不足。

(9) 桩体强度除与掺入料有直接关系外，还与土层的物理力学性质密切相关，施工时应充分结合土层的含水量、黏粒含量、密度、压缩系数、塑性指数、松散程度、抗剪指标、土层厚度、地下水埋深等，合理确定钻进速度、提升钻头速度、成桩时间、掺入料用量，以达到最佳的成桩效果。

(10) 钻孔时应把握钻进速度，不宜过快，确保使原位土搅拌后疏松透气。提升钻头时提升速度应均匀，密切注意提升速度和每段供粉量的配合，保证掺入料与原位土充分混合并达到设计要求，每延米的固化剂喷入量与设计值误差应小于5%。

(11) 施工过程中应有专人负责记录所有粉喷桩的桩号、成桩时间、设计桩长、实际桩长、设计桩径、实际桩径、固化剂实际喷入量、桩底标高、桩顶标高等。成桩时间必须按制桩程序（钻进、提升、复搅）详细记载，时间记录误差不得大于5s，桩长（孔深）记录误差不得大于50mm。

8.6 质量检验

质量控制应贯穿在施工的全过程，并应坚持全程的施工监理。施工过程中必须随时检查施工记录和计量记录，并对照规定的施工工艺进行质量评定。检查重点是：水泥用量、桩长、搅拌头转数和提升速度、复搅次数和复搅深度、停浆处理方法等。

8.6.1 施工质量检验

在施工期，每根桩均应有一份完整的质量检验单，施工人员和监理人员签名后作为施工档案。质量检验主要有下列各项。

(1) 桩位。通常桩位放线的偏差不应超出20mm。成桩后桩位偏差不应大于50mm。施工前在桩中心插桩位标，施工后将桩位标复原，以便验收。

(2) 桩顶、桩底高程均应满足设计要求，桩底一般应低于设计高程100～200mm，桩顶应高于设计高程0.5m。

(3) 桩身垂直度。每个桩施工时均应用水准尺或其他方法检查导向架和搅拌轴的垂直度，间接测定桩身垂直度。通常垂直度误差不应超1%。

(4) 桩身水泥掺量。按设计要求检查每根桩的水泥用量。通常考虑到按整包水泥计量的方便，允许每根桩的水泥用量在±25kg（半包水泥）范围内调整。

(5) 水泥标号。水泥品种按设计要求选用。对无质保书或有质保书的小水泥厂的产品，应先做试块强度试验，试验合格后方可使用。对有质保书（非乡办企业）的水泥产品，可在搅拌施工时，进行抽查试验。

(6) 搅拌头上提喷浆的速度。一般均在上提时喷浆，提升速度不超过0.5m/min。通常采用二次搅拌。当第二次搅拌时，不允许出现搅拌头未到桩顶时浆液就已拌完的现象。有剩余时可在桩身上部第三次搅拌。

（7）外掺剂的选用。采用的外掺剂应按设计要求配制。常用的外掺剂有氯化钙、碳酸钠、三乙醇胺、木质素磺硬钙、水玻璃等。

（8）浆液水灰比。通常为 0.45～0.5。浆液拌和时间应按此水灰比定量加水。

（9）水泥浆液搅拌均匀性。应注意储浆桶内浆液的均匀性和连续性，喷浆搅拌时不允许出现输浆管道堵塞或爆裂的现象。

（10）对基坑开挖工程中的侧向围护桩，相邻桩体要搭接施工，施工应连续，其施工间歇时间不宜超过 24h。

（11）成桩后 3 天内，可用轻型动力触探检查每米桩身的均匀性，检验数量为总桩数的 1%，且不少于 3 根。

（12）成桩 7 天后，采用浅部开挖桩头，目测检查搅拌的均匀性，测量成桩直径。检查量为总桩数的 5%。

8.6.2　竣工验收检验

（1）竖向承载水泥土搅拌桩地基竣工验收时，承载力检验应采用复合地基载荷试验和单桩载荷试验。

（2）载荷试验必须在桩身强度满足试验荷载条件时，并宜在成桩 28 天后进行。检验数量为桩总数的 0.5%～1%，且每项单体工程不应少于 3 点。

（3）经触探和荷载试验检验后对桩身质量有怀疑时，应在成桩 28 天后，用双管单动取样器钻取芯样做抗压强度检验，检验数量为桩总数的 0.5%，且不少于 3 根。

（4）对相邻桩搭接要求严格的工程，应在成桩 15 天后，选取数根桩进行开挖，检查搭接情况。

（5）基槽开挖后，应检验桩位、桩数与桩顶质量，如不符合设计要求，应采取有效补强措施。

（6）建（构）筑物竣工后，尚应进行沉降、侧向位移等观测。这是最为直观的、检验加固效果的理想方法。

深层搅拌法复合地基质量检验标准应符合《建筑地基基础工程施工质量验收标准》（GB 50202—2018）的规定，见表 8-7。

表 8-7　深层搅拌法复合地基质量检验标准

项目	序号	检查项目	允许偏差或允许值		检查方法
			单位	数值	
主控项目	1	复合地基承载力	不小于设计值		静载试验
	2	单桩承载力	不小于设计值		静载试验
	3	水泥用量	不小于设计值		查看流量表
	4	搅拌叶回转半径	mm	±20	用钢尺量
	5	桩长	不小于设计值		测钻杆长度
	6	桩身强度	不小于设计要求		28 天试块强度或钻芯法

续表

项目	序号	检查项目	允许偏差或允许值		检查方法
			单位	数值	
一般项目	1	桩位	条基边桩沿轴线	≤1D/4	全站仪或用钢尺量
			垂直轴线	≤1D/6	
			其他情况	≤2D/5	
	2	桩顶标高	mm	±200	水准测量，最上部500mm浮浆层及劣质桩体不计入
	3	水胶比	设计值		实际用水量与水泥等胶凝材料的重量比
	4	提升速度	设计值		测机头上升距离及时间
	5	下沉速度	设计值		测机头下沉距离及时间
	6	导向架垂直度	≤1/150		经纬仪测量
	7	褥垫层夯填度	≤0.9		水准测量

注：D 为设计桩径（mm）。

8.7 工程实例

8.7.1 工程概况

杭州市良睦路改建工程南起02省道（杭徽高速），北至绿汀路以南，全长约1.58km，四块板断面，标准段红线宽50m，交叉口渠化拓宽。全线共布置两座桥梁、一座临时过水箱涵、一段新开（改迁）河道。工程内容施工主要包含道路工程、桥涵工程、管线工程、河道工程、路灯工程、景观绿化工程及其他附属设施。

设计道路沿线范围内采用水泥搅拌桩进行地基处理，水泥搅拌桩桩径为500mm，除桥台两侧20m范围桩距为1.0m，其余范围均为1.2m，梅花形布置。水泥采用P.O.42.5普通硅酸盐水泥，水灰比为0.5，水泥掺入量为所加固土重的18%。

本工程地基加固采用深层水泥搅拌桩，水泥采用P.O.42.5普通硅酸盐水泥，加固深度为6.0～12.0m，加固范围为K0+337.477～K1+584.014。水泥搅拌桩采用标准连续方式施工，加固水泥掺量为所加固土重的18%，桩体90d无侧限抗压强度1.8MPa，28d无侧限抗压强度不小于0.9MPa，复合地基承载力不小于120kPa。

8.7.2 拟建场地工程地质条件

1. 工程地质条件

根据现有已完成勘探孔，本场区的地层自上而下地质情况如下：

(1) 新统人工填土层（mlQ_4）。

①$_{-1}$层：杂填土。杂色～灰褐色，稍湿，主要以粉性土、黏性土及碎石、混凝土碎块、砖块等建筑垃圾组成，局部含少量生活垃圾，成分复杂，松密不均。碎块石硬杂质含量大于25%，粒径3～10cm，个别大于12cm。本层层顶大部分地段分布，层顶埋深：0.00m，层

顶高程：5.53m～2.56m，层底埋深：3.80m～0.30m，层底高程：4.83m～0.03m，层厚：3.80m～0.30m。

①₋₂层：素填土。灰褐色，稍湿，主要以回填的黏性土及碎石等组成，松密不均。本层大部分场地分布，层顶埋深：2.80m～0.00m，层顶高程：4.10m～1.49m，层底埋深：4.00m～0.80m，层底高程：2.57m～－1.25m，层厚：3.50m～0.70m。

①₋₃层：耕土。灰黄色～灰褐色，松散，稍湿，主要以黏性土为主，含腐殖质及植物根系。本层局部分布，层顶埋深：0.00m，层顶高程：4.81m～2.33m，层底埋深：1.20m～0.20m，层底高程：3.88m～1.18m，层厚：0.6m～0.20m。

①₋₄层：浜填土。灰黑色、深灰色，流塑～软塑，主要成分为含腐殖质的黏性土及淤泥质土为主，有臭味，可见少量碎石屑及植物残枝等，主要分布于河道、水塘及暗浜底部，层顶埋深：00.00m，层顶高程：4.55m～4.33m，层底埋深：0.60m～0.40m，层底高程：3.95m～3.93m，层厚：0.60m～0.40m。

（2）全新统上组冲海积层（al－mQ43）。

②₋₁层：粉质黏土。灰黄色～浅灰色，可塑，可见铁锰质氧化物斑点，局部可见植物根须，含少量粉粒，局部相变为黏质粉土。本层大部分地段分布，层顶埋深：2.90m～0.30m，层顶高程：4.83m～1.03m，层底埋深：4.00m～1.80m，层底高程：2.45m～－0.16m，层厚：3.10m～0.70m。

②₋₂层：黏质粉土。灰黄色～浅灰色，稍密，湿～很湿，含少量黏性土，可见少量铁锰质氧化物，刀切面粗糙，干强度及韧性低，摇振反应中等。本层零星分布，顶埋深：3.30m～0.30m，层顶高程：2.40m～0.40m，层底埋深：5.60m～0.90m，层底高程：1.80m～－2.08m，层厚：3.90m～0.60m。

（3）全新统中组冲海积层（al－mQ42）。

③层：淤泥质黏土。深灰色，流塑，含有机质及腐殖质，可见少量植物残枝，有臭味，局部为淤泥。本层大部分地段分布，层顶埋深：5.60m～0.20m，层顶高程：3.47m～－2.08m，层底埋深：17.50m～2.10m，层底高程：1.60m～－14.38m，层厚：13.80m～0.70m。

（4）第四系全新统下组冲湖积层（al～lQ41）。

④₋₁层：粉质黏土。灰黄色，灰绿色，硬可塑（局部硬塑），含铁锰质氧化斑点，厚层状，场地内分布连续。场地内分布连续，层顶埋深：10.70m～2.10m，层顶高程：1.71m～－6.07m，层底埋深：11.70m～3.60m，层底高程：0.36m～－7.07m，层厚：2.90m～0.60m。

④₋₂层：粉质黏土。灰黄色～黄褐色（局部浅灰色），可塑～硬可塑，具层理，夹有少量薄层状粉土，可见含Fe、Mn质氧化斑点。本层分布连续。层顶埋深：16.90m～1.90m，层顶高程：2.45m～－14.38m，层底埋深：18.90m～10.70m，层底高程：－5.99m～－16.38m，层厚：10.70m～0.80m。

（5）上更新统下组冲湖积层（alQ31）。

⑥层：粉质黏土。灰黄色为主，局部呈浅灰蓝色、灰绿色，硬可塑～硬塑，含铁锰质氧化斑点，含高岭土条带，固结裂隙，干强度高。场地内分布连续，层顶埋深：17.50m～

7.90m，层顶高程：－3.52m～－13.24m，层底埋深：23.70m～17.10m，层底高程：－13.07m～－20.02m，层厚：14.00m～1.90m。

⑧层：含砾粉质黏土。褐黄色、灰黄色～浅黄色，硬可塑（中密），含铁锰质氧化斑点，镶嵌有角砾、碎石，含量约占10%～30%，粒径以0.2～4cm为主，个别大于6cm，局部较为富集呈含黏性土角砾（碎石）状。本层局部分布，层顶埋深：23.70m～17.10m，层顶高程：－13.07m～－19.98m，层底埋深：24.80m～19.70m，层底高程：－15.54m～－21.08m，层厚：4.20m～0.40m。

2. 水文地质条件

（1）地形、地貌。工程区属冲海相沉积平原区，其大地构造属于扬子准地台钱塘江台褶带的余杭—嘉兴台陷东北端，新构造运动主要以震荡性升降运动为主，近场区域断裂中有北东向的湖州—临安、马金—乌镇断裂、萧山—球川深断裂；北西向的孝丰—三门大断裂和前村—瓜沥断裂；东西向的昌化—普陀大断裂，全新世以来都没有活动。近场区（25km半径范围）主要有三组构造断裂，分别为昌化—普陀断裂带（F24）；马金—乌镇断裂（F7）、萧山—球川断裂（F8）和孝丰—三门湾断裂（F19）。

根据现场调查，本场区地势平坦，未发现滑坡、泥石流、崩塌及地面沉降等不良地质作用。

（2）气象。本工程位于杭州市余杭区，属于亚热带季风气候区，四季交替明显，雨量充沛，日照充足。冬季盛行西北风，以晴冷、干燥天气为主，是低温少雨季节；夏季空气湿润，是高温、强光照季节；春季降雨丰富，且降水时间长；秋季天气干燥，冷暖变化大。根据杭州市气象台资料，常年平均气温在16.8℃，极端最高气温为40.3℃（2003年8月21日），极端最低气温为－9.6℃（1969年2月6日）。

历年平均降水量1435mm，年最大降水量达1755.6mm（1999年），年最小降水量仅774.4mm（1978年）。全年有两个明显的降水期：4～6月份为梅雨期，日降水量超过10mm的年平均天数为38d，以6月份居多，平均降水量为240.7mm，最多可达750.9mm（1999年）；7月下旬到～10月上旬为台风雨期，常有暴雨、大雨发生，24小时最大降雨量252.4mm（1963年9月12日，12号台风，余杭临平站），72小时最大降雨量为306.5mm（1996年6月29日，余杭临平站）。

8.7.3 设计

（1）固化剂。水泥采用P.O.42.5普通硅酸盐水泥，水泥掺量可用被加固湿土质量的18%。

（2）桩长。桩长分别为10、12、15m。

（3）桩径。水泥土搅拌桩径采用500mm。

（4）承载力。水泥搅拌桩采用标准连续方式施工，桩体90d无侧限抗压强度1.8MPa，28d无侧限抗压强度不小于0.9MPa，复合地基承载力不小于120kPa。

（5）垫层。在基础和桩之间设置300mm厚褥垫层，其材料可选用中砂、粗砂、级配砂石等，最大粒径不大于20mm。

（6）布桩。桩间距为1.2m，呈梅花形布置。

8.7.4 施工

（1）主要机械设备。搅拌桩单机主要施工机械设备见表8-8。

表8-8　　搅拌桩单机主要施工机械设备表

序号	机械或设备名称	型号、规格	单位	数量	功率/kW	备注
1	搅拌桩机	LH805	台	1		
2	挖掘机	PC200	台	1		
3	电子秤		台	1		
4	散装水泥自动拌浆系统		套	1	45	
5	压浆泵		台	3	15×2	
6	空气压缩机	KB75A	台	1	37	$6m^3$

(2) 试桩施工人员。搅拌桩施工人员组织见表8-9。

表8-9　　搅拌桩施工人员组织表

序号	工种名称	数量	备注
1	管理人员	2	现场施工管理、测量、资料整理
2	搅拌桩机司机	2	桩机操作
3	挖掘机司机	2	挖掘机操作
4	制浆工、注浆工	4	加水泥、加水、拌制
5	合计	10	

8.7.5 质量检验

水泥土搅拌桩质量检验标准见表8-10。

表8-10　　水泥土搅拌桩质量检验统计表

<table>
<tr><th rowspan="2">项目</th><th rowspan="2">序号</th><th rowspan="2">检查项目</th><th colspan="2">允许偏差或允许值</th><th rowspan="2">实测值</th></tr>
<tr><th>单位</th><th>数值</th></tr>
<tr><td rowspan="4">主控项目</td><td>1</td><td>水泥及外掺剂质量</td><td>级</td><td>42.5</td><td>P.O.42.5普通硅酸盐水泥</td></tr>
<tr><td>2</td><td>水泥用量</td><td>%</td><td>18</td><td>18.1</td></tr>
<tr><td>3</td><td>桩体强度</td><td>MPa</td><td>0.9</td><td>1.02</td></tr>
<tr><td>4</td><td>地基承载力</td><td>kPa</td><td>120</td><td>152</td></tr>
<tr><td rowspan="6">一般项目</td><td>1</td><td>桩底标高</td><td>mm</td><td>±200</td><td>−79，+112</td></tr>
<tr><td rowspan="2">2</td><td rowspan="2">桩顶标高</td><td rowspan="2">mm</td><td>+100</td><td>+35</td></tr>
<tr><td>−50</td><td>−23</td></tr>
<tr><td>3</td><td>桩径</td><td></td><td>$<0.04D$</td><td>$0.02D$</td></tr>
<tr><td>4</td><td>桩位偏差</td><td>mm</td><td><50</td><td>12</td></tr>
<tr><td>5</td><td>垂直度</td><td>%</td><td><0.3</td><td>0.15</td></tr>
</table>

本 章 小 结

本章介绍了深层搅拌法的加固机理、设计计算的方法以及深层搅拌法的施工、检验方法等，同时给出具体的工程实例。

（1）深层搅拌法是通过特制机械——各种深层搅拌机，沿深度将固化剂（水泥浆，或水泥粉或石灰粉，外加一定的掺合剂）与地基土强制就地搅拌形成水泥土桩或水泥土块体（与地基土相比较，水泥土强度高、模量大、渗透系数小）加固地基的方法。

（2）深层搅拌法适用于处理淤泥、淤泥质土、粉土和含水量较高且地基承载力标准值不大于120kPa的黏性土地基。当用于处理泥炭土或地下水具有侵蚀性时，宜通过试验确定其适用性。

（3）深层搅拌法加固地基主要利用水泥土具有较高的强度、模量和小的渗透系数，具有很好的隔水性能两种特性。

（4）深层搅拌法的设计参数包括固化剂、桩长、桩径、垫层、布桩等。

（5）国内常用的深层搅拌桩机分动力头式及转盘式两大类。转盘式深层搅拌桩机多采用大口径转盘，配置步履式底盘，主机安装在底盘上，安有链轮、链条加压装置。其主要优点是重心低，比较稳定，钻进及提升速度易于控制。动力头式深层搅拌桩机可采用液压马达或机械式电动机—减速器。这类搅拌桩机主电机悬吊在架子上，重心高，必须配有足够重量的底盘，且电机与搅拌钻具连成一体，重量较大，因此可以不必配置加压装置。

（6）浆喷施工工艺流程：桩机就位→钻进喷浆到孔底→提升搅拌→重复喷射搅拌→重复提升复搅→成桩完毕；粉喷施工工艺流程：桩机就位→钻进至孔底→喷粉提升搅拌→重复搅拌→成桩完毕。

（7）质量控制应贯穿施工的全过程，并应坚持全过程的施工监理。施工过程中必须随时检查施工记录和计量记录，并对照规定的施工工艺进行质量评定。检查重点是水泥用量、桩长、搅拌头转数和提升速度、复搅次数和复搅深度、停浆处理方法等。

复 习 思 考 题

1. 什么是深层搅拌法？
2. 简述深层搅拌法的加固机理。
3. 简述深层搅拌法的设计内容包括哪些？
4. 简述深层搅拌法的常用施工机具及其性能。
5. 简述深层搅拌法的施工工艺。
6. 简述深层搅拌法的施工注意事项。
7. 简述深层搅拌法施工质量检验的内容。
8. 简述深层搅拌法的竣工检验内容。

第9章　高压喷射注浆法

知识目标

1. 能够描述高压喷射注浆法的概念。
2. 掌握高压喷射注浆法的加固机理及适用范围。
3. 能够描述高压喷射注浆法的设计和施工工艺。
4. 掌握高压喷射注浆法的设计参数的确定。
5. 掌握高压喷射注浆法的主要机具及施工要点。
6. 了解高压喷射注浆法的质量检验与效果评价。

9.1　概述

高压喷射注浆法于20世纪60年代后期始创于日本。它是利用钻机把带有喷嘴的注浆管钻进至土层的预定位置后，以高压设备使浆液成为20～40MPa的高压射流从喷嘴中喷射出来，冲击破坏土体，同时钻杆以一定速度渐渐向上提升，将浆液与土粒强制搅拌混合，浆液凝固后，在土中形成一个固结体。

喷射注浆工法动画演示

20世纪70年代初期，高压水射流技术开始应用到灌浆工程中，逐步发展为新型的地基加固和防渗止水的施工方法——高压喷射注浆法（Jet Grouting）。若在高压喷射过程中，钻杆只进行提升运动，而不旋转，称为定喷；在高压喷射过程中，钻杆边提升，边左右旋摆某一角度，称为摆喷；若在喷射固化浆液的同时，喷嘴以一定的速度旋转、提升喷射的浆液和土体混合形成圆柱形桩体，则称为高压旋喷法。旋喷常用于地基加固，定喷和摆喷常用于形成止水帷幕。

1975年我国铁道部门首先进行了单管法的试验和应用；1977年冶金部建筑研究总院在宝钢工程中首次应用三重管法喷射注浆获得成功；1986年该院又开发成功高压喷射注浆的新工艺——干喷法，并取得国家专利。

高压旋喷桩现场施工

9.1.1　加固原理

高压喷射注浆是利用高压泵将水泥浆液从喷射管喷出，使土体结构破坏与水泥浆液混合并胶结硬化后形成强度大、压缩性小、不透水的固结体，从而达到固结的目的。当能量大、速度快呈脉动状的射流，其动压力大于土层结构强度时，土颗粒便从土层中剥落下来，一部分细颗粒随浆液或水冒出地面，其余土粒在射流的冲击力、离心力和重力等力的作用下，与浆液搅拌混合，并按一定的浆土比例和质量大小，有规律的重新排列，浆液凝固后，便在土层中形成一个固结体，达到加固地基的目的。

9.1.2　常用灌浆浆液材料

灌浆加固法加固地基的浆液种类很多，按主剂性质分无机系和有机系。常用材料如下：

1. 水泥浆液

水泥浆液为无机系浆液，取材充足，配方简单，价格低廉又不污染环境，这是世界各国最常用的浆液材料。主要原因是它具有胶凝性好，黏结石块强度高，施工比较方便，成本也比较低。

（1）对水泥的要求。颗粒要细，稳定性要好，胶结性要强，耐久性要好。

（2）水泥品种选择。选择原则应符合灌浆目的的要求。一般灌浆用硅酸盐类水泥，回填灌浆、帷幕灌浆、固结灌浆、接缝灌浆所用的水泥强度等级不低于32.5、42.5、42.5、52.5号。有特殊要求的，可选用特种水泥。矿渣水泥、火山灰水泥不宜用于灌浆，原因是这类水泥早期强度低，稳定性较差。

（3）对水泥颗粒的要求。为了保证灌浆效果，水泥颗粒的粒径要小于裂隙宽度的1/5～1/3，因为水泥颗粒细，不仅容易灌入细微裂缝，扩大灌浆范围，而且浆液稳定，不容易产生沉淀分离，水化反应充分，强度高，胶结牢固。

2. 以水玻璃为主剂的浆液

水玻璃（$Na_2O \cdot SiO_2$）在酸性固化剂作用下可以产生凝胶。常用水玻璃-氧化钙浆液与水玻璃-铝酸钠浆液。以水玻璃为主的浆液也是无机系浆液，无毒，价廉，可灌性好，也是目前常用的浆液。

3. 丙烯酰胺为主剂的浆液

这是以水溶液状态注入地基，使它与土体发生聚合反应，形成具有弹性而不溶于水的聚合体。材料性能优良，浆液黏度小，凝胶时间可准确控制在几秒至几十分钟内，抗渗性能好，抗压强度低。但浆材中的丙凝对神经系统有害，且污染空气和地下水。

4. 以纸浆废液为主的浆液

这种浆液属于“三废利用”，源广价廉。但其中的铬木素浆液含有六价铬离子，毒性大，会污染地下水。

9.2 高压喷射注浆法的加固机理

9.2.1 高压喷射注浆法的加固原理

高压喷射注浆法的加固机理包括高压喷射流对土体的破坏作用、水（浆）与气同轴喷射流对土的破坏作用、水泥与土的固结作用。

1. 高压喷射流对土体的破坏作用

破坏土体结构强度的最主要因素是喷射动压。为了取得更大的破坏力，需要增加平均流速，也就是需要增加旋喷压力，一般要求高压脉冲泵的工作压力在20MPa以上。这样就使射流像刚体一样，冲击破坏土体，使土与浆液搅拌混合，凝固成圆柱状的固结体。

喷射流在终期区域，能量衰减很大，不能直接冲击土体使土颗粒剥落，但能对有效射程的边界土产生挤压力，对四周土有压密作用，并使部分浆液进入土粒之间的空隙里，使固结体与四周土紧密相依，不产生脱离现象。

2. 水（浆）、气同轴喷射流对土的破坏作用

单射流虽然具有巨大的能量，但由于压力在土中急剧衰减，因此破坏土的有效射程较短，致使旋喷固结体的直径较小。

当在喷嘴出口的高压水喷流的周围加上圆筒状空气射流，进行水、气同轴喷射时，空气流使水或浆的高压喷射流从破坏的土体上将土粒迅速吹散，使高压喷射流的喷射破坏条件得到改善，阻力大大减少，能量消耗降低，因而增大了高压喷射流的破坏能力，形成的旋喷固结体的直径较大。

3. 水泥与土的固结作用

水泥与水拌和后，首先产生铝酸三钙水化物和氢氧化钙。这种化学反应连续不断地进行，就生成一种硅酸二钙无定形胶体包围在水泥微粒的表层。由水泥各种成分所生成的胶凝膜，逐渐发展起来成为胶凝体，此时表现为水泥的初凝状态，开始有胶黏的性质。此后，水泥各成分在不缺水、不干涸的情况下，继续不断地按上述水化程序发展、增强和扩大，从而产生下列现象：①胶凝体增大并吸收水分，使凝固加速，结合更密；②由于微晶（结晶核）的产生进而生出结晶体，结晶体与胶凝体相互包围渗透并达到一种稳定状态；这就是硬化的开始；③水化作用继续深入到水泥微粒内部，使未水化部分再参加以上的化学反应，直到完全没有水分以及胶质凝固和结晶充盈为止。但无论水化时间持续多久，都很难将水泥微粒内核全部水化完，所以水化过程是一个长久的过程。

9.2.2 高压喷射注浆法的一般规定

（1）高压喷射注浆法适用于处理淤泥、淤泥质土、流塑、软塑或可塑黏性土、粉土、黄土、砂土、素填土和碎石土等地基。当土中含有较多的大粒径块石、大量植物根茎或有较高的有机质时，以及地下水流速过大和已涌水的工程，应根据现场试验结果确定其适用性。

（2）高压喷射注浆法可用于既有建筑和新建建筑地基加固、深基坑、地铁等工程的土层加固或防水。对于既有建筑和新建建筑的地基处理。尤其对事故处理，地面只需钻一个小孔，地下即可加固直径大于1m的旋喷桩，优点突出。

（3）对既有建筑在制定高压喷射注浆方案时应收集有关的历史和现状资料、邻近建筑物和地下埋设物等资料。

（4）高压喷射注浆方案确定后，应结合工程情况进行现场试验、试验性施工或根据经验确定施工参数及工艺。

9.2.3 加固土的基本性状

1. 直径

旋喷固结体的直径大小与土的种类和密实程度有密切的关系，见表9-1。

表9-1　　旋喷桩的设计直径

土质		方法		
		单管法	二重管法	三重管法
黏性土	$0<N<5$	0.5～0.8	0.8～1.2	1.2～1.8
	$6<N<10$	0.4～0.7	0.7～1.1	1.0～1.6
	$11<N<20$	0.3～0.6	0.6～0.9	0.7～1.2
砂性土	$0<N<10$	0.6～1.0	1.0～1.4	1.5～2.0
	$11<N<20$	0.5～0.9	0.9～1.3	1.2～1.8
	$21<N<30$	0.4～0.8	0.8～1.2	0.9～1.5

2. 固结体的形状

固结土的形状可以通过喷射参数来控制，大致可喷成均匀圆柱状、圆盘状、板墙状及扇状。在深度大的土中，如果不采用其他措施，旋喷圆柱固结体可能出现上粗下细似胡萝卜的形状。

3. 固结体的质量

固结体内部的土粒少并含有一定数量的气泡。因此，固结体的质量较轻，比原状土轻或接近于原状土。黏性土固化体比原状土轻约10%，但砂类土固结体也可能比原状土重10%左右。

4. 渗透性

固结体内虽有一定的孔隙，但这些孔隙并不贯通，为封密型，而且固结体有一层较致密的硬壳，其渗透系数仅10^{-6}cm/s或更小，具有一定的防渗性能。

5. 固结强度

土体经喷射加固后，土粒重新排列，一般外侧土浆液成分多，因此在横断面上，中心强度低，外侧强度高，与土交换的边缘处有一圈坚硬的外壳。影响固结强度的主要因素是本身的土质和旋喷的材料。有时使用同一浆材配方，软黏土的固结强度成倍地小于砂土固结强度。旋喷固结体的抗拉强度较低，一般是抗压强度的1/10～1/5。

6. 单桩承载力

旋喷柱状固结体有较高的强度，外形凹凸不平，因此有较大的承载力。一般固结土直径越大，承载力越高。

高压喷射注浆固结体的基本性质见表9-2。

表9-2 高压喷射注浆固结体的基本性质

固结体性质		喷注种类		
		单管法	二重管法	三重管法
单桩垂直极限荷载/kN		500～600	1000～1200	2000
单桩水平极限荷载/kN		30～40	60～80	120
最大抗压强度/MPa		砂类土10～20，黏性土5～10，黄土5～10，砂砾8～20		
平均抗剪强度/平均抗压强度		1/10～1/5		
弹性模量/MPa		$K\times10^3$		
干密度/(g/cm^3)		砂类土1.6～2.0	黏性土1.4～1.5	黄土1.3～1.5
渗透系数/(cm/s)		砂类土10^{-6}～10^{-5}	黏性土10^{-7}～10^{-6}	砂砾10^{-7}～10^{-6}
c/MPa		砂类土0.4～0.5	黏性土0.7～1.0	黏性土0.8～1.0
ϕ(°)		砂类土30～40	黏性土20～30	黏性土22～30
N（击数）		砂类土30～50	黏性土20～30	黏性土22～30
弹性波速/(km/s)	P波	砂类土2～3	黏性土1.5～2.0	黏性土1.8～2.2
	S波	砂类土1.0～1.5	黏性土0.8～1.0	黏性土1.0～1.3
化学稳定性能		较好		

9.2.4 高压喷射注浆法分类

高压喷射注浆法的种类很多，可依喷射流的移动轨迹、注浆管类型、固结方式和土的置换程度来分类（见表 9-3），可根据工程要求和土质条件选用。

表 9-3　高压喷射注浆法分类

分类依据	类　型	主　要　特　点
喷射流的移动轨迹	旋喷	此法的喷射管边旋转、边喷射水泥浆液，同时缓慢提升，最后加固成圆柱形的水泥浆与土的混合体，称为旋喷桩。固结体为圆柱状或圆盘状
	定喷	此法的喷射管不旋转，固定一个方向，边提升边喷射，固结体形如壁状，用于基坑防渗与稳定边坡等工程。固结体为墙壁状
	摆喷	此法的喷射管按一定的角度来回摆动，如电扇形式，边摆动、边喷射、边提升，最后形成的固结体为扇形柱体。通常用于托换工程，只托换旧基础下的部分，节省费用。固结体为扇状
注浆管类型	单管	此法在 20 世纪 60 年代末由日本首创，应用于加固黏性土，用 200MPa 左右的高压水泥浆喷射，桩径仅为 0.6～1.2m。喷射高压水泥浆一种介质，如旋喷桩法（CCP 法）
	二重管	此法的旋喷管为内外二重管，内管喷射高压水泥浆，外管同时喷射 0.7MPa 左右的压缩空气。内外管的喷嘴位于喷射管底部侧面同一位置，这是一个同轴双重喷嘴，由高压浆液流和它外圈的环绕气流共同作用，使破坏土体的能量显著增大，使旋喷柱的直径加大。喷射高压水泥浆液与气流复合喷射流或喷射高压水流和灌注水泥浆等两种介质，如双重管无收缩双液 WSS 工法
	三重管	三重管为三根同心圆的管子，内管通水泥浆，中管通高压水，外管通压缩空气。三重旋喷管慢速边旋转、边喷射、边提升，可把孔周围地基加固成直径为 1.2～2.5m 的坚硬柱体。喷射高压水与气流复合喷射及灌浆低压水泥浆（CJG 法）或喷射高压水与气流复合喷射流（RJP 法）等三种介质
	多重管	喷射高压水流并把泥水抽出形成空洞后以浆液、混凝土等物质填充
	多孔管	喷射高压水、高压水泥浆与气流的复合喷射以及灌浆速凝剂等四种介质，如 MJS 工法
固结方式	喷射注浆	高压喷射流束进行注浆固结，绝大部分工法属于这类
	搅拌喷射注浆	固结体中心为搅拌固结，外侧为高压喷射注浆固结。如 CCP-V 工法、CCP-H 工法、JMM 工法、SWING 工法
置换程度	半置换	部分细小土粒带出地面，其余土粒与浆液混合固结，绝大部分工法属于此类
	全置换	土粒全部或绝大部分抽出地面，形成空洞以浆液等材料填充。如 SSS-MAN 工法

9.2.5 高压喷射注浆法主要设备

1. 高压水泵

我国有多种类型的高压水泵，输送的介质可为水、油和乳化液，如天津通用机械厂生产的 3XB 型及 3D2.8 型等。

2. 高压泥浆泵

目前我国已有压力大于 30MPa（可达 40～50MPa）、适合高压喷射注浆用的高压泥浆泵，采用这种泵可以使单管法施工时的旋喷体直径增大。

3. 普通泥浆泵

衡阳探矿机械厂生产各种型号的普通泥浆泵，泵压一般可达 6～7MPa。

4. 地质钻机

我国生产的可供选择的钻机很多。在一般软弱黏性土中使用小型钻机即可，但在有砂砾土、硬黏土的地层中则需要功率大一些的钻机。

5. 高压喷射机

我国的高压喷射钻机有普通型工程地质钻机、76型振动钻机、GD-2行旋喷钻机和SGD30-5型高喷灌浆机等。

6. 喷射注浆管

喷射注浆管（注浆特种钻杆）有单管、二重管、三重管和多重管等。目前我国只有前三种。各种喷射注浆管均包括送浆器、注浆管和喷嘴三部分。输送的各种介质不能泄漏窜流。

（1）单管（见图9-1）。单管旋喷注浆法是利用钻机把安装在注浆管底部侧面的特殊喷嘴，置入土层预定深度后，用高压泥浆泵等装置，以20～40MPa的压力，把浆液从喷嘴喷射出去冲击破坏土体，使浆液于从土体上崩落下来的土搅拌混合，经过一定时间凝固，便在土中形成一定形状的固结体。这种方法日本称为CCP法。单管通常为直径42mm或50mm的地质钻杆所代替。

（2）二重管（见图9-2）。二重管输送高压水泥浆（20～40MPa）和0.7MPa的压缩空气。在高压浆液和它外圈环绕气流的共同作用下，破坏土体的能量显著增大，最后在土中形成较大的固结体。这种方法在日本称为JSG法。二重管外管直径为50mm左右。

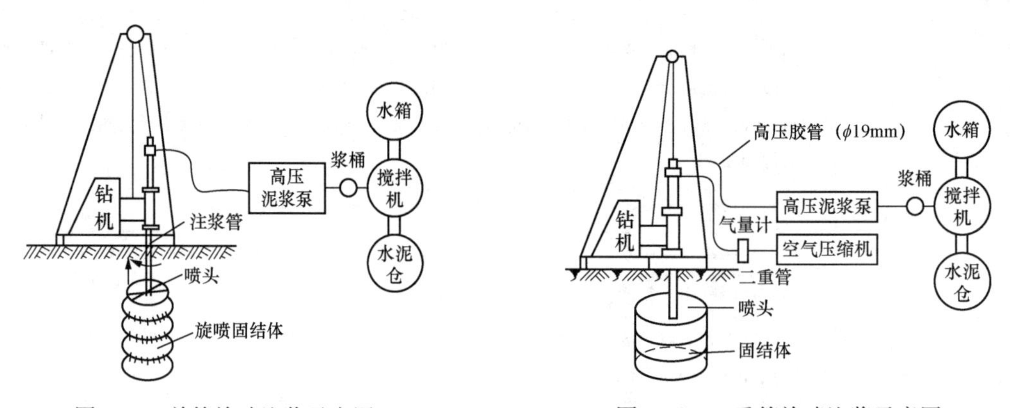

图9-1 单管旋喷注浆示意图

图9-2 二重管旋喷注浆示意图

（3）三重管（见图9-3）。三重管输送水、气、浆三种介质。在以高压泵等高压发生装置产生20～30MPa的高压水喷射流的周围，环绕一股0.5～0.7MPa左右的圆筒状气流，进行高压水喷射流和气流同轴喷射冲切土体，形成较大的孔隙，再另由泥浆泵注入压力为0.5～3.0MPa的浆液填充，喷嘴做旋转和提升运动，最后在土中凝固为较大的固结体。其中，CJG法输送高压水、压缩空气和低压水泥浆；RJP法输送高压水、压缩空气和高压水泥浆。三重管外管直径为90mm。

（4）多重管（见图9-4）。这种方法首先需要在地面钻一个导孔，然后置入多重管，用逐渐向下运动的、压力约为40MPa的旋转超高压水射流，切削破坏四周的土体，经高压水冲击下来的土体和石成为泥浆后，立即用真空泵从多重管中抽出。如此反复的冲和抽，便在地层中形成一个较大的空间。装在喷嘴附近的超声波传感器及时测出空间的直径和形状，最

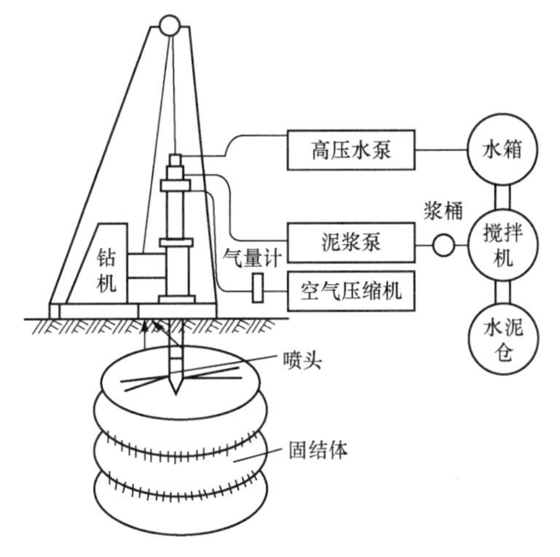

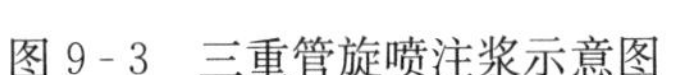
图9-3　三重管旋喷注浆示意图

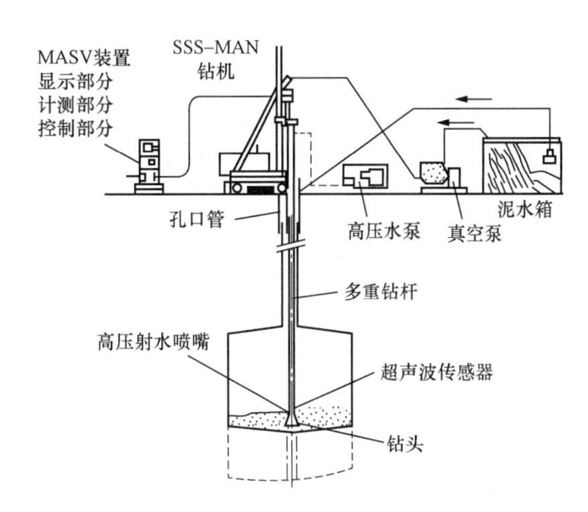

图9-4　多重管旋喷注浆示意图

后根据工程要求选用浆液、砂浆、砾石等材料进行填充。于是在地层中形成一个大直径的柱状固结体，在砂性土土中最大直径可达4m。这种方法日本称为SSS-MAN工法。

7. 喷嘴

喷嘴是将高压泵输送来的液体压能最大限度地转换成射流动能的装置。它安装在喷头的侧面，其轴线与钻杆轴线成90°或120°。喷嘴是直接影响射流质量的主要因素之一，喷嘴的结构、角度和几何尺寸与喷射质量有关。根据圆柱形、收敛圆锥形和流线型三种喷嘴的水力试验得知，流线型喷嘴的流速系数和流量系数均为0.97，喷嘴性能最好；收敛圆锥形喷嘴的流速系数为0.960，流量系数为0.947；圆柱形喷嘴流速系数和流量系数均为0.828。

从加工难易方面考虑，以收敛圆锥喷嘴为最好。通过对内角的水力试验，其角度以13°为佳。

8. 空气压缩机

空气压缩机主要提供水气或水浆复合喷射流的气流。压力要求为0.7MPa以上，气量一般为3～6m^3/min（两个喷嘴气量为3m^3/min，四个喷嘴气量为6m^3/min），宜选用低噪声空压机。

9. 泥浆搅拌机

根据试验，单机高压喷射注浆时，泥浆搅拌机的容积宜在1.2m^3左右。搅拌翼的旋转速度可在30～40r/min之间。

10. 高压胶管

高压胶管是钻机与高压泵之间的软性连接管路，一般采用三层钢丝缠绕液压胶管（单丝）。其工作压力必须达到20MPa以上。根据流量、软管允许流速（6m/s）和工作压力来选择高压胶管的内径，常用内径为19～25mm。

9.2.6　高压喷射注浆法的适用范围

高压喷射注浆适用范围广，施工简便，固结体形状可以控制，既可垂直喷射亦可倾斜或水平喷射，设备简单，管理方便，无公害，料源充裕，价格低廉，并有较好的耐久性，可用于永久性工程。

高压喷射注浆主要适用于软弱土层，如第四纪的冲（洪）积层、残积层及人工填土等。在碎石土、砂类土、黏性土、黄土和淤泥中都能进行喷射加固，效果较好。但对于砾石直径过大、砾石含量过多及含有大量纤维质地腐殖土，喷射质量较差；强度较高的黏性土中喷射直径受到限制，应根据现场试验结果确定其适用程度。对地下水流速过大、浆液无法在主灌浆管周围凝固的情况，对无填充物的有流动的岩溶水的岩溶地段、永冻土以及对水泥有严重腐蚀的地基，均不宜采用高压喷射注浆法。

高压喷射注浆法主要用途是加固与防渗。在各类工程建设中，因其设备简单及独特的施工方法，可以解决其他工法无法解决的难题。目前普遍应用于提高地基承载力，减小沉降变形；已有建筑地基补强、基础托换及扶正纠偏；土层旋喷锚杆；支挡与防渗；固化流沙、防止砂土液化；射水松土、拨钢板桩等各类工程项目中。至今我国已有数百项工程应用了高压喷射注浆技术。

9.3 高压喷射注浆法的设计计算

在方案设计前，需深入进行实地调查，了解现象工程地址与水文地质情况、周围环境及地下管线、障碍物等情况。对于一般工程，应取现场的各层土体做室内配方试验；对规模较大及较重要的工程，应进行现场喷射试验，查明旋喷固结体的直径和强度，验证设计的可靠性和安全性。

9.3.1 喷射参数的设计

1. 喷射直径

旋喷桩直径和长度、摆喷长度，是工程设计的基本数据，主要与选定的注浆管类型、喷射参数（压力提升速度和旋转速度）及现场地层、岩性有关。对于一般性工程，可根据经验选用；对于大型或重要工程，应在现场通过试验确定。

2. 固结体强度

固结体强度与浆液材料及配方、土质和水质等许多因素有关。黏性土中固结体强度可达3～8MPa，砂土中可达10～20MPa。弹性模量：黏性土为3000～5000MPa。砂土为7000～10000MPa。重要工程应通过室内试验确定。

3. 复合地基承载力

竖向承载旋喷桩复合地基承载力特征值应通过现场复合地基载荷试验确定。初步设计时，可根据《建筑地基处理技术规范》（JGJ 79—2012）所给水泥粉煤灰碎石桩复合地基承载力特征值公式估算

$$f_{spk}=m\frac{R_a}{A_p}+\beta(1-m)f_{sk} \tag{9-1}$$

式中 f_{spk}——复合地基承载力特征值（kPa）；

m——面积置换率；

R_a——单桩竖向承载力特征值（kN）；

A_p——桩的截面积（m^2）；

β——桩间土承载力折减系数，可根据试验或类似土质条件工程经验确定，当无试

验资料或经验时，可取 0～0.5，承载力较低时取低值；

f_{sk}——处理后桩间土承载力特征值（kPa），宜按当地经验取值，如无经验时，可取天然地基承载力特征值。

单桩竖向承载力特征值 R_a 可通过现场单桩荷载试验确定。也可按《建筑地基处理技术规范》（JGJ 79—2012）所给公式估算，取其中较小值

$$R_a = \eta f_{cu} A_p \tag{9 - 2}$$

$$R_a = u_p \sum_{i=1}^{n} q_{si} l_i + \alpha_p q_p A_p \tag{9 - 3}$$

式中 f_{cu}——与旋喷桩桩身水泥土配合比相同的室内加固土试块（边长为 70.7mm 的立方体）在标准养护条件下 28d 龄期的立方体抗压强度平均值（kPa）；

η——桩身强度折减系数，可取 0.33；

n——桩长范围内划分的土层数；

l_i——桩周第 i 层土的厚度（m）；

q_{si}——桩周第 i 层土的侧阻力特征值（kPa），可按国家标准《建筑地基基础设计规范》（GB 50007—2011）有关规定或地区经验确定；

α_p——桩端端阻力发挥系数，应按地区经验确定；

q_p——桩端地基土未经修正的承载力特征值（kPa），可按国家标准《建筑地基基础设计规范》（GB 50007—2011）有关规定或地区经验确定。

4. 压缩模量

复合土层的压缩模量可按下式计算

$$E_{sp} = mE_p + (1 - m)E_s \tag{9 - 4}$$

式中 E_{sp}——旋喷复合土层压缩模量；

E_s——桩间土的压缩模量；

E_p——桩体的压缩模量，可采用测定混凝土割线弹性模量的方法确定。

9.3.2 布孔形式及孔距

高压喷射注浆孔应根据工程需要布设。用于地基加固时，可选用正方形、三角形、分散群桩等方式；用于防水帷幕或基坑防水护底时宜选用交联式三角形或交联式排列形布孔。另外，高压喷射注浆法可分别与灌注桩、钢板桩、混凝土预制桩等组合为一体，构成防水帷幕。

孔距宜根据不同的工程需要及选定的喷射参数计算求得。孔距为 $1.73R_0$（R_0 为旋喷桩设计半径），排距为 $1.5R_0$ 最经济。对于以提高低级承载力为目的的加固工程，旋喷桩之间的距离可适当加大，不必交圈。其孔距以旋喷桩直径的 2～3 倍为宜，这样可以充分发挥土的作用。

9.3.3 注意的几个问题

（1）当旋喷桩处理范围以下存在软弱下卧层时，应按现行国家标准《建筑地基基础设计规范》（GB 50007—2011）的有关规定进行下卧层承载力验算。

（2）竖向承载旋喷桩复合地基宜在基础和桩顶之间设置褥垫层。褥垫层厚度可取 200～300mm，其材料可选用中砂、粗砂、级配砂石等，最大粒径不宜大于 30mm。

（3）竖向承载旋喷桩的平面布置可根据上部结构和基础特点确定。独立基础下的桩数一般不少于 4 根。

（4）桩长范围内复合土层以及下卧层地基变形值应按现行国家标准《建筑地基基础设计规范》（GB 50007—2011）的有关规定计算，其中复合土层的压缩模量可根据地区经验确定。

（5）高压喷射注浆法用于深基坑、地铁等工程形成连续体时，相邻桩搭接不宜小于 300mm 并应符合设计要求和国家现行的有关规范规定。

9.4 高压喷射注浆法的施工

9.4.1 主要施工机具

高压喷射注浆的施工机具由高压发生装置、注浆钻机、特种钻杆和高压管路四部分组成，主要包括钻机、高压泵、泥浆泵、空气压缩机、注浆管、喷嘴、流量计、输浆管、制浆机等。其中有些是一般施工单位常备的机械。对于不同种类的喷射注浆，所使用的机具和数量均不同，见表 9-4。

表 9-4 各种高压喷射注浆法主要施工机器及设备一览表

序号	机器设备名称	型号	规格	所用的机具			
				单管法	二重管法	三重管法	多重管法
1	高压泥浆泵	SNS-H300 水流 Y-2 型液压泵	30MPa 20MPa	√	√		
2	高压水泵	3XB 型 3W6B 3W7B	35MPa 20MPa			√	√
3	钻机	工程地质钻 振动钻		√	√	√	√
4	泥浆泵	BW-150 型	7MPa			√	√
5	真空泵						√
6	空压机		0.8MPa 0.3m^3/min		√	√	√
7	泥浆搅拌机			√	√	√	√
8	单管			√			
9	二重管				√		
10	三重管					√	
11	多重管						√
12	超声波传感器						√
13	高压胶管		ϕ19～ϕ22	√	√	√	√

9.4.2 施工程序及参数

虽然单管、二重管、三重管和多重管喷射注浆法所注入的介质种类和数量不同，施工技术参数也不同，但施工程序基本一致，都是先把钻杆插入或打进预定土层中，自下而上进行喷射注浆作业，如图 9 - 5 所示。

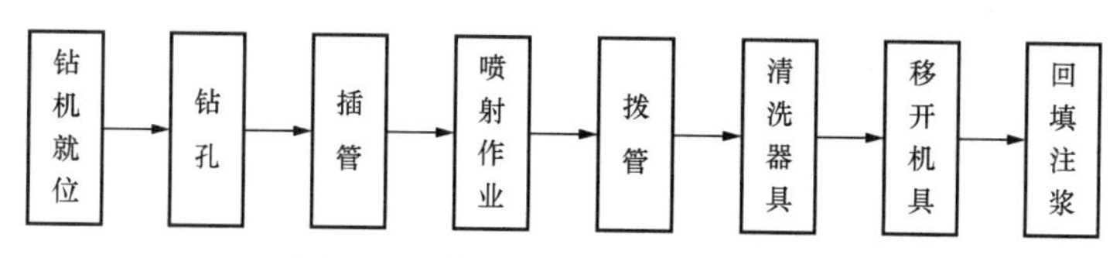

图 9 - 5　高压喷射注浆法施工程序

9.4.3　施工中遇到的问题及处理措施

1. 钻孔移位

在整个帷幕施工过程中，因各种原因发生移位，即沿垂直施工轴线方向移孔。移位的原因有以下几种情况：

（1）杂填层中有大直径混凝土块、钢板螺纹钢、钢管、水管等。

（2）钻进过程中，因机械事故或停电时间较长引起的钻孔事故，钻具埋在孔内。

（3）高喷过程中，因停电或机械事故使喷射中断，引起喷射管埋在孔内。

（4）高喷过程中，因停电时间长，无法更换孔内的水泥浆液，已初凝

移位的处理措施：力求移位最小，并放慢提速；增加喷射范围，保证质量。

2. 高喷时出现憋泵和埋管

在施工开始阶段经常发生憋泵（表现为泵压高、输浆管路爆破）和埋管现象。事故原因多为孔壁与喷射管之间间隙太小不利于返浆。处理措施：增大钻孔口径，通过移孔及时补救。

3. 摆动卡瓦与喷射管打滑

喷射管在孔内喷射时，出现卡瓦打滑，卡瓦将喷射管刻出深槽仍卡不住，以至喷射管变形断裂。这些问题容易造成摆喷方向控制不住，工程质量无法保证，不能继续施工。主要原因是孔深、喷射管长、浆液浓度大、向上升扬的残余浆液含砂量大易沉积，造成喷射管摆动时摩擦阻力大。处理措施：变更卡瓦与喷射管的接触形式，将卡瓦和喷射管接触部位改成齿轮互嵌式。

9.5　质量检验

9.5.1　质量检验的主要内容

1. 固结体质量检查

即做单桩或单墙的整体性均匀性、垂直度、有效直径或长度和宽度、抗压强度、抗剪强度、弹性模量、渗透系数和耐久性等项测试。

2. 高压喷射注浆效果试验

即做单桩承载力或复合地基承载力或防渗帷幕墙渗透系数等试验。

3. 工程质量测定

路基或构筑的沉降观测、基坑围堰及水工建筑物渗水量的测定等。表 9 - 5 为我国通常采用的高压喷射注浆技术参数，可参考使用。

表9-5　通常采用的高压喷射注浆技术参数

技术参数		单管法	二重管法	三重管法	
				CJG工法	RJP工法
高压水	压力/MPa	—	—	20～40	20～40
	流量/(L/min)	—	—	80～120	80～120
	喷嘴孔径/mm	—	—	1.7～2.0	1.7～2.0
	喷嘴个数	—	—	1～4	1
压缩空气	压力/MPa	—	0.7	0.7	0.7
	流量/(m^3/min)	—	3	3～6	3～6
	喷嘴间隙/mm	—	2～4	2～4	2～4
水泥浆液	压力/MPa	20～40	20～40	3	20～40
	流量/(L/min)	80～120	80～120	70～150	8～120
	喷嘴孔径/mm	2～3	2～3	8～14	2.0
	喷嘴个数	2	1～2	1～2	1～2
注浆液	提升速度/(cm/min)	20～25	10～20	5～12	5～12
	旋转速度/(r/min)	约20	10～20	5～10	5～10
	外径/mm	ϕ42、ϕ50	ϕ50、ϕ75	ϕ75、ϕ90	ϕ90

9.5.2 检验点的布置及数量

（1）检验点应布置在有代表性的桩位；施工中出现异常情况的部位；地基情况复杂，可能对高压喷射注浆质量产生影响的部位。

（2）检验点的数量为施工孔数的1%，并不应少于3点。

（3）质量检验宜在高压喷射注浆结束28d后进行。

（4）竖向承载旋喷桩地基竣工验收时，承载力检验应采用复合地基载荷试验和单桩载荷试验。

（5）载荷试验必须在桩身强度满足试验条件时，并宜在成桩28d后进行。检验数量为总桩数的0.5%～1%，且每项单体工程不应少于3点。

经检验不合格者，应在不合格的点位附近进行补喷或采取有效补救措施，然后再进行检验。

9.5.3 检验方法

目前国内主要采用开挖检查、室内试验、钻孔检查、载荷试验和其他非破坏性试验方法。

1. 开挖检查

开挖检查能比较全面地检查喷射固结体质量，能很好地检查固结体的垂直度及形状。一般旋喷完毕，凝固后即可开挖。

2. 室内试验

取现场地基土，在室内制作标准试件，进行各种物理力学试验，以求得设计所需的理论配合比。

3. 钻孔检查

钻取固结体芯样。取固结体芯样判断其整体性，并制作试件进行室内试验，鉴定是否符合设计要求。

（1）渗透试验。通过现场渗透试验测定其抗渗能力，一般有钻孔压力注水和抽水观测两种方法。

（2）标准贯入试验。在固结体的中部（一般距旋喷注浆孔中心 0.15～0.20m）每隔一定深度做一个标准贯入试验。

（3）旁压试验。通过旁压试验以对比方式测定出高压喷射注浆加固桩间土质量。

（4）动力触探。对高压喷射注浆后的旋喷桩和旋喷桩的桩间土的质量，可用加固前后的动力触探结果进行对比确定加固效果。

4. 载荷试验

（1）平板静载荷试验。平板静载荷试验包括垂直方向载荷试验和水平推力载荷试验。

（2）孔内载荷试验。孔内载荷试验包括气压或液压膨胀法和载荷板法两种。

5. 其他非破坏性试验方法

其他非破坏性试验方法包括电阻率法、同位素法、弹性波法等。这些方法目前不甚成熟，尚不能正确地测定出旋喷固结体直径、强度以及整体性。所得的结果一般尚需与钻取芯样等另外的一种方法对照验证，才能最后确定质量。

以上检验方法，各有长处和短处。因此在选定质量检验方法时，应根据机具设备条件，因地制宜。开挖检查法虽简单易行，通常在浅层进行，但难以对整个固结体的质量做全面检查。钻孔取芯和标准贯入法是检验单孔固结体质量的常用方法，选用时需以不破坏固结体为前提。载荷试验是检验地基处理质量的良好方法，有条件的地方应尽量采用。压水试验通常在取芯困难或工程有防渗要求时采用。

沉降观测是全面检验地基处理质量的不可缺少的重要方法。

9.5.4 质量标准

高压注浆法复合地基质量检验标准应符合《建筑地基基础工程施工质量验收标准》（GB 50202—2018）的规定，见表 9-6。

表 9-6　高压注浆法复合地基质量检验标准

项目	序号	检查项目			允许偏差或允许值		检查方法
					单位	数值	
主控项目	1	地基承载力			不小于设计值		静载试验
	2	处理后地基土的强度			不小于设计值		原位试验
	3	变形指标			设计值		原位试验
一般项目	1	原材料检验	注浆用砂	粒径	mm	＜2.5	筛析法
				细度模数	＜2.0		筛析法
				含泥量	%	＜3	水洗法
				有机质含量	%	＜3	灼烧减量法
			注浆用黏土	塑性指数	＞14		界限含水率试验
				黏粒含量	%	＞25	密度计法
				含砂率	%	＜5	洗砂瓶
				有机质含量	%	＜3	灼烧减量法

续表

项目	序号	检查项目			允许偏差或允许值		检查方法
					单位	数值	
一般项目	1	原材料检验	粉煤灰	细度模数	不粗于同时使用的水泥		筛析法
				烧失量	%	<3	灼烧减量法
			水玻璃：模数		3.0～3.3		试验室试验
			其他化学浆液		设计值		查产品合格证或抽样送检
	2	注浆材料称量			%	±3	称重
	3	注浆孔位			mm	±50	用钢尺量
	4	注浆孔深			mm	±100	量测注浆管长度
	5	注浆压力			%	±10	检查压力表读数

9.6 工程实例

9.6.1 工程概况

杭州市地铁3号线某车站地下两层岛式车站，双柱三跨（局部单柱双跨）钢筋混凝土箱型框架结构，有效站台宽度12.6m、长120m，车站主体外包总长约291.3m，标准段宽21.7m，设3组风亭、5个出入口。基坑开挖深度约20m，底板主要位于④2淤泥质黏土层。为满足基坑开挖变形控制要求，坑外转角区、坑内搅拌加固区与地连墙交接处采用单排ϕ800@600双重管高压旋喷桩进行加固。

9.6.2 工程地质条件

1. 工程地质条件

根据现有已完成勘探孔，本场区共有9个地层（见表9-7）。

表9-7　　地层分布表

地层编号	地层名称	亚层	地层描述
①	全新统上组填土层（mlQ43）	①$_{-1}$杂填土	杂色、灰黄色，松散，主要成分以碎石、碎砖、混凝土块、瓦砾等，充填有少量黏性土，其中碎块石大小约10～20cm，个别大于25cmn，填龄约15年
		①$_{-2}$素填土	灰黄色、黄褐色，稍湿，松散，含少量植物根系，以粉质黏土为主，含个别角砾，土质较均一，填龄约15年
②	全新统上组冲海积、海积、湖沼积（Q43）	②$_{-1}$黏土	灰、青灰色，软塑，含有机质，无摇震反应，切面较光滑，有光泽，干强度高，韧性高
		②$_{-2}$黏质粉土	灰黄、灰色，很湿，稍密，局部夹黏性土。摇震反应中等，无光泽反应，干强度和韧性低。振动析水
		②$_{-3}$粉质黏土	灰黄、青灰色，软可塑，含氧化物，局部夹粉土，无摇震反应，切面略光滑，稍有光泽，干强度、韧性中等

续表

地层编号	地层名称	亚层	地层描述
④	全新统中组海积（mQ42）	④$_{-1}$淤泥质黏土	灰色～深灰色，流塑，含有机质及少量朽木屑，无摇震反应，切面光滑，有光泽，干强度、韧性和灵敏度中等
		④$_{-2}$淤泥质粉质黏土	灰色，流塑，含有机质及少量朽木屑，局部夹粉土薄层。无摇震反应，切面较光滑，稍有光泽，干强度、韧性和灵敏度中等
		④$_{-3}$淤泥质黏土	灰色～深灰色，流塑，厚层状、细鳞片状，含有机质及碳化物。局部夹少量粉土薄层。无摇震反应，切面光滑，有光泽，干强度、韧性和灵敏度中等
⑥	全新统下组海积（mQ41）	⑥$_{-1}$淤泥质黏土夹粉土	灰色，流塑，含有机质、腐殖质，局见细小贝壳，夹少量粉土薄层，具水平层理，无摇震反应，切面较光滑，有光泽，干强度、韧性中等，中等灵敏度
⑦	上更新统上组上段冲湖积（al-lQ32-2）	⑦$_{-1}$1 黏土	黄褐色、黄灰色，可塑，含氧化铁。无摇震反应，切面较光滑，有光泽，干强度、韧性中等
		⑦$_{-2}$粉质黏土	黄褐、黄绿色，硬可塑，含氧化铁。无摇震反应，切面较光滑，有光泽，干强度、韧性中等
⑨	上更新统上组下段冲湖积（al-lQ32-1）	⑨$_{-2}$粉质黏土	浅褐黄、灰绿色，硬可塑，含氧化铁，局部含砂。无摇震反应，切面较粗糙，干强度、韧性中等
⑩	上更新统上组下段海积（mQ32-1）	⑩$_{-2}$粉质黏土	浅灰、褐灰色，软塑，局部为软可塑，含有机质及腐殖质，土质不均，局部夹较多粉砂。无摇震反应，切面较粗糙，稍有光泽。干强度、韧性中等
(17)	残坡积（el-dlQ）	(17)$_{-1}$含砾粉质黏土	灰黄夹青、红夹白色，硬可塑为主，砾石以棱角状为主，无摇震反应，切面较粗糙，稍有光泽，干强度较高，韧性较低
		(17)$_{-2}$角砾混粉质黏土	灰黄夹青、红夹白色，密实（硬塑），湿，角砾岩性成分主要为砂岩或凝灰岩，局部夹有可塑状粉质黏土
(20)	侏罗系上统黄尖组坚硬块状火山岩组（J3h）	(20)$_{-1}$全风化凝灰岩	灰褐色、灰黄色，组织结构基本破坏，岩芯呈含黏性土砂砾状，可见原岩结构，残留结构强度，裂隙发育，岩质松软，用镐可挖掘，局部夹强等风化岩块
		(20)$_{-2}$强风化凝灰岩	灰紫色，紫褐色晶屑凝灰结构，块状构造，原岩组织结构大部分已破坏，岩芯一般呈碎块状，小块手可掰开，矿物成分以长石、石英、火山碎屑、方解石及少量云母为主，蚀变严重，裂隙发育，裂隙面多由方解石、氧化产物及次生矿物填充
		(20)$_{-3}$及（20）$_{-4}$中等风化凝灰岩	棕红色、灰紫色、灰褐色。青灰色，晶屑凝灰结构、块状构造，原岩组织结构部分已破坏，岩芯多呈碎块状、短柱状，裂隙较发育，多由铁锰质、泥质或方解石充填。岩石强度较强风化有显著提高，锤击易碎，击声哑，钻进平稳

2. 水文地质条件

（1）地表水。本工程水系发育，沿线河流纵横交错，线路穿越地表河流较多，沿线场地涉及地表水主要为大农港、丁桥港、勤丰港、东丰港、学堂港、蔡家浜、长睦港和飞桥港，水位变化较小，属运河水系支流，比降小，流动慢。

（2）地下水。地下水主要可分为松散岩类孔隙潜水（以下简称潜水）、松散岩类孔隙承压水（以下简称承压水）及基岩裂隙水。本标段内地下水分布情况见表9-8。

表9-8　　本标段内地下水分布情况表

地下水类型	主要内容
潜水	沿线场地潜水主要赋存于浅（中）部填土层、粉土、黏性土及淤泥质土层中。本次初步勘察测得潜水初见水位埋深为地面下0.20～2.80m，相当于85国家高程3.00～4.80m；稳定水位埋深为地面下0.50～2.80m，相当于85国家高程3.10～4.96m。潜水主要受大气降水与地下同层侧向径流补给，以竖向蒸发及地下同层侧向径流方式排泄，并随季节性变化。沿线场地潜水与河水呈水力互补的状态，潜水位随季节和邻近河水水位的变化而变化，年水位变幅约为1.0m
承压水	沿线场地承压水主要分布于下部的（12）砂砾石中，含水层总厚度较小且连通性差。本标段只有丁桥站处及附近有承压水层，详勘期间实测承压水水头埋深3.8m，相当于85国家高程2.00m。根据区域承压水长期观测资料，该承压水的年变幅约2m
基岩裂隙水	基岩裂隙水埋藏于第四系土层之下，主要赋存于下部基岩风化裂隙内，含水层透水性受岩石的风化程度、节理裂隙和构造发育程度、裂隙贯通性等控制。基岩裂隙水主要受上部孔隙潜水竖向入渗补给及基岩风化层侧向径流补给，径流缓慢，以侧向径流排泄为主。本车站工点基岩种类较为单一，主要为晶屑玻屑凝灰岩，裂隙大部分被泥质、方解石、石英等充填，多呈闭合状，其导水性相对较差，水量相对微弱，连通性差，一般对本工程影响小

（3）地下水的腐蚀性评价。

1）潜水的腐蚀性：拟建场地的浅部潜水对混凝土结构具微腐蚀性；在干湿交替环境条件下，场地潜水对混凝土结构中的钢筋均具微～弱腐蚀性，在长期浸水环境条件下对混凝土结构中的钢筋均具微腐蚀性。

2）承压水的腐蚀性：本场地的承压水对混凝土结构具微腐蚀性；在干湿交替环境条件下对混凝土结构中的钢筋有中腐蚀性；在长期浸水条件下对钢筋混凝土中钢筋具微腐蚀性。

9.6.3 设计处理方案

（1）设计参数。

1）直径。旋喷桩直径分为ϕ600。

2）桩体强度。加固后土体28d无侧限抗压强度不小于1.0MPa，渗透系数应小于10^{-8}cm/s。

3）复合地基承载力。加固后的土体承载力强度值不小于1.0MPa。

（2）布孔形式及孔距。桩长20m，桩间距为1.5m布置。

（3）固化剂材料。水泥采用P.O.42.5普通硅酸盐水泥，水灰比1.0，水泥掺量为25%。

（4）喷嘴主要技术参数（见表9-9）。

表 9-9　**喷嘴主要技术参数**

水灰比		1.0
浆	旋喷压力/kPa	20～30
	排量/（L/min）	30～60
	喷嘴孔径/mm	2
	喷嘴个数	3
气	压力/MPa	0.7
提升速度/（cm/min）		10～20
旋转速度/（r/min）		15～20
浆液比重/（kg/L）		1.51
水泥掺量/（kg/m^3）		225

9.6.4 施工

1. 主要机械设备

高压旋喷桩的主要施工机械设备见表 9-10。

表 9-10　**高压旋喷主要施工机械设备一览表**

序号	机械名称	型号	单位	数量	备注
1	高压旋喷机	XP-30	台	1	
2	空气压缩机	37kW	台	1	
3	高压注浆泵	XPB-90C（90kW）	台	2	

其他还需要的机械包括挖掘机（镐头机）1 台、水泥罐 1 个、存浆桶 4 个、25t 汽车吊 1 台，设备包括全站仪 1 台、水准仪 1 台、泥浆测量仪器 1 套。

2. 施工工艺

本工程采用双重管高压旋喷注浆施工。工艺流程如图 9-6 所示。

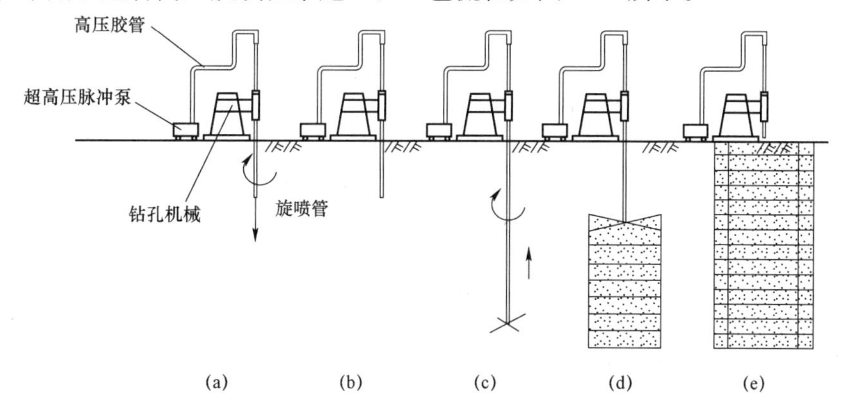

图 9-6　高压旋喷桩施工步骤示意图

（a）钻机就位钻孔；（b）钻孔至设计高程；（c）旋喷开始；
（d）边旋喷边提升；（e）旋喷结束成桩

（1）测量定位。测量组用红油漆或者钢筋头等标志对设计的孔位进行放样。要求孔位偏差不宜大于5cm，对孔位的标高进行测量。

（2）打试桩。在开钻前进行试桩，通过试桩来确定实际水灰比，并调整后台供浆系统的速度。

（3）钻孔。采用浅孔钻机钻进，孔径为150mm。开钻前用水平尺测量平台的水平度及钻杆的垂直度；钻进过程中，须随时注意观察钻机的工作情况，钻孔垂直度偏差控制在0.5%范围内。

（4）浆液制备。浆液采用水泥浆，水灰比控制在1.0，具体的浆液配合比通过现场试桩确定。

（5）下旋喷管。在插入旋喷管前先检查高压水与空气喷射情况，各部位密封圈是否封闭，插入后先作高压水射水试验，合格后方可喷射浆液。如因塌孔插入困难时，可用低压水冲孔喷射下，但须把高压水喷嘴用塑料布包裹，以免泥土堵塞。

（6）喷射提升。喷射管下至设计深度，开始送入气、浆。待浆液冒出孔口后，即按设计的提升速度、旋转速度，自下而上开始喷射、旋转、提升，到设计的终喷高度停喷，并提出喷射管。

（7）回灌。喷射灌浆结束后应利用水泥浆进行回灌，直到孔内浆液面不下沉为止。

（8）冲洗。喷射结束后，应及时将管道冲洗干净，以防堵塞。然后开始下一根桩的施工。

9.6.5 质量检验

施工质量检测结果见表9-11。

表9-11 施工质量检测结果汇总表

<table>
<tr><th rowspan="2">项目</th><th rowspan="2">序号</th><th rowspan="2" colspan="3">检查项目</th><th colspan="2">允许偏差或允许值</th><th rowspan="2">检测值</th></tr>
<tr><th>单位</th><th>数值</th></tr>
<tr><td rowspan="2">主控项目</td><td>1</td><td colspan="3">地基承载力</td><td>kPa</td><td>200</td><td>236</td></tr>
<tr><td>2</td><td colspan="3">处理后地基土的强度</td><td>MPa</td><td>1.0</td><td>1.15</td></tr>
<tr><td rowspan="12">一般项目</td><td rowspan="8">1</td><td rowspan="8">原材料检验</td><td rowspan="4">注浆用砂</td><td>粒径</td><td>mm</td><td>＜2.5</td><td>1.8</td></tr>
<tr><td>细度模数</td><td colspan="2">＜2.0</td><td>1.7</td></tr>
<tr><td>含泥量</td><td>%</td><td>＜3</td><td>2.6</td></tr>
<tr><td>有机质含量</td><td>%</td><td>＜3</td><td>2.4</td></tr>
<tr><td rowspan="4">注浆用黏土</td><td>塑性指数</td><td colspan="2">＞14</td><td>21</td></tr>
<tr><td>黏粒含量</td><td>%</td><td>＞25</td><td>27</td></tr>
<tr><td>含砂率</td><td>%</td><td>＜5</td><td>3.2</td></tr>
<tr><td>有机质含量</td><td>%</td><td>＜3</td><td>2.4</td></tr>
<tr><td>2</td><td colspan="3">注浆材料称量</td><td>%</td><td>±3</td><td>−0.1，+2.6</td></tr>
<tr><td>3</td><td colspan="3">注浆孔位</td><td>mm</td><td>±50</td><td>−11，+17</td></tr>
<tr><td>4</td><td colspan="3">注浆孔深</td><td>mm</td><td>±100</td><td>−13，+22</td></tr>
<tr><td>5</td><td colspan="3">注浆压力</td><td>%</td><td>±10</td><td>−1，+3</td></tr>
</table>

本 章 小 结

本章主要介绍了高压喷射注浆法的加固机理及适用范围、设计计算、施工及质量检验与评价。

（1）高压喷射注浆法是利用钻机钻孔至需加固的深度后，将喷射管插入地层预定的深度，用高压泵将水泥浆液从喷射管喷出，使土体结构破坏并与水泥浆液混合。胶结硬化后形成强度大、压缩性小、不透水的固结体，从而达到加固目的施工方法。

（2）高压喷射注浆主要适用于软弱土层，如第四纪的冲（洪）积层、残积层及人工填土等。在碎石土、砂类土、黏性土、黄土和淤泥中都能进行喷射加固，效果较好。

（3）高压喷射注浆法加固机理可概述为：高压喷射流与水（浆）、气同轴喷射流对土体结构进行破坏作用；水泥与土的固结之后形成强度较高的固结体。

（4）强夯法的设计参数包括喷射直径、固结体强度、复合地基承载力、压缩模量、布孔形式及孔距等。

（5）高压喷射注浆的施工机具主要包括钻机、高压泵、泥浆泵、空气压缩机、注浆管、喷嘴、流量计、输浆管、制浆机等。

（6）高压喷射注浆法的施工工艺：① 施工前先进行场地平整，清除地下障碍，挖好排浆沟，做好钻机定位；② 成孔；③ 插管；④ 喷射作业；⑤ 完成喷射作业，拔出注浆管；⑥ 拔出注浆管后，立即使用清水清洗注浆泵及注浆管道；⑦ 移位至下一根桩。移位至下一准确的桩位，重复以上工序，完成下一根桩的施工。

（7）在高压喷射注浆结束 28d 后应进行质量检验，检查内容包括固结体质量检查，高压喷射注浆效果检查、工程质量测定等。检验点应布置在有代表性的桩位；施工中出现异常情况的部位；地基情况复杂，可能对高压喷射注浆质量产生影响的部位。检验点的数量为施工孔数的 1%，并不应少于 3 点。竖向承载旋喷桩地基竣工验收时，承载力检验应采用复合地基载荷试验和单桩载荷试验；载荷试验必须在桩身强度满足试验条件时，并宜在成桩 28d 后进行。检验数量为总桩数的 0.5%～1%，且每项单体工程不应少于 3 点。经检验不合格者，应在不合格的点位附近进行补喷或采取有效补救措施，然后再进行检验。

目前国内主要采用开挖检查、室内试验、钻孔检查、载荷试验和其他非破坏性试验方法。

复 习 思 考 题

1. 高压喷射注浆法的加固机理是什么？
2. 高压喷射注浆法的适用范围是什么？
3. 简述高压喷射注浆法的施工工序。
4. 高压喷射注浆法施工中应注意哪些问题？
5. 高压喷射注浆法质量检验的主控项目与一般项目有哪些？

第10章　钻 孔 咬 合 桩

知识目标

1. 能够描述钻孔咬合桩的概念。
2. 掌握钻孔咬合桩的优缺点及适用范围。
3. 能够描述钻孔咬合桩的作用机理。
4. 掌握钻孔咬合桩的设计与计算。
5. 掌握钻孔咬合桩的关键技术与机具设备。
6. 掌握钻孔咬合桩的施工工艺。
7. 了解钻孔咬合桩的质量检验。

10.1　概述

10.1.1　基本概念

随着城市建设和工业的发展，高层建筑、重型厂房和各种大型地下设施日趋增多，地下建筑物的基础大多要求具有截水、防渗、承重及挡土等作用，同时，在寸土寸金的城市施工，由于受工地周围建筑物的限制，只能在极其狭窄的场地及周围密集的建筑群中进行。因而在软土地基中，像沉井、桩基、沉箱、板桩及放坡开挖等传统深基础施工方法因施工占地面积大，或因造价高，或周对周围邻近建筑物的安全有影响难以正常进行。

扫一扫

钻孔咬合桩施工动画演示

目前，国内大规模地铁建设均采用了明挖法施工，地铁深基坑围护结构一般采用有钻孔灌注桩加水泥搅拌桩复合结构、地下连续墙结构和SMW工法。相对上述围护结构，钻孔咬合桩在国外及国内部分地区，已具备成熟的施工经验与工法，有很多成功的工程实例，其适用于沿海地区软弱地层、含水砂层地质情况下的地下工程深基坑围护结构的施工。

钻孔咬合桩采用全套管钻机和超缓凝混凝土技术，由中间一根钢筋混凝土桩及两侧各一根素混凝土桩相邻咬合组成为一组。首先施工两侧的素混凝土桩（超缓凝混凝土），继而在初凝前施工完中间的钢筋混凝土桩，中间钢筋混凝土桩施工时用全套管桩机切割掉相邻素混凝土桩相交部分的混凝土，使排桩间相邻桩相互咬合（桩周相嵌），共同终凝，从而形成无缝、连续的“桩墙”，达到挡土、止水和保证施工安全的新型深大基坑施工的支护结构。

扫一扫

钻孔咬合桩施工步骤

10.1.2　钻孔咬合桩的优缺点

钻孔咬合桩具有以下优点。

（1）墙体刚度大、强度高，地基承载能力强，防渗挡土能力强，是城市地下工程基础加固的理想方法之一，尤其适用于城市密集建筑群中建造深基坑，抵挡坑周的土压力。

（2）基坑开挖不需放坡，不需专门降水，与原建筑物的最小距离可达 2m 左右，尤其适用于狭窄场地的高层建筑基础的支护结构。

（3）与沉井施工相比，造价低，施工速度快，机械化程度高，劳动强度低。

（4）施工时震动小，噪声低，对周围环境污染小。

（5）钻孔咬合桩垂直度高、外形标准、无需泥浆护壁、扩孔（充盈）系数小。

（6）利用咬合桩桩机处理地下障碍物，可解决灌注桩钻机、SMW 工法桩机及顶管机遇到地下障碍物无法通过的难题，取得较好的经济效益和社会效益。

（7）根据应用范围不同，可分别具有防渗、截水、承载、挡土、护坡、防爆等多种功能，应用范围较广。

钻孔咬合桩具有以下缺点。

（1）钻孔咬桩机采用全液压装置，耗油量大，须经常保养、检修。

（2）需要较多的机具设备，群机施工时，噪声较大。

（3）施工工艺较复杂，在复杂地层施工中，易出现塌孔。

（4）在施工中需钻掉部分素混凝土，造成材料多耗且为施工带来不便等。

钻孔咬合桩与人工挖孔桩、地下连续墙、钻孔密排桩等地基处理工艺的作用效果比较见表 10-1。

表 10-1　　几种地基处理工艺的作用效果

项目		人工挖孔桩	地下连续墙	钻孔密排桩	钻孔咬合桩
1	通过含水砂层等不良地层是否需要增加注浆加固等辅助措施	需要	不需要	不需要	不需要
2	是否需要增加止水帷幕等其他辅助措施才能达到良好的防渗效果	需要	不需要	需要	不需要
3	是否需要泥浆	不需要	需要	需要	不需要
4	是否需要钢筋混凝土护壁	需要	不需要	不需要	不需要
5	是否需要剥除桩墙泥皮或混凝土护壁	需要	需要	需要	不需要
6	扩孔（冲盈）系数	1.15	1.2	1.2	≤1.1

10.1.3　适用范围

钻孔咬合桩适用于黏性土、淤泥质土、砂性土等土层、小颗粒（＜50mm）砂砾层等。目前主要用于城市地铁、竖井开挖、工业厂房、设备基础及高层建筑基础、建筑物的地下室、地下商场、地下油库、水池、临时围堰工程及码头、船坞等岸边工程的深基坑支护工程。

10.2　咬合桩的作用机理

钻孔咬合桩有两种类型的桩：超缓凝型素混凝土 A 桩和钢筋混凝土 B 桩。桩的排列方式为A桩和B桩间隔布置，施工时先施工A桩后施工B桩，并要求A桩的超缓凝混凝土初凝之前必须完成B桩的施工。B桩施工时采用全套管钻机切割掉相邻A桩相交部分的素混凝土，从而实现咬合。

由于在桩与桩之间形成相互咬合排列的，钻孔咬合桩具有支护加固、承重和止水三重功能。钻孔咬合桩施工主要采用“全套管钻机+超缓凝型混凝土”方案。钻孔咬合桩的排列方式采用：第一序素混凝土桩（A桩）和第二序钢筋混凝土桩（B桩）间隔布置（见图10-1），先施工A桩，后施工B桩，A桩混凝土采用超缓凝型混凝土，要求必须在A桩混凝土初凝之前完成B桩的施工，使其共同终凝，形成无缝、连续的“桩墙”。B桩施工时，利用套管钻机的切割能力切割掉相邻A桩的部分混凝土，实现桩与桩之间相互咬合。

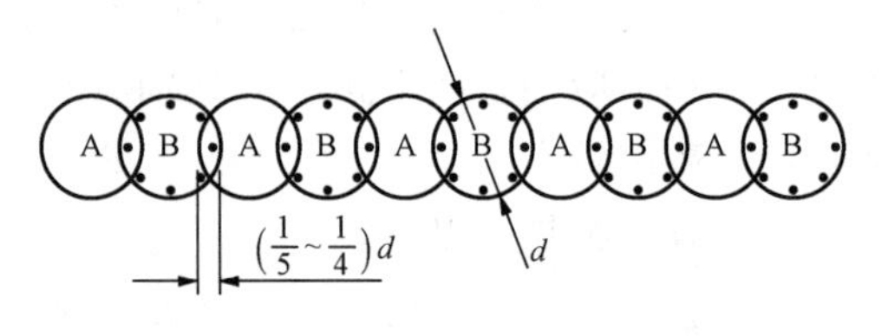

图10-1 钻孔咬合桩的平面示意图

10.3 咬合桩的设计与计算

目前，咬合桩的设计与计算还没有完整的设计标准和设计规范，可参照《建筑基坑支护技术规程》（JGJ 120—2012）和《建筑地基基础设计规范》（GB 50007—2011）的基坑支护的设计与计算。

10.3.1 构造设计

1. 桩身直径

为了确保咬合桩的截水、防渗、承重及挡土的诸项作用，桩身直径不宜小于600mm。

2. 导墙

为提高钻孔咬合桩孔口的定位准确，保护钻机的垂直度，确保A、B桩的咬合量，在桩顶按照排桩位设置钢筋混凝土导墙，导墙宽1.50m+孔径+1.50m，厚度0.40～0.50m，孔径比桩径d大30mm，如图10-2所示。

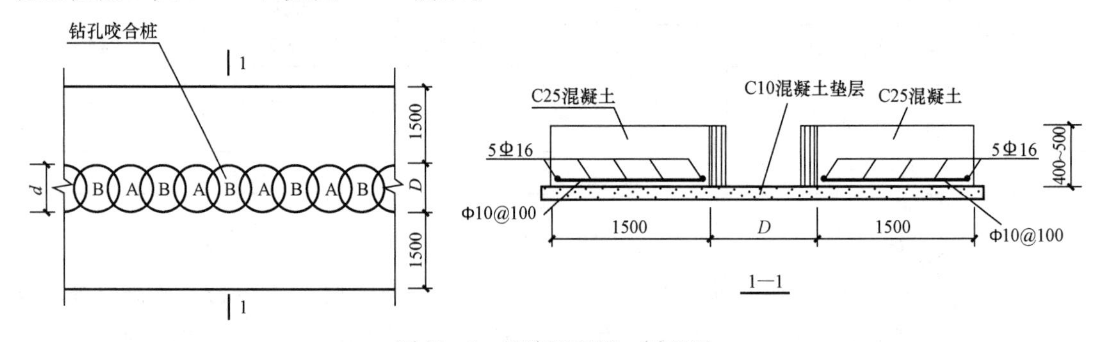

图10-2 导墙平面图、剖面图

3. 混凝土强度

咬合桩的混凝土构造强度应满足表10-2所示的各项要求。

10.3.2 稳定性验算

其主要的验算内容有：

(1) 桩墙嵌固深度计算；

(2) 基坑底部土体的抗隆起稳定性验算；

(3) 基坑底部土体的抗管涌稳定性验算；

(4) 桩墙的抗倾覆稳定性验算；

(5) 基坑整体稳定验算；

(6) 围护墙结构的内力及变形计算；

(7) 支撑体系的结构内力、变形及稳定性计算；

(8) 支撑竖向立柱的结构内力、变形及稳定性计算。

表 10-2　咬合桩的混凝土强度

部　件	强　度
钢筋混凝土桩	C20
素混凝土桩	C15
导墙	C20

本节仅介绍(1)～(4)的计算项目。

1. 嵌固深度计算(见图10-3)

嵌固深度设计值宜按下式确定

$$h_p\sum E_{pj}-1.2\gamma_0 h_a\sum E_{ai}\geqslant 0 \tag{10-1}$$

式中　$\sum E_{pj}$——基坑内侧各土层水平抗力的合力之和；

h_p——$\sum E_{pj}$合力作用点至桩、墙底的距离；

$\sum E_{ai}$——桩、墙底以上的基坑外侧各土层水平荷载的合力之和；

h_a——$\sum E_{ai}$作用点至桩、墙底的距离。

2. 抗隆起稳定性验算(见图10-4)

当基坑底为软土时，应验算坑底土抗隆起稳定性。土体向上涌起控制，可按下式验算

$$\frac{N_c\tau_0+\gamma t}{\gamma(h+t)+q}\geqslant 1.6 \tag{10-2}$$

式中　N_c——承载力系数，条形基础时取$N_c=5.14$；

τ_0——抗剪强度，由十字板试验或三轴不固结不排水试验确定(kPa)；

γ——土的重度(kN/m^3)；

t——支护结构入土深度(m)；

h——基坑开挖深度(m)；

q——地面荷载。

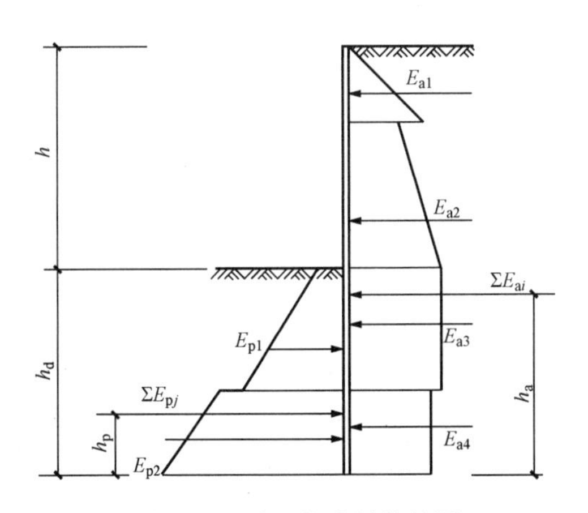

图10-3　嵌固深度计算简图

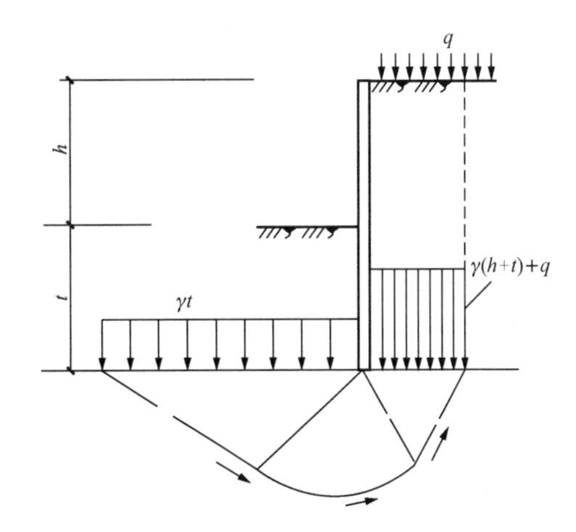

图10-4　基坑底抗隆起稳定性验算示意

3. 抗管涌稳定性验算（见图10-5）

当上部为不透水层，坑底下某深度处有承压水层时，抗管涌稳定性可按下式验算。

$$\frac{\gamma_{\mathrm{m}}(t+\Delta t)}{P_{\mathrm{w}}}\geqslant 1.1 \tag{10-3}$$

式中 γ_{m}——透水层以上土的饱和重量（$\mathrm{kN/m^3}$）；

$t+\Delta t$——透水层顶面距基坑底面的深度（m）；

P_{w}——透水层以水压力（kPa）。

当基坑内外存在水头差时，粉土和砂土应进行抗渗稳定性验算，渗透的水力梯度不应超过临界水力梯度。

4. 抗倾覆稳定性验算（见图10-6）

抗倾覆稳定性应满足以下条件

$$\frac{M_{\mathrm{p}}}{M_{\mathrm{aw}}}=\frac{E_{\mathrm{p}}B_{\mathrm{p}}}{E_{\mathrm{a}}B_{\mathrm{a}}}\geqslant 1.3 \tag{10-4}$$

式中 E_{p}、B_{p}——分别为被动土压力的合力及合力对桩基底端的力臂；

E_{a}、B_{a}——分别为主动土压力的合力及合力对桩基底端的力臂。

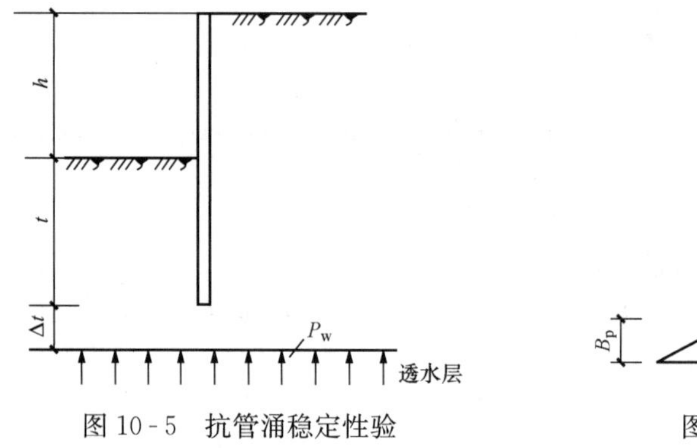

图10-5 抗管涌稳定性验

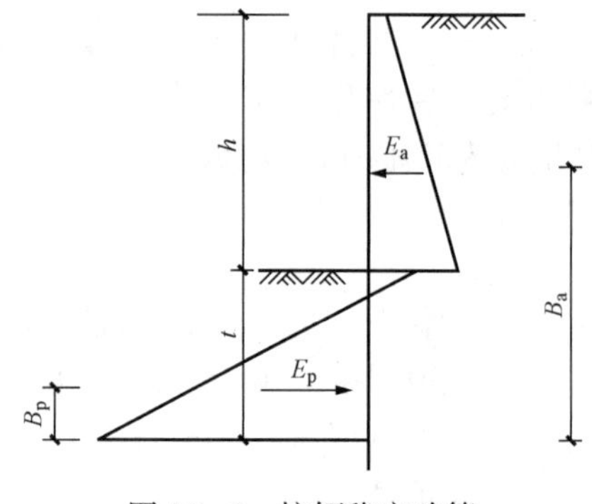

图10-6 抗倾稳定验算

10.4 关键技术与机具设备

10.4.1 关键技术

1. 孔口定位误差控制

为了保证钻孔咬合桩底部有足够咬合量，应对其孔口的定位误差进行严格的控制。孔口定位误差的允许值按表10-3。

表10-3 孔口定位误差允许值

桩 长	10m以下	10～15m	15m以上
咬合厚度/mm	100	150	200
误差允许值/mm	±20	±15	±10

2. 咬合桩咬合厚度的确定

相邻桩之间的咬合厚度d根据桩长来选取，桩越短咬合厚度越小，桩越长咬合厚度越

大。桩顶的最小咬合厚度不小于200mm，桩底的最小咬合厚度不小于50mm，即按下式进行计算

$$t-2(kl+q)\geqslant 50 \tag{10-5}$$

式中 t——钻孔咬合桩的桩顶设计咬合厚度，$t=(1/5\sim1/4)d$；

d——桩径；

l——桩长；

k——桩的垂直度，0.3%；

q——孔口定位误差容许值，10～20mm。

3. 桩垂直度控制

为保证钻孔咬合桩底部足够咬合量，除对其孔口定位误差严格控制外，还应对垂直度进行严格控制，桩的垂直度控制标准为0.3%。

控制桩垂直度的3个主要环节：①确保套管的顺直度；②成孔过程中确保桩的垂直度；③成孔过程中垂直度偏差过大时，及时纠偏。具体做法是：钻机定位检验完毕，当第一节套管插入定位孔，检查套管、钻机抱管器中心是否对应定位在孔位中心，套管周围与定位孔之间的空隙保持均匀。

对套管顺直度的检查，按连接后的整根套管的顺直度检查，偏差宜小于10mm；检测孔斜采用人工在孔内用线锤进行，孔外采用两个线锤成90°，观测成孔的垂直度。

4. 超缓混凝土技术参数

（1）确定A桩混凝土缓凝时间。在测定出单桩成桩所需时间后，可根据下式计算A桩混凝土缓凝时间T。

$$T=3t+k \tag{10-6}$$

式中 T——A桩混凝土的缓凝时间（初凝时间）；

t——单桩成桩所需时间，一般$t=$（11～15）h；

k——不可预见因素的影响时间，一般取$k=$（10～15）h。

（2）超缓混凝土技术参数。混凝土超缓凝是钻孔咬合桩施工的关键技术，这种混凝土主要用于A桩，其作用是延长A桩混凝土的初凝时间，确保相邻B桩的成孔在A桩混凝土初凝之前完成，为套管钻机切割A桩混凝土创造条件。超缓凝混凝土技术参数见表10-4。

表10-4　　超缓凝混凝土技术参数

桩型	强度等级	坍落度/cm	初凝时间	抗压强度	冲盈系数
A桩	C15以上 超缓凝混凝土	16±2	≥60h	3d，≤3MPa	1.1
B桩	C20以上 普通混凝土	18±2	—	28d，≥30MPa	1.1

确定超缓凝混凝土初凝时间后，为满足这一要求，混凝土配合比须经过多次模拟现场条件试验后，确定超缓凝混凝土的外加剂掺量。

5. 克服“管涌”措施

如图10-7所示，在B桩成孔过程中，由于A桩混凝土未凝固，还处于流动状态，A桩

混凝土有可能从A、B桩相交处涌入B桩孔内，称之为“管涌”，克服“管涌”措施如下。

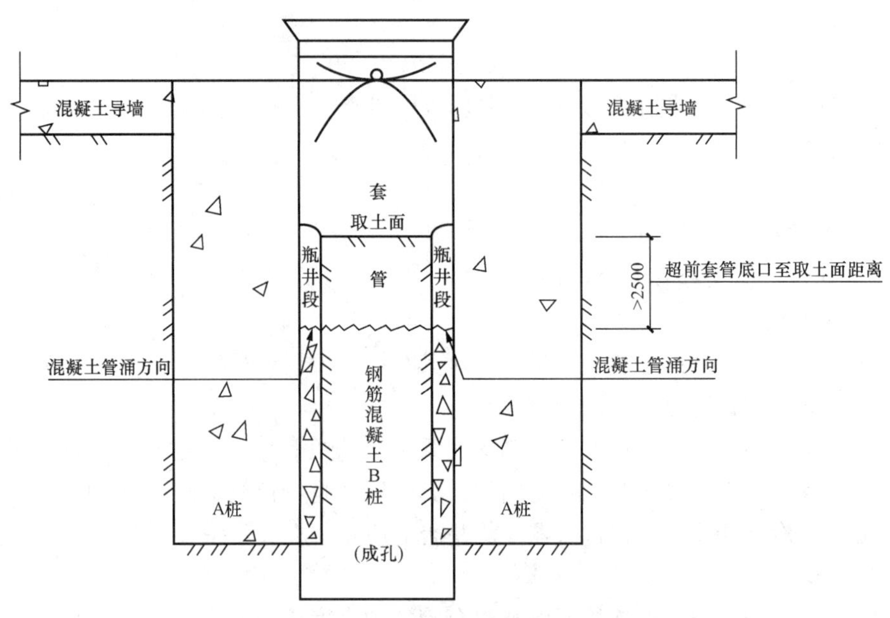

图10-7　B桩施工过程中混凝土管涌示意图

（1）套管底口应始终保持低于成桩时的取土面深度≥2.50m形成“瓶颈”，阻止混凝土的流动。

（2）套管底口深度无法满足上述深度时，可向套管内注水，使其管内保持一定的压力来平衡A桩混凝土的压力，阻止“管涌”的发生。

（3）B桩成孔过程中注意观察相邻两侧A桩混凝土顶面，如发现A桩混凝土下陷应立即停止B桩开挖，并一边将套管尽量下压，一边向B桩内填土或注水，直到完全制止住“管涌”为止。

6. 地下障碍物处理方法

（1）直接取出或开挖处理法。

1）对一些比较小的障碍物（直径在50cm以内），如卵石层、体积较小的孤石等，用锤式冲抓取土器清除。

2）如障碍物位置正好部分在套管内部分在套管外，可以采用“十”字形冲锤将套管内的部分冲碎后用锤式冲抓取土器取出。

3）大于孔径1/2的条块石，埋深在2.0～3.0m以内，在导墙施工前开挖清理，然后回填素土碾压密实，再进行导墙制作。

4）长度在2.0m以内的木桩等用取土器取出，超过2.0m，采用钢丝绳与桩机连接，吊车配合拔出。

5）边长或直径超过1.0m的大体积障碍物，采用人工风镐破碎处理。

（2）二次成孔法处理。

1）第一次成孔：障碍物处理。障碍物深度≤8.0m时：待导墙制作好后，用全套管钻机成孔至障碍物底部下≥1.0m，成孔过程中用冲抓或十字冲锤等进行处理，然后素土或砂回填夯实。

障碍物深度大于8.0m或水量较大且障碍物直径或边长≥1.0m时：采用冲击钻冲击成孔，处理完障碍物后用C10素混凝土回填。

2）第二次成孔：按咬合桩工艺流程施工。

7. 分段施工处接头的处理方法

多台钻机分段施工接头处理采用砂桩法，前施工段的端头设置一个砂桩（成孔后用砂灌满），后施工段施工到此接头时挖出砂，浇筑混凝土，接缝外侧增加二根旋喷桩作止水处理（见图10-8和图10-9）。

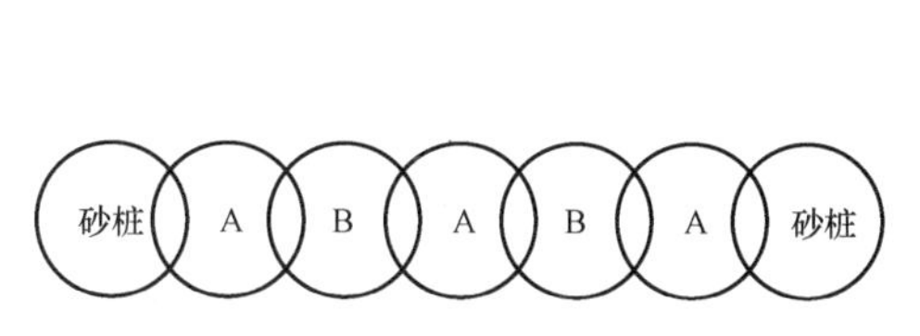

图10-8　分段施工接头预设砂桩示意图

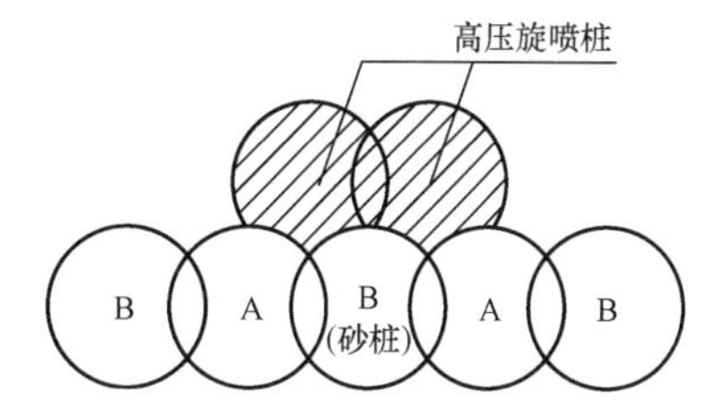

图10-9　砂桩接缝处止水处理

10.4.2　机具设备

主要机具设备表见表10-5。

表10-5　　主要机具设备表

序号	机械或设备名称	规格型号	数量	单位	用途
1	全套管液压钻机	国产MZ-2	1	75kW	钻孔咬合桩成孔
2	履带吊车（带冲抓斗）	W1001A	1		取土、移动桩机、灌注混凝土
3	履带起重机	QU32	1	32t	钢筋笼转运、安装
4	反铲挖掘机	PC200	1	0.8m³	清、翻运取出的土方
5	自卸车	HD325-6	2		土方外运
6	三重管压旋喷桩机	CX-1	1	75kW	旋喷桩补强
7	空压机	VFY-12/7	1	75kW	清孔及障碍物破除
8	钢筋弯曲机	WJ40-1	1	2.8kW	钢筋笼加工
9	钢筋切断机	QJ40-1	1	5.5kW	钢筋笼加工
10	交流电焊机	LP-100	1	30kW	钢筋笼加工
11	混凝土运输车	JCQ8	2	8m³	运输混凝土
12	污水泵	JW25	1	2.5kW	抽排水
13	发电机组	GF200	1	200kVA	备用电源

注：部分设备可对其他的多种规格型号进行组合选用，表中列举的型号仅作为参考。

10.5　钻孔咬合桩的施工工艺

10.5.1　施工工艺流程

钻孔咬合桩是一种新型的围护结构，由于其桩心相互咬合，解决了传统排桩相切时防水效果差的问题。

以B桩为例，单桩的施工工艺流程如图10-10所示。

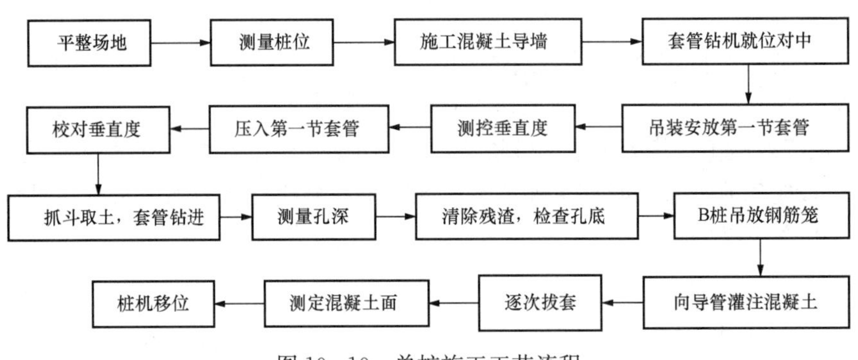

图10-10 单桩施工工艺流程

A型单桩施工工艺与B型桩基本相同，只是没有吊放钢筋笼这一工序。采用套管护壁成孔，先间隔施工A桩，在A桩混凝土初凝前，用液压套管钻机切割A桩部分桩体后，再施工B桩，最终形成A桩和B桩的咬合结构。以此类推，排桩的施工次序如图10-11所示。第一序采用超缓凝混凝土灌注，确保第二序的顺利成孔。遇到孤石时采用冲击锤击碎。钻孔咬合桩的施工难点在于A桩混凝土的缓凝和钻孔过程中的垂直度的控制。

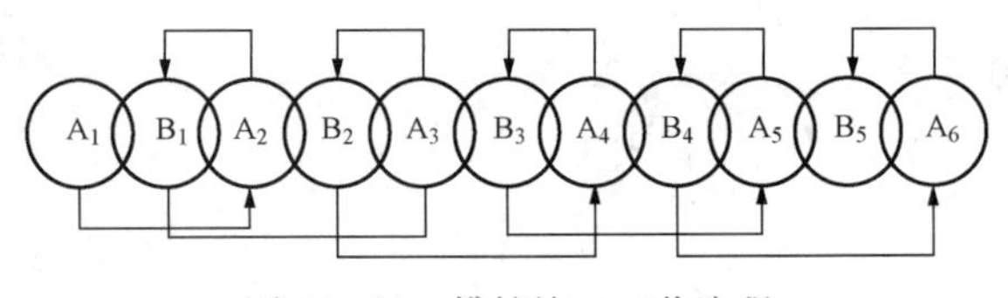

图10-11 排桩施工工艺流程

10.5.2 钻机钻孔

由于孔深25m受地质条件所限，工程上多采用3台全套管钻机（套管钻机压管，旋挖钻机开挖取土）设备组合形式进行钻孔咬合桩施工。全液压套管钻机的型号有VLM20型和VRM2000型，旋挖钻的型号有SD205-2型和C600型两种。

10.5.3 导墙施工

为了保证钻孔咬合桩孔口定位的精度并提高桩体就位效率，应在咬合桩成桩前首先在桩顶部两侧施作混凝土导墙或钢筋混凝土导墙。混凝土导墙的施工步骤如下。

（1）平整场地：清除地表杂物，填平碾压。

（2）测放桩位：采用全站仪根据地面导线控制点进行实地放样，并作好龙门桩，作为导墙施工的控制中线。

（3）导墙沟槽开挖：在桩位放样验收符合要求后人工开挖沟槽，开挖结束后对基槽整平夯实，将中心线引入沟槽。

（4）C10混凝土垫层施工。

（5）钢筋绑扎。

（6）模板施工：模板采用自制整体木模，导墙预留定位孔模板直径取套管直径扩大30mm。咬合桩模板及支模节点大样，如图10-12所示。

（7）混凝土浇筑施工：模板检查符合要求后浇筑混凝土。混凝土强度等级C25，浇筑时两边对称交替进行，振捣采用插入式振捣器，振捣间距为600mm左右。

(8) 桩位标注：导墙混凝土强度达到 75%后，拆除模板，在导墙上标明桩号，重新定位，将点位引侧到导墙顶面上，作为钻机定位控制点。

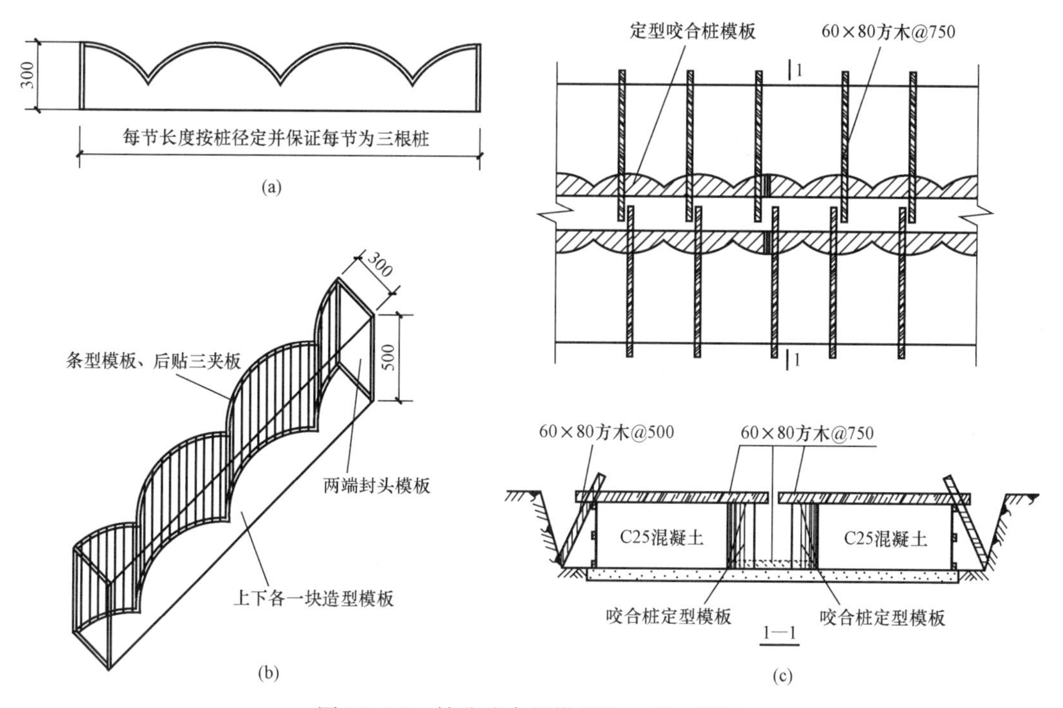

图 10-12 钻孔咬合桩模板及支模大样图

(a) 模板平面图；(b) 模板立面图；(c) 支模平面图（上）、剖面图（下）

10.5.4 咬合桩施工

1. 单桩施工工艺

(1) 护筒钻机就位。导墙混凝土强度达到 75%后，用吊车移动钻机就位，并使主机抱管器中心对应定位于导墙孔位中心。

(2) 取土成孔。桩机就位后，吊装第一节管放入桩机钳口中，找正套管垂直度，下压套管，压入深度约为 1.5～2.5m 后，用抓斗从套管内取土，按照压管，取土顺序依次进行，始终保持套管底口深于取土面不小于 2.5m。第一节套管全部压入土中后（地面以上留 1.2～1.5m，便于接管），检测垂直度（如不合格则进行纠偏调整），安装第二节套管继续压管取土……直至达到设计孔底标高。

(3) 吊放钢筋笼。对于 B 桩，成孔检查合格后进行安放钢筋笼工作，此时应保证钢筋笼标高正确。

(4) 灌注混凝土。如孔内有水，需采用水下混凝土灌注法施工；如孔内无水，则采用干孔灌注法施工并注意振捣。

(5) 拔筒成桩。一边浇筑混凝土一边拔护筒，应注意保持护筒底低于混凝土面至少 2.5m。

2. 排桩的施工工艺

A 桩为超缓凝素混凝土桩，B 桩为钢筋混凝土桩，总的施工原则是先施工 A 桩，后施工 B

桩，其施工顺序是：A1→A2→B1→A3→B2→A4→B3→……→An→B（n−1），如图10-13所示。

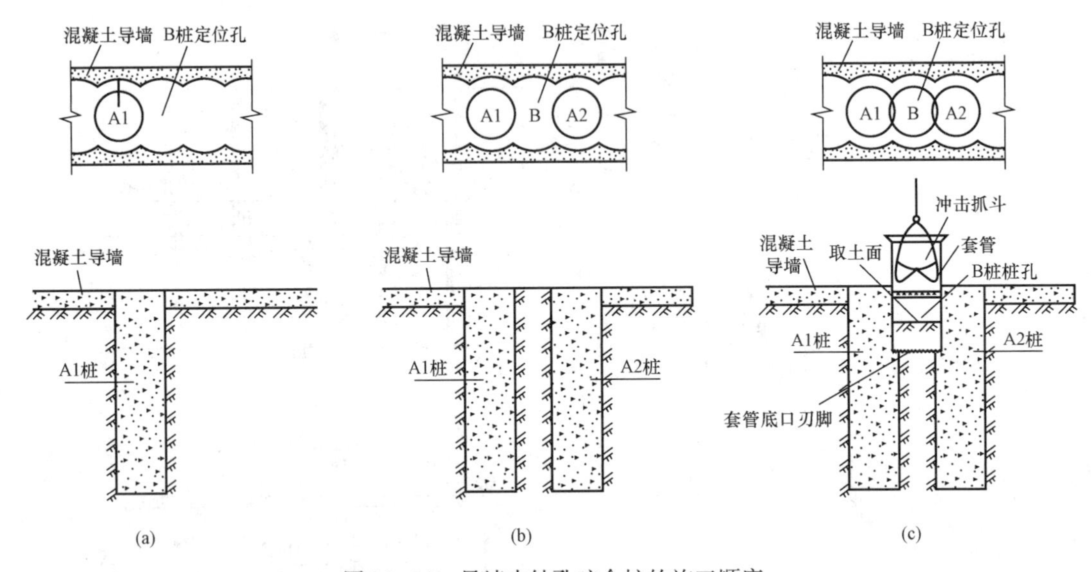

图10-13 导墙内钻孔咬合桩的施工顺序

（a）A1桩施工；（b）A2桩施工；（c）B桩施工

10.5.5 钢筋笼加工和吊放

1. 钢筋笼加工

（1）钢筋笼的受力钢筋一般采用HRB335，直径不宜小于16mm，构造钢筋一般采用HPB300，直径不宜小于12mm。采用内箍成形法绑扎，并将不同类型的钢筋按设计要求分类编号挂牌妥善存放。

（2）配筋前应将钢筋调直，要求主筋无局部弯折，钢筋接头采用电焊焊接，骨架制作时应严格符合设计尺寸，以免过大难以放入孔中。

（3）每根桩钢筋骨架应尽量一次制成，如骨架过长时，亦可根据吊装设备的起吊高度，采取分段制作的方法。每段长度不宜超过10m，各段钢筋骨架之间的钢筋接头，可采用搭接焊接法，并应符合下列规定：①钢筋接头应顺圆周方向排列，在骨架内侧不能形成错台；②距每个接头50cm范围内的箍筋，可待两段钢筋骨架焊接后再做。

（4）钢筋骨架除按设计规定设置箍筋外，并每隔2m可增设直径16mm加劲箍筋一道，以增强吊装时的刚度。

2. 钢筋笼吊放

（1）运输钢筋骨架时，应保证不弯曲、变形，如需作远距离运输时，可采用两辆特制平板架子车吊运。在场内如需人工抬运骨架时吊点应分布均匀，以保持骨架平顺，并设专人指挥确保安全。

（2）骨架吊装前应先丈量孔深，检查淤泥沉积厚度和有无坍孔现象，经检查符合要求后，可将钻孔设备及脚手板拆除，以便骨架就位。

（3）为保证钢筋骨架在起吊过程中不弯曲、变形，起吊时在吊点处的骨架内部应有临时加固措施。吊绳不得吊抬单根钢筋，通常可在吊点处绑设短杉杆以增加骨架刚度，待骨架进入桩孔就位时由下而上逐个解去绑绳，取出杉杆。

（4）为保证骨架外围有一定厚度的混凝土保护层，骨架吊装下孔前，可沿孔壁四周挂设 ϕ38 钢筋或铁管 6～12 根（按钻孔直径大小决定根数，沿圆周均匀布置）作为导向杆，长度约为骨架的 1/2～2/3。当灌注混凝土接近导向杆底部时即可拔出。亦可顺骨架纵深方向每隔 2m，在同一截面的加劲箍筋上对称设置混凝土环形垫块，以保证保护层厚度。

（5）为了保证骨架在起吊过程中不发生弯曲，宜采用两点起吊，当骨架吊起达到垂直后将骨架移至孔口，此时应检查骨架是否顺直，若有弯曲，应经过调直后再往下落。

（6）骨架下落过程中，应始终保持骨架居中，不得碰撞井壁，骨架入孔后，下落速度要均匀，不宜猛落，就位后使骨架轴线与桩轴线吻合。

（7）钢筋骨架吊装入孔达到设计标高后，将骨架调正在孔口中心。在井口固定于小钢轨或井字形方木上，防止混凝土灌注过程中骨架浮起或位移。

10.5.6 混凝土灌注

1. 浇灌混凝土前的清底工作

开挖到设计标高后，要测定槽底残留的土渣厚度。沉渣过多时，会使钢筋笼插不到设计位置，或降低咬合桩的承载力，增大桩体的沉降变形。所以清除沉渣的工作非常重要。清除沉渣的工作称为清底。

2. 导管安设

导管内壁要求光滑，内径一致，两端焊有法兰盘，导管组装时接头必须密合不漏水。在第一次使用前应进行预拼装和试压。

新导管进场应按照灌注时需用长度，事先在平整的场地上拼装好，经检查导管直顺，接头严密不漏水，管内光滑试球畅通无阻，最后并应作漏水试验，观察无漏水现象方可使用。

（1）导管内使用的混凝土止水球或木球胶垫大小要合适（大于导管内径 1mm），安装要正，不能漏浆。止水球应安装在导管内水面以上约 20mm 处。亦可安设特制活门代替止水球。

（2）在试压好的导管表面用磁漆标出 0.5m 一格的连续标尺，并注明导管全长尺度，以便灌注混凝土时掌握提升高度及埋入深度。

（3）导管吊入钻孔中的深度应使导管下口与钻孔底留有 30～40cm 的距离，以便灌注混凝土时木球能冲出导管。

（4）导管上的漏斗箱应有一定的高度，保证漏斗内的混凝土顶面高出孔中水位 3～4m 以上的距离。

3. 混凝土的配制

（1）可采用火山灰水泥、粉煤灰水泥、普通硅酸盐水泥或硅酸盐水泥，使用矿渣水泥时应采取防离析措施。水泥强度等级不宜低于 32.5。

（2）粗骨料宜优先选用卵石，如采用碎石宜适当增加混凝土配合比的含砂率。骨料的最大粒径不应大于导管内径的 1/8～1/6 和钢筋最小净距的 1/4，同时不应大于 40mm。

（3）细骨料宜采用级配良好的中砂。

（4）混凝土配合比的含砂率宜采用 0.4～0.5 的配比范围，水灰比宜采用 0.5～0.6 的配比范围。有试验依据时含砂率和水灰比可酌情增大或减小。典型的混凝土配合比见表 10-6。

（5）混凝土拌和物应有良好的和易性，在运输和灌注过程中应无显著离析、泌水现象。灌注时应保持足够的流动性，其坍落度宜为 15～20cm。混凝土拌和物中宜掺用外加剂、粉煤灰等材料，其技术条件及掺用量可参照设计规定办理。

（6）每立方米混凝土的水泥用量不宜小于 350kg，当掺有适宜数量的减水缓凝剂或粉煤灰时，可不少于 300kg。混凝土拌和物的配合比，可在保证水下混凝土顺利灌注的条件下，按照混凝土配合比设计方法计算确定。

（7）对沿海地区（包括有盐碱腐蚀性地下水地区）应配制防腐蚀混凝土。

表 10-6　给出几种典型的混凝土配合比

强度等级	水泥强度等级	砂率	材料用量/(kg/m³)				坍落度/cm	R28 /MPa	木质素掺量 (%)
			水	水泥	砂	石子			
C25	42.5	0.38	240	400	600	1029	18～22	28.5	0.2
C30	42.5	0.38	233	388	610	1047	15～18	31.1	0.2
C35	42.5	0.38	234	425	598	1026	16～18	36.4	0.2

4. 混凝土浇筑

目前一般多采用导管法施工（见图 10-14）。导管是导管法灌注水下混凝土的通道，因此，选择合适的导管才能保证灌注混凝土的顺利进行。导管直径为 25～30cm，并应使导管（包括法兰盘的直径）与骨架内径周围留用必要的余地，以便导管自由拔出。

在混凝土浇筑过程中，导管下口插入混凝土深度应控制在 2～4m，不宜过深或过浅。插入深度太深，容易使下部沉积过多的粗骨料，而混凝土面层聚积较多的砂浆。导管插入太浅，则容易出现混凝土小空洞，影响混凝土的强度。因此导管埋入混凝土深度不得小于 1.5m，亦不宜大于 6m。只有当混凝土浇灌到顶部附近时，导管内混凝土不易流出的时候，可将导管的埋入深度减为 1m 左右，并可将导管管适当地作上下运动，促使混凝土流出导管。

值得注意，混凝土要连续浇筑，不能长时间中断。一般可允许中断 5～10min，最长只允许中断 20～30min，以保持混凝土的均匀性。混凝土搅拌好之后，1.5h 内灌注完毕为原则。在夏天由于混凝土凝结较快，所以必须在搅拌好之后 1h 内尽快浇完，否则应掺入适当的缓凝剂。

在灌注过程中，要经常量测混凝土灌注量和上升高度。量测混凝土上升高度可用测锤。由于混凝土上升面一般都不是水平的，所以要在三个以上的位置进行量测。

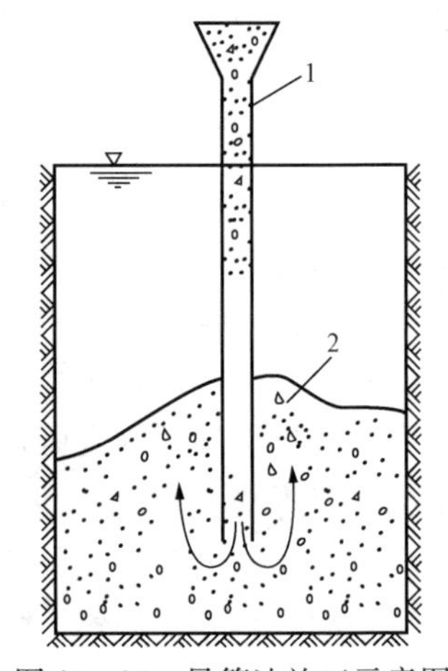

图 10-14　导管法施工示意图
1—导管；2—正在浇灌的混凝土

10.5.7　施工问题与解决方案

1. 地下障碍物处理

由于咬合桩采用的是钢护筒，所以可吊放作业人员清除孔内障碍物。

2. 克服钢筋笼上浮

钢筋笼上浮的主要原因一是钢筋笼可能采用了元宝筋作为保护层厚度的控制，其形状不适合施工桩。如外套管接口处较厚，使管径 ϕ1000 变为管径 ϕ920，因管径变小处易与粗骨料产生塞挤，使钢筋笼与外套管产生磨阻，当上提套管时，套管接口处会将钢筋笼带起而产生上浮。二是混凝土石子粒径超标，坍落度过大。三是钢筋笼加工的顺直度不好和外径尺寸偏差大。

采取措施：只在距钢筋笼顶部80cm、400cm和距钢筋笼底部400cm处，延周边每圈均等分布焊接3根长10cm、ϕ18的弧线形钢筋作为保护筋，钢筋笼中间段不焊接保护筋；B桩混凝土的骨料粒径应尽量小一些，不宜大于25mm；B桩混凝土坍落度由（20±2）cm调整至（18±2）cm；在钢筋笼底部按等腰三角形加焊3根ϕ20的钢骨架以增加其抗浮能力。

3. 管涌措施

由于A桩混凝土未完全凝固，还处于流动状态，A桩混凝土可能从A、B桩相交处涌入B桩孔内，形成“管涌”。解决措施有以下几种：

（1）控制A桩混凝土的坍落度，不宜超过14cm。

（2）套管底口应始终超前于开挖面2.5m以上，如果钻机能力许可，这个距离越大越好。

（3）必要时可向套管内注入一定量的水，使其保持一定的反压来平衡A桩混凝土的压力，阻止“混凝土管涌”的发生。

4. 事故桩处理方法

在钻孔咬合桩施工过程中，A桩因机械设备故障等原因，有可能造成桩身异常而形成事故桩，其处理方法如下。

（1）背桩补强法。如图10-15所示，B1桩成孔施工时，其两侧A1、A2桩的混凝土均已凝固，此种情况下，则放弃B1桩的施工，调整桩序继续后面咬合桩的施工，之后在B1桩外侧增加三根咬合桩及两根旋喷桩作补强、止水处理，外侧另加钢筋网喷射混凝土补强。

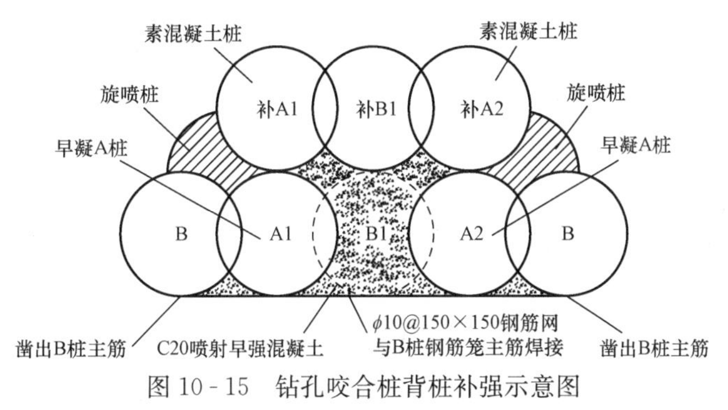

图10-15 钻孔咬合桩背桩补强示意图

（2）平移法。如图10-16所示，B桩在成孔施工时，其一侧A1桩的混凝土已经凝固，此种情况下，向A2桩方向平移B桩桩位，使套管钻机单侧切割A2止水处理。桩施工B桩，并在A1桩和B桩外侧增加一根旋喷桩作止水处理。

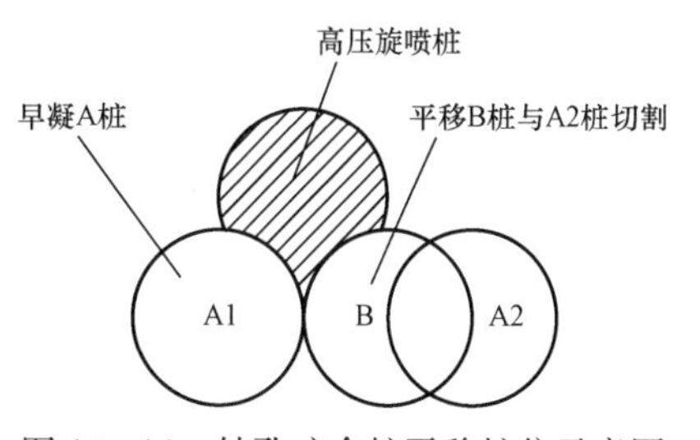

图10-16 钻孔咬合桩平移桩位示意图

（3）预留咬合企口法。如图10-17所示，在B1桩成孔施工中发现A1桩混凝土已有早凝倾向但还未完全凝固时，为避免继续按正常顺序施工造成事故桩，及时在A1桩右侧施工一砂桩B2以预留出咬合企口，施工超缓素混凝土桩A2，然后挖出B2桩中砂灌入混凝土，施工完毕在B2桩外侧增加二根旋喷桩作止水处理。

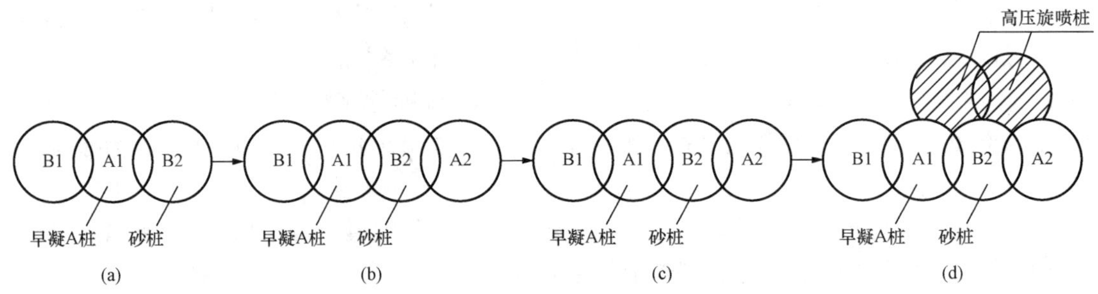

图10-17 钻孔咬合桩预留咬合企口示意图

（a）在A1桩右侧施工B2砂桩；（b）施工A2素混凝土桩；（c）取出B2砂桩中砂，吊入钢筋笼，灌入混凝土；（d）在B2桩后面补二根旋喷桩

10.6 施工质量检验

10.6.1 导墙的施工质量检验

（1）根据地面控制点采用全站仪实地测放桩位，并做好龙门桩。

（2）桩位验收合格后，人工开挖导墙沟槽并夯实，以防止钻机在上面行走时导墙下陷。

（3）施工导墙混凝土垫层，严格控制其厚度、截面尺寸及表面平整度。

（4）按照龙门桩上的点位在垫层上定出每组咬合桩的中心线（三根为一组，中间一根钢筋混凝土桩、两侧各一根素混凝土桩），将所有咬合桩的中心线相连形成排桩中心线。

（5）按咬合桩中心线弹出两边的模板内边线（模板内边线距离 $L=\frac{D}{2}-300$，D 为孔径，300为咬合桩模板宽度），根据模板内边线安装定型模板。

（6）按设计要求安放钢筋，所有钢筋绑扎必须满扎。

（7）导墙混凝土采用商品混凝土，浇筑时两边对称交替浇捣，严防走模。并按规范要求预留试块，另外再做一组强度试块，以便确定75%强度时间。

导墙质量检验标准见表10-7。

表10-7　　导墙质量检验标准

项目	序号	检查项目	容许偏差	检查方法
主控项目	1	模板隔离剂	涂刷模板隔离剂时不得沾污钢筋和混凝土接搓处	观察
	2	轴线位置	5mm	用钢尺丈量
	3	截面内部尺寸	±10mm	用钢尺丈量
	4	钢筋材质检验	符合设计要求	抽样检验
	5	钢筋连接方式	符合设计要求	观察
	6	钢筋接头试件	符合设计要求	抽样检验
	7	混凝土强度	符合设计要求	试块检验

续表

项目	序号	检查项目	容许偏差	检查方法
一般项目	1	模板安装	(1) 模板的接缝不应漏浆，木模板应浇水湿润，但模板内不应有积水； (2) 模板与混凝土的接触面应清理干净并涂刷隔离剂； (3) 模板内的杂物应清理干净	观察
	2	相邻两板高低差	2mm	用钢尺丈量
	3	模板拆除	模板拆除时混凝土强度能保证其表面及棱角不受损伤	观察

10.6.2 钢筋笼的施工质量检验

1. 制作要求

(1) 钢筋笼制作前清除钢筋表面污垢、锈蚀，准确控制下料长度。

(2) 钢筋笼采用环形、圆形模制作，制作场地保持平整。

(3) 钢筋笼焊接选用 E50 焊条，焊缝宽度试不小于 $0.7d$，高度不小于 $0.3d$。钢筋笼焊接过程中，及时清渣。

(4) 钢筋笼主筋连接根据设计要求，采用闪光对焊，箍筋采用双面搭接焊，焊缝长度≥5d，且同一截面接头数≤50%。

(5) 成型的钢筋笼平卧堆放在平整干净地面上，堆放层数不应超过 2 层。

2. 安放要求

(1) 钢筋笼安放标高，由套管顶端处标高计算，安放时必须保证桩顶的设计标高，允许误差为±100mm。

(2) 钢筋笼下放时，应对准孔位中心，采用正、反旋转慢慢地逐步下放，放至设计标高后立即固定。

钢筋笼质量检验标准见表 10-8。

表 10-8　咬合桩钢筋笼的质量检验标准

项目	序号	检查项目	容许偏差	检查方法
主控项目	1	主筋长度	±10mm	用钢尺丈量
	2	长度	±100mm	用钢尺丈量
	3	钢筋连接方式	符合设计要求	观察
一般项目	1	钢筋材质检验	符合设计要求	抽样检验
	2	钢筋连接检验	符合设计要求	抽样检验
	3	箍筋间距	±20mm	用钢尺丈量
	4	直径	±10mm	用钢尺丈量
	5	保护层厚度 80mm	0，−10mm	用钢尺丈量

10.6.3 咬合桩混凝土浇灌的施工质量检验

(1) 钢筋笼吊装验收合格后，安装混凝土灌注导管。

（2）安放混凝土漏斗与隔水橡皮球胆，导管提离孔底小于0.50m。混凝土初灌量必须保证埋住导管0.80～1.30m。

（3）灌注过程中，导管埋入深度宜保持在2.0～6.0m，最小埋入深度不得小于2.0m；浇筑混凝土时随浇随提，严禁将导管提出混凝土面或埋入过深，一次提拔不得超过6.0m。

（4）在混凝土面接近钢筋笼底端时灌注速度适当放慢，当混凝土进入钢筋笼底端1.0～2.0m后，导管提升要缓慢、平稳，避免出料冲击过大或钩带钢筋笼，以防钢筋笼上浮。

（5）超缓凝混凝土的使用：每车混凝土在使用前，必须由现场施工人员检查其坍落度及观感质量是否符合要求，坍落度超标或观感质量太差的坚决退回，绝不使用。每车混凝土均由现场施工人员取一组试件，监测其缓凝时间及坍落度损失情况，直至该桩两侧的B桩全部完成为止，如发现问题及时反馈信息，以便采取应急措施。

咬合桩混凝土浇灌的质量检验标准见表10-9。

表10-9　咬合桩混凝土浇灌的质量检验标准

项目	序号	检查项目	容许偏差	检查方法
主控项目	1	混凝土强度	符合设计要求	按《公路工程质量检验评定标准 第一册土建工程》(JTG F80/1—2017) 附录B检查
	2	单桩承载力	满足设计要求	抽查桩数的0.1%且不少于3根
一般项目	1	混凝土坍落度140～180	±20mm	查施工记录
	2	B型桩完好性	符合设计要求	超声波

10.6.4 咬合桩垂直度及施工过程的质量控制

1. 孔口定位误差控制

在钻孔咬合桩桩顶以上设置钢筋混凝土导墙，导墙上定位孔的直径宜比桩径大30mm。钻机就位后，将第一节套管插入定位孔并检查调整，使套管周围与定位孔之间的空隙保持均匀。

2. 套管自身的顺直度检查和校正

钻孔咬合桩施工前在平整地面上进行套管顺直度的检查和校正，首先检查和校正单节套管的顺直度，然后将按照桩长配置的全部套管连接，整根套管的顺直度偏差15mm。

3. 成孔过程中桩的垂直度监测和控制

（1）地面监测：在地面选择两个相互垂直的方向，设置经纬仪监测地面以上部分的套管的垂直度发现偏差随时纠正（见图10-18）。

（2）孔内检查：在每节套管压完后安装下一节套管之前，进行孔内垂直度检查。具体方法：先在套管顶部放一个钢筋十字架，放入线锤，吊入测量工人，沿十字钢筋两个方向，利用线锤上下分别量测，测出偏差值，做好记录。超偏差必须纠偏，合格后进行下一节套管施工（见图10-19）。

4. 垂直度超差的纠偏

（1）利用钻机油缸进行纠偏：如果偏差不大或套管入土深度≤5.0m，可直接利用钻机的两个顶升油缸和两个推拉油缸调节套管的垂直度。

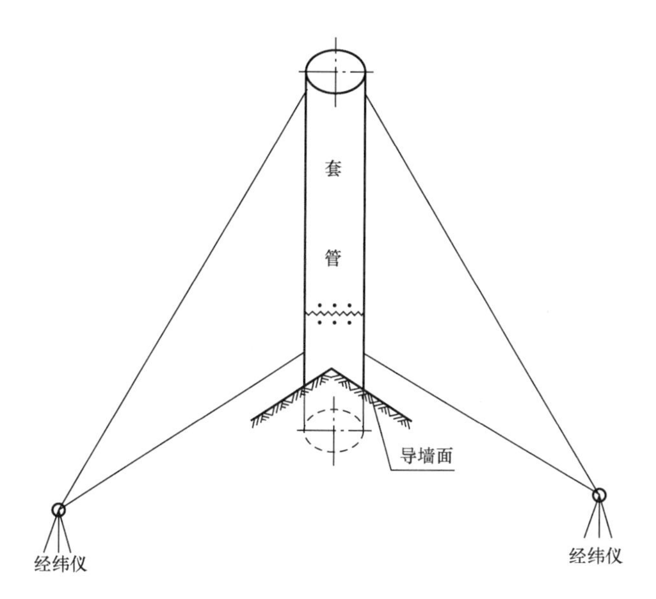

图 10 - 18　地面监测示意图

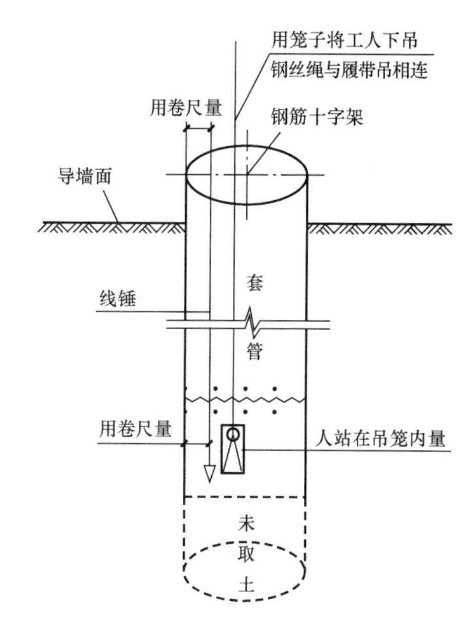

图 10 - 19　孔内检查示意图

(2) A 桩纠偏。如果 A 桩偏差较大或套管入土深度>5.0m，先利用钻机油缸直接纠偏，如达不到要求，向套管内灌砂或黏土，边灌边拔起套管，直至将套管提升到上一次检查合格的位置，然后调直套管，检查其垂直度再重新下压。

(3) B 桩纠偏。如果 B 桩偏差较大或套管入土深度>5.0m，先利用钻机油缸直接纠偏，如达不到要求，向套管内灌混凝土，边灌边拔起套管，直至将套管提升到上一次检查合格的位置，然后调直套管，检查其垂直度再重新下压。

咬合桩垂直度及施工过程质量检验标准见表 10 - 10。

表 10 - 10　　咬合桩垂直度及施工过程质量检验标准

项目	序号	检查项目		容许偏差		检查方法
				单位	数值	
主控项目	1	桩位	主筋长度	mm	±10	全站仪
			长度	mm	±10	
	2	孔深		mm	+300	用测绳测量
	3	桩体质量检验		按桩基检测技术规范		按桩基检测技术规范
	4	混凝土强度		符合设计要求		试块检验或钻芯取样检验
	5	垂直度		0.3%		经纬仪、线锤
一般项目	1	桩径		mm	±10	钢尺丈量：抽查 2%且不少于 5 点
	2	钢筋笼安装深度		mm	±100	井径仪或超声波检测，用钢尺丈量
	3	混凝土充盈系数		>1	检查每根桩的实际灌注量	用钢尺丈量
	4	桩顶标高		mm	+30，−50	水准仪测

10.7 工程实例

1. 工程概况

杭州地铁试验段秋涛路车站位于汽车南站附近，沿钱江新城婺江路，横跨秋涛路，并穿越新开河。周边环境复杂，管线众多，交通繁忙。车站总长259.6m（含渡线100m），总宽18.9m，埋深一18m。

结构顶板覆土约5m。设有2座风道，6个出入口。车站结构为地下双层岛式车站，站台宽度10m，总高13.31m。设计概算1.7亿元（含征地拆迁等），工期24个月。地铁一号线工程是杭州市建设历史上投资最大的城市基础设施项目，已经列为杭州市“十大工程”之一和省市重点工程项目。

2. 工程地质与水文条件

该工程位于钱塘江河口相冲海积堆积的粉性土及黏性土地区。土层总体特征是高含水量和大孔隙比、高压缩性、低强度。砂质粉土，松散-中密，透水性强，易产生流沙、涌水；淤泥质黏土，流塑至软塑状、高灵敏度、具触变、流变特性弱透水；粉质黏土，可塑-硬塑，中等压缩性。围岩分类均为I类。另外，在车站基坑范围内有古海塘，有条石。地下水分布为两个含水层，即浅层潜水（静止水位埋深0.85～3.45m）和深层承压水（埋深23～28m）。

3. 建筑设计与围护结构设计

秋涛路车站设计新颖，富有创意。由于新开河的原因，大胆采用长度达56m的超大型椭圆中庭式结构设计，视野开阔，现代感强。同时，充分考虑人防、消防、防水以及无障碍设施及站台屏蔽门系统，机电及控制系统设计先进，出入口达6个，完善的功能布局极大地方便乘客乘坐的需要（图10-20）。

图10-20 车站透视图

车站基坑支护采用ϕ1000@750钻孔咬合灌注桩，桩长35、33m和28m不等。内设ϕ609的钢管支撑6道，纵向间距4m。出入口部分基坑最埋深13m，采用SMW工法，桩径ϕ850。

4. 工程特点与技术难点

该项工程有以下几项特点。

(1) 外部环境复杂。该车站横跨城市主干道秋涛路，交通繁忙，只能倒边施工；穿越新开河，不能断流。车站范围还涉及桥梁的撤除和复建；用地性质复杂，集体土地和国有土地混杂其间，企业包括国有、集体和合资等，有住宅、商铺，须拆迁 18000m^2，动迁难度大；建设单位涉及钱江新城指挥部、市河道指挥部、上城区农居中心等 4 家单位，协调难度大；管线种类多，数量达 25 条，有的埋深达 6m，管径 1200mm，管线保护和迁改难度大。

(2) 基坑深。由于要穿越新开河，车站又要贯通，车站的底板埋深－18m，桩长达 33～35m。

(3) 施工工序多。车站基坑工程涉及钻孔咬合桩、SMW 工法桩、旋喷搅拌桩加固、截流围堰、基坑开挖与结构施工等多道工序，工序间相互穿插和制约，项目管理难度高。

同时，该项工程还有以下几项技术难点。

(1) 钻孔咬合灌注桩施工。钻孔咬合灌注桩在国内属于新工艺，施工设备少，可施工 25m 以上桩长的更少。灌注桩缓凝和垂直度的监测与控制以确保止水是难点之一。

(2) 周边建筑物保护。基坑附近 3.5m 处有一幢 9 层简易框架楼房，有 50 多户居民，夯扩短桩长仅 6～7m。据测量，现已发生位移。按常规采用旋喷桩加固保护。加固方案必须确保基坑开挖过程中楼房的不开裂及居民安全。

(3) 交通组织。采用倒边施工的方案，必须确保军便梁或排桩能够承受重载车辆不间断的通行，而不影响基坑开挖安全及保证道路不沉陷。

(4) 基坑施工降水。根据水文资料，有潜水层和承压水。基坑井点降水方法是保证基坑开挖安全的关键。

(5) 河流围堰。新开河具有城市排洪和景观功能，不能断流。施工时围堰加 ϕ1000 泄洪管，以保证泄洪要求。但是在围堰上实施钻孔咬合桩存在一定的技术问题。

5. 结论与建议

杭州地铁试验段秋涛路站地质条件复杂、交通繁忙、动迁量大，具有市区施工的代表性。地铁试验段工程为软土和粉土条件下进行大规模地基处理技术积累施工和管理经验。同时，围护结构采用新型的钻孔咬合桩工艺，值得推广与应用。

钻孔咬合灌注桩有其许多优点，但桩长只能在 20m 左右的围护结构才具有一定的优势。而桩长超过 25m 时可选液压钻机稀少，将影响施工工期。因此，应与地下连续墙方案进行综合技术经济比选。

由于各地的地质条件不同，施工方法具有明显的地域特性，建议对工程重点和难点要进行专题研究论证，确保工程质量和安全。同时要考虑许多不确定因素对工期的影响，优化工序组合，进行动态管理。

(1) 能够描述钻孔咬合桩的概念。

(2) 掌握钻孔咬合桩的优缺点及适用范围。

(3) 能够描述钻孔咬合桩的作用机理。

(4) 掌握钻孔咬合桩的设计与计算。

(5) 掌握钻孔咬合桩的关键技术与机具设备。

（6）掌握钻孔咬合桩的施工工艺。

（7）了解钻孔咬合桩的质量检验。

本 章 小 结

本章主要介绍了钻孔咬合桩的作用机理及适用范围、设计与计算、关键技术与机具设备、施工工艺及质量检验。

（1）钻孔咬合桩采用全套管钻机和超缓凝混凝土技术，由中间一根钢筋混凝土桩及两侧各一根素混凝土桩相邻咬合组成为一组言先施工两侧的素混凝土桩（超缓凝混凝土），在初凝前施工完中间的钢筋混凝土桩，中间钢筋混凝土桩施工时用全套管桩机切割掉相邻素混凝土桩相交部分的混凝土，使排桩间相邻桩相互咬合（桩周相嵌），共同终凝，从而形成无缝、连续的“桩墙”，达到挡土、止水和保证施工安全的新型地基支护结构。

（2）钻孔咬合桩适用于黏性土、淤泥质土、砂性土等土层、小颗粒（＜50mm）砂砾层等，特别是砂性土层、地下水丰富易产生流砂、管涌等不良条件地质及城市建筑物密集区的地基支护结构。

（3）强夯过程机理可概述为：超缓凝型混凝土A桩和钢筋混凝土B桩间隔布置，实现桩与桩之间相互咬合，起到软土基础的加固与稳定作用。

（4）强夯法的设计与计算包括构造设计（桩身直径、导墙、混凝土强度）与稳定性验算（基坑底部土体的抗隆起稳定性验算、基坑底部土体的抗管涌稳定性验算、桩墙的抗倾覆稳定性验算、基坑整体稳定验算等）。

（5）钻孔咬合桩的关键技术包括孔口定位误差控制、咬合桩咬合厚度的确定、桩垂直度控制、超缓混凝土技术参数、地下障碍物处理方法和分段施工处接头的处理方法等。钻孔咬合桩的主要机具设备有全套管液压钻机、履带吊车、履带起重机、空压机、混凝土运输车等。

（6）钻孔咬合桩的施工工艺如图10-10所示。

（7）钻孔咬合桩的施工质量检验内容有导墙的施工质量检验、钢筋笼的施工质量检验、咬合桩混凝土浇灌的施工质量检验、咬合桩垂直度及施工过程的质量控制。

复 习 思 考 题

1. 钻孔咬合桩的作用机理是什么?
2. 简述钻孔咬合桩的关键技术。
3. 简述钻孔咬合桩的单桩施工工艺。
4. 如何实施在成孔过程中桩的垂直度监测和控制?
5. 简述钻孔咬合桩的材料要求。
6. 钻孔咬合桩在施工过程中主要有哪些问题？如何解决?

第11章　等厚度水泥土搅拌墙

知识目标

1. 理解等厚度水泥土搅拌墙的基本概念；
2. 掌握等厚度水泥土搅拌墙的设计计算方法；
3. 掌握等厚度水泥土搅拌墙的施工流程；
4. 掌握等厚度水泥土搅拌墙的质量检验方式。

11.1　概述

等厚度水泥土搅拌墙技术是近些年为满足深大地下空间开发深层地下水控制以及复杂地层地下水控制需求而发展起来的安全可靠且节能降耗的新技术。根据搅拌成墙施工工艺的不同，等厚度水泥土搅拌墙技术包括CSM工法（Cutter Soil Mixing Method）和TRD工法（Trench Cutting Re-Mixing Deep Wall Method）两种，其中TRD工法更为常用。本书中介绍的等厚度水泥土搅拌墙技术均指TRD工法。

扫一扫

TRD工法简介

扫一扫

TRD工法虚拟仿真

扫一扫

TRD工法动画演示之一

扫一扫

TRD工法动画演示之二

TRD工法是将满足设计深度的附有切割链条以及刀头的切割箱插入地下，在进行纵向切割横向推进成槽的同时，向地基内部注入水泥浆已达到与原状地基的充分混合搅拌在地下形成等厚度搅拌墙的一种施工工艺。

地下空间开发产生大量的深基坑工程，沿江沿海地区水位高、含水层深厚、水量丰富，为增加地下空间开挖过程中基坑底部和周边围护侧壁的稳定性，防止流沙河基坑突涌，便于施工，开挖过程中不可避免地涉及地下水的处理问题。而对于解决挖深较大的地下空间工程的承压水处理方法主要由两种：一种是在基坑内部设置降压井，根据开挖深度和降水设计计算要求按需降水，但长时间大面积抽降承压水会引起基坑周边土体大面积沉降，影响周边环境安全；另一种方法是通过增加基坑周边围护结构深度，形成超深隔水帷幕，隔断承压含水层，但是当前常规三轴水泥土搅拌桩隔水帷幕施工技术仅能达到25～30m的施工深度，对于一些超深地下项目难以起到有效阻隔深层地下水的作用。

为解决深大地下空间开发中深层地下水控制问，亟待研发一种深度大、抗渗性能可靠、造价经济的隔水帷幕新技术。等厚水泥土搅拌墙技术应运而生，成为超深隔水帷幕发展的新方向。该技术通过水泥浆液和原位土体混合搅拌筑成等厚度连续的水泥土搅拌墙作为隔水帷幕，相比常规三轴水泥土搅拌桩隔水帷幕，水泥土墙体更均匀，深度提高一倍（达60m），强度提高一倍以上（达1～3MPa），工效提高逾50%，地层适应更广；

相比混凝土地下搅拌墙隔水帷幕，工效提高逾50%，能耗显著降低，造价降低逾50%，是节能降耗、可持续发展的绿色新技术。表11-1为水泥搅拌桩和TRD工法水泥土搅拌墙的主要特性对比。

表11-1　　水泥土搅拌技术对比

项目		水泥搅拌桩	TRD工法水泥土搅拌墙
最大厚度		直径1000mm，有限厚度660mm	90mm
设备最大深度		30m	60m
内插构件		间距受限制	无限制
拌和方式		垂直定点搅拌	水平掘削，整体搅拌
搭接接头		多	无
墙身质量		良	优
隔水效果		良	优
施工地层	软黏土	可施工	可施工
	砂土	标贯击数<30	标贯击数<100
	卵砾石	无法实施	粒径<10cm
	岩层	无法实施	单轴抗压强度<10MPa
设备专用空间		大	小
土体置换率		中	高

11.2　加固机理与适用范围

TRD工法由日本于20世纪90年代初开发研制，是能在各类土层和砂砾石层中连续成墙的成套设备和施工方法。其基本原理是利用链锯式刀具箱竖直插入地层中，然后作水平横向运动，同时由链条带动刀具作上下的回转运动，搅拌混合原土并灌入水泥浆，形成一定厚度的墙。其主要特点是成墙连续、表面平整、厚度一致、墙体均匀性好。主要应用在各类建筑工程、地下工程、高速公路工程、护岸工程、大坝、堤防的基础加固、防渗处理等方面。

11.2.1　加固机理

1. 水泥土对型钢提供侧向约束

型钢为钢材，具有很大的刚度、抗变形能力，型钢与水泥土组合成一个整体，可以提高墙体的刚度。水泥土约束型钢，对于型钢的刚度发挥和稳定性有重要作用。在基坑底部附近变形最大，水泥土搅拌墙顶部和底部的变形相对较小，型钢和水泥土的组合构件能较好地发挥出协调变形作用。

2. 型钢承担大部分的竖向应力

型钢翼缘内侧受拉、坑外侧受压。通过基坑开挖深度10m（内支撑竖向5.5m、水平9m，型钢H700×700×13×24长度20m，间距1200mm，围护厚度850mm）的水泥土搅拌墙构件竖向应力实验分析，型钢最大的竖向拉应力为137MPa，最大竖向压应力为138MPa，拉、压应力基本一致。水泥土的竖向压应力为0.25MPa。可见，型钢的竖向压应力为水泥土的552倍，承担了99.82%的总竖向应力。

3. 型钢承担大部分的弯矩

从受力特性角度分析，水泥土搅拌墙属于典型的受弯构件。通过基坑开挖深度10m的水泥土搅拌墙构件弯矩实验分析，深度10m处（基坑底部）处弯矩最大，水泥土承担的弯矩仅占总弯矩的很小部分。型钢分担的弯矩占99%，为型钢一水泥土复合构件中的主要抗弯构件。可见水泥土的主要作用是为型钢提供侧向约束，可防止型钢在受弯状态下发生失稳，而型钢可充分发挥的钢材的抗弯拉强度。

11.2.2 适用范围

水泥土搅拌墙可作为隔水帷幕、围护结构和地下连续墙三大类应用形式，如图11-1所示。

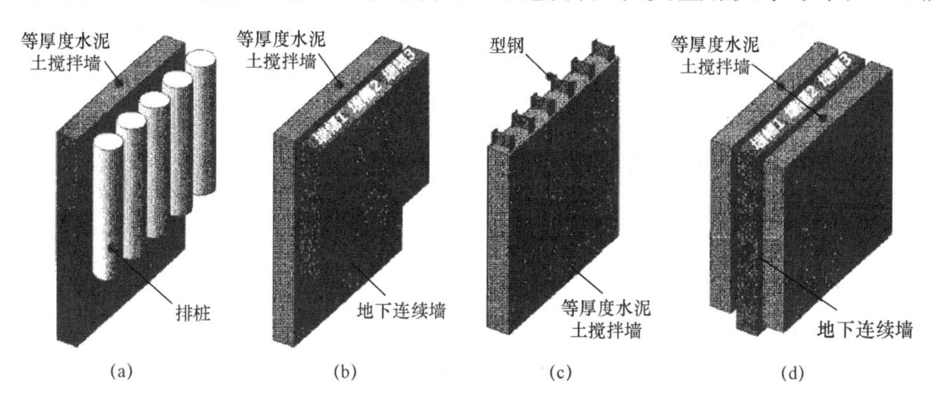

图11-1　水泥土搅拌墙的应用形式

(a)、(b) 隔水帷幕；(c) 围护结构；(d) 地下连续墙槽壁加固

水泥土搅拌墙适用于涵盖深厚黏土、深厚密实砂土、卵砾石、软岩等多种复杂地层及环境条件。

11.3 TRD工法的设计与计算

11.3.1 水泥土搅拌墙设计

1. 内插型钢选择

内插型钢宜采用Q235B和Q345B级钢，其规格、型号及有关要求宜按国家现行标准《热轧H型钢和部分T型钢》(GB/T 11263) 和《焊接H型钢》(YB/T 3301) 选用，并宜符合下列规定：

(1) 墙体厚度为550mm时，内插H型钢节目宜采用H400×300、H400×200；

(2) 墙体厚度为700mm时，内插H型钢节目宜采用H500×300、H500×200；

(3) 墙体厚度为850mm时，内插H型钢节目宜采用H700×300。

型钢的钢材牌号Q235B，插入必要的基底深度，满足基坑稳定性要求。

2. 型钢间距

水泥土搅拌墙中相邻型钢的型钢间距一般取900mm，净距不宜小于200mm，宜等间距布置，中心距应符合下式规定：

$$L \leqslant 2(t+h)+B-200 \tag{11-1}$$

式中 L——相邻型钢之间的中心距（mm）；

t——水泥土搅拌墙厚度（mm）；

h——型钢高度（mm）；

B——型钢的翼缘宽度（mm）。

3. 搅拌墙厚度

水泥土搅拌墙的厚度应符合下列规定：

（1）型钢无拼接时，应取下列公式结果较大值：

$$t \geqslant h + 100 \tag{11-2}$$

$$t \geqslant h + L_h/250 \tag{11-3}$$

（2）型钢有拼接时，除应满足式（11-1）中的要求外，尚应符合下列公式规定：

$$t \geqslant h_1 + 50 \tag{11-4}$$

$$t \geqslant h_1 + L_{h1}/400 \tag{11-5}$$

式中 t——型钢水泥土搅拌墙厚度（mm）；

h——型钢高度（mm）；

h_1——型钢拼接处的最大高度（mm）；

L_h——型钢长度（mm）；

L_{h1}——型钢顶部至最下一个拼接点的长度（mm）。

墙体厚度一般取550～850mm，常用厚度宜取550mm、700mm、850mm，以50mm为模数对墙体厚度进行增减。。

4. 墙体水灰比

水泥宜采用强度等级不低于P.O.42.5级普通硅酸盐水泥，水泥掺入量应根据土质条件及要求的水泥土强度确定，且不宜小于20%，水灰比取1.0～2.0。

5. 墙体抗压强度

水泥土搅拌墙28d的无侧限抗压强度标准值不宜小于0.8MPa。

6. 水泥土抗剪强度

水泥土抗剪强度标准值不宜小于0.16MPa。

7. 渗透系数

抗渗性能应满足墙体自防渗要求，渗透系数不应大于1×10^{-7}cm/s。

8. 平面布置

等厚度水泥土搅拌墙的平面布置应简单、规则，宜采用直线布置，减少转角，圆弧段的曲率半径不宜小于60m。

9. 垂直度偏差

垂直度偏差要求不大于1/250。

10. 墙体偏差

墙位偏差不得大于50mm，墙深偏差不得大于50mm. 成墙厚度偏差不得大于20mm。搅拌墙的入土深度宜比型钢的插入深度大0.5～1.0m。

11. 挖掘液

等厚度水泥土搅拌墙设备在先行挖掘过程中采用挖掘液护壁，挖掘液采用钠基膨润土拌制，每立方被搅拌土体掺入约 30～100kg 的膨润土。对黏性土一般不少于 30kg/m³，对砂性土一般不少于 50kg/m³。

11.3.2　内力计算与稳定性验算

型钢水泥土搅拌墙结合内支撑或锚杆支护时，设计计算应符合现行行业标准《建筑基坑支护技术规程》(JGJ 120) 中支挡式结构的相关规定，并应计算下列内容：

(1) 型钢水泥土搅拌墙内力及变形计算；

(2) 基坑整体稳定性验算；

(3) 基坑底部土体的抗隆起稳定性验算；

(4) 基坑底部土体的抗管涌稳定性验算；

(5) 型钢水泥土搅拌墙的抗倾覆稳定性验算；

(6) 水泥土局部抗剪承载力验算；

(7) 基坑环境影响分析与评估；

(8) 型钢回收时，尚应进行型钢拔起计算。

1. 抗弯强度验算

作用与型钢水泥土搅拌墙的弯矩应全部由型钢承担，并按下式验算型钢抗弯强度：

$$\frac{1.25\gamma_0 V_k S}{I t_w} \leqslant f_v \tag{11-6}$$

式中　V_k——型钢水泥土搅拌墙的剪力标准值 (N)；

S——型钢计算剪应力处以上毛截面对中和轴的面积矩 (mm^3)；

I——型钢沿弯矩作用方向的毛截面惯性矩 (mm^4)；

t_w——型钢腹板厚度 (mm)；

f_v——钢材的抗剪强度设计值 (N/mm^2)。

2. 抗剪承载力

型钢水泥土搅拌墙作为基坑围护结构，根据其承载变形特性，除验算各项稳定性及型钢承载力外，还需对水泥土的局部抗剪承载力进行验算 (见图 11-2)。

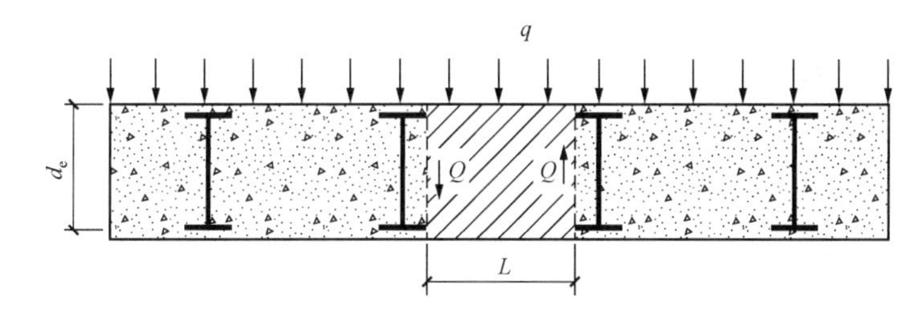

图 11-2　型钢水泥土搅拌墙局部抗剪验算示意图

型钢水泥土搅拌墙中水泥土之间的错动抗剪承载力可按下列公式进行验算：

$$\tau_1 \leqslant \tau \tag{11-7}$$

$$\tau_1 = \frac{1.25\gamma_0 V_{1k}}{d_{e1}} \tag{11-8}$$

$$V_{1k} = \frac{q_k L_1}{2} \tag{11-9}$$

$$\tau=\frac{\tau_{ck}}{1.6} \tag{11-10}$$

式中 τ_1——型钢与水泥土之间的错动剪应力设计值（N/mm^2）；

V_{1k}——型钢与水泥土之间单位深度范围内的错动剪力标准值（N/mm）；

q_k——型钢水泥土搅拌墙计算截面处的侧压力强度标准值（N/mm^2）；

L_1——相邻型钢翼缘之间的净距（mm）；

d_{e1}——型钢翼缘处水泥土墙体的有效厚度（mm）；

τ——水泥土抗剪强度设计值（N/mm^2）；

τ_{ck}——水泥土抗剪强度标准值（N/mm^2），可取搅拌墙28d龄期无侧限抗压强度的1/3。

3. 型钢起拔验算

型钢起拔回收时，应根据型钢长度、土层条件、支护结构变形控制值等验算型钢起拔力，可按下式进行验算：

$$P_m>\varphi\ (u_{f1}A_{c1}+u_{f2}A_{c2}) \tag{11-11}$$

式中 u_{f1}——型钢翼缘外表面与水泥土单位面积的静摩阻力标准值（N/mm^2），加减摩剂后一般取0.02～0.04MPa；

A_{c1}——型钢翼缘外表面与水泥土的接触面积（mm^2）；

u_{f2}——型钢其余范围与水泥土单位面积的静摩阻力标准值（N/mm^2），加减摩剂后一般取0.02～0.07MPa（软土取低值，粉土或砂土取高值）；

A_{c2}——型钢其余范围与水泥土的接触面积（mm^2）；

φ——考虑型钢变形、自重等因素后调整系数。

型钢起拔力应同时满足型钢强度的要求，可按照下式验算：

$$P_m<0.75f\cdot A_H \tag{11-12}$$

式中 f——型钢的抗拉强度（N/mm^2）；

A_H——型钢顶部最小截面积（mm^2）。

11.4 施工机具与设备

1993年日本神户制钢所开发了TRD工法等厚度水泥土搅拌墙技术，并先后研制生产了TRD-Ⅰ型、TRD-Ⅱ型和TRD-Ⅲ型工法机。这三种机型均采用了移动灵活的步履式底盘结构：TRD-Ⅰ型和TRD-Ⅲ型工法机采用油缸升降切割箱刀具，TRD-Ⅱ型工法机采用卷扬机升降切割箱刀具。TRD-Ⅰ型工法机最大施工墙体深度20m左右，TRD-Ⅱ型工法机最大施工深度45m左右，TRD-Ⅲ型工法机最大施工深度约60m。TRD-Ⅰ型工法机成墙深度虽不大，但可以大角度倾斜施工，最大倾斜角度约60°。随着TRD工法的发展和工程应用需求，目前日本工程界应用较多的主要是TRD-Ⅱ型和TRD-Ⅲ型工法机。

2012年上海工程机械厂有限公司自主研制了TRD-D型工法机，TRD-D型工法机采用步履式行进方式；由一台主动力为380kW的柴油机和一台副动力为90kW的电动机组成混合动力系统，总功率470kW；切削机构采用双级油缸升降方式；成墙厚度550～900mm，最大设计施工深度 61m；外形尺寸为 11.4m（长）×6.8m（宽）×10.7m（高）。

国内现有的 TRD 工法机有 TRD-Ⅲ型、TRD-CMD850 型、TRD-E 型和 TRD-D 型（见表 11-2）。目前多采用 TRD-D 型。

表 11-2　　各种工法机的主要技术参数对比

参数	型号			
	TRD-Ⅲ	TRD-CMD850	TRD-E	TRD-D
额定功率	主动力为 345kW 的柴油机和副动力为 169kW 的柴油机各一台	主动力为 380kW 的柴油机一台	主动力为 90kW 的电动机 4 台，副动力为 37kW 的电动机 3 台	主动力为 380kW 的柴油机一台和副动力为 90kW 的电动机一台
挖掘深度	标准挖掘深度为 36m，最大挖掘深度为 60m	标准挖掘深度为 36m，最大挖掘深度为 50m	标准挖掘深度为 36m，最大挖掘深度为 60m	标准挖掘深度为 36m，最大挖掘深度为 61m
切削宽度	550～850mm	550～850mm	550～850mm	550～900mm
链传动最大线速度	69m/min	72m/min	60m/min	70m/min
最大横向推力	540kN	530kN	539kN	627kN
移位方式	履带式	履带式	步履式	步履式
平均接地比压	0.200MPa（36m 切割箱）	0.150MPa（36m 切割箱）	0.037MPa（36m 切割箱）	0.066MPa（36m 切割箱）
主动力驱动方式	柴油机	柴油机	电动机	柴油机
装备重量	132t（36m 切割箱）	1401（36m 切割箱）	145t（36m 切割箱）	155t（36m 切割箱）

11.4.1　TRD-D 工法机

TRD-D 工法机由主机底盘、前部工作机构、切割机构、动力系统、电气控制系统等部件组成，如图 11-3 所示。

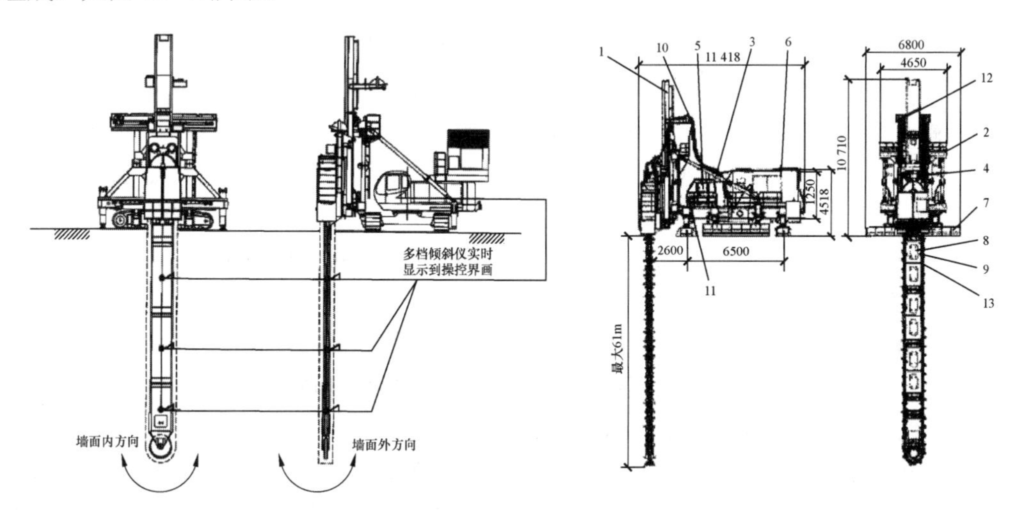

图 11-3　TRD-D 工法机主要部件示意图

1—立柱；2—门架；3—斜撑；4—驱动部；5—驾驶室；6—动力头；7—步履主机；8—切刻箱；9—切削刀；10—液压系统；11—电气系统；12—注浆系统；13—传动链

TRD-D型工法机用了步履式底盘结构，该底盘由前后横船、左右纵船共四个步履组成，相比履带式底盘，步履式底盘稳定性更高。步履内的支腿间由连梁连接，左、右步采用了自动复位机构，增强了操控性。

1. 前部工作机构

前部工作机构主要由驱动部（动力头、提升架）、立柱（横切油缸、提升油缸）、门架、斜撑等几大部件组成。驱动部连接切割箱，液压马达通过齿轮箱驱动轮带动切割链运行，通过提升油缸在立柱上运动。立柱通过滑动机构和横切油缸安装在门架上，通过推动立柱和驱动部横向运动，并可通过上下两只横切油缸作左右倾角运动最大倾角为5°。立柱分为两段，顶部立柱可拆除，使得设备可在7m高度范围内作业，门架是支撑驱动机构的支架，保证驱动部横向运动的直线性并反作用推动横向切割。通过斜撑保证门架平稳，并可调整整个前部工作机构和切削机构的工作角度。

2. 切割机构

切割机构主要有切刻箱、引导轮、链条、刀具等部件。切割箱是切削机构的基本组成部件，TRD-D型工法机有3.65m、2.42m、1.22m三种长度规格的切割箱，其中3.65m切割箱分为轻型切割箱和重型切割箱两种。3.65m重型切割箱配置5节，施工时安装在最顶端以确保切割箱的刚度；2.42m切割箱、1.22m切割箱均为重型，用于施工不同深度调节之用。各箱体根据施工项目深度组合搭配使用，施工深度40m以内可选用3节重型切割箱，大于40m需选用5节重型切割箱。引导轮安装在切割箱体的端部，由于长期深埋于数十米深的地层中，承受着复杂的工作负载和作业环境。引导轮轮体选用了具有高硬度和高耐磨性的合金钢材料，为了确保其转动灵活并且经久耐用，采用了多层+迷宫密封形式，并且配备润滑油补油系统，通过主机平台上的润滑油泵，经由切割箱体内部的润滑油管路和配油阀组，每隔一段时间为引导轮内部补充润滑油脂，并维持引导轮内外部的压力平衡，保证其内部不受泥浆侵蚀。链条是切制机构中传动部件，工作时将动力输出转换成刀具的切割力。

3. 动力系统

动力系统采用油电混合双动力系统。主动力液压系统由380kW柴油机提供动力，通过变量柱塞泵输出的液压力带动液压马达驱动主动链轮进行切削工作，副动力液压系统由9kW电动机提供动力，带动除切削机构以外的所有执行元件进行工作（包括提升油缸、横切油缸、斜撑油缸、支油缸、纵横步履油缸等）。驱动设备实现整机走位下钻拔钻、切削进给等动作，同时配备动力双向切换系统，可以实现油→电、电→油的双向动力切换，通过切换动力管路，对前端驱动马达的动力源在柴油机和电动机之间进行切换。

4. 电气控制系统

电气控制系统包括驾驶室显示屏、压力及位移传感器、切割过载控制与保护系统、专用倾斜仪等，具有数据监控全面、精度高、响应快、显示界面清晰直现、操作人性化等特点。驾驶室内部的显示屏采用双触控屏，通过触控切换，可以全面清晰地显示倾斜仪的实时曲线、驱动部和各油缸的实时负载变化、各个压力阀的负荷压力、主副油箱温度、发动机转速等数据指标。布置在提升油缸、链条张紧油缸、斜撑油缸、横切油缸的压力及位移传感器，精确地显示出各机构的工作进给量以及外界负载情况等参数，帮助操控人员判断实时状态，控制施工进度。切割过载控制与保护系统，可有效地避免因意外超载造成的安全事故或机械损坏。支撑前部切削机构的斜撑油缸，通过智能控制实现自动纠偏，保证成墙精度。在切制箱中，均匀布置了自主研制的专用倾斜仪进行四位监测，成墙垂直度达到 1/250。

11.4.2　切割箱刀具

1. 刀头形状

TRD 工法机锯子链式切割箱刀具由长短不同的刀头板及刀头组合而成，刀头形式及刀头板的组合形式直接决定了在不同地层中的适用性以及掘进过程中的切削能力与工效。刀头形状有标准刀头、圆锥形刀头、齿形刀头。对于标贯值小于 30 击的土层可采用标准刀头；标贯值大于 30 击的硬质土层采用圆锥形刀头；对卵砾石层宜使用齿形刀头。

2. 刀头板的型号与宽度

切割箱刀具组合的规格因墙体厚度不同而异，刀具组合呈菱形布置，错位排列。刀具标准排列一般以 8 种刀头板为 1 个组合，如图 11-4 所示。在不同的地层中主要是通过调整刀头板的布置和刀头的数量调整达到提高切削能力和工效的目的。

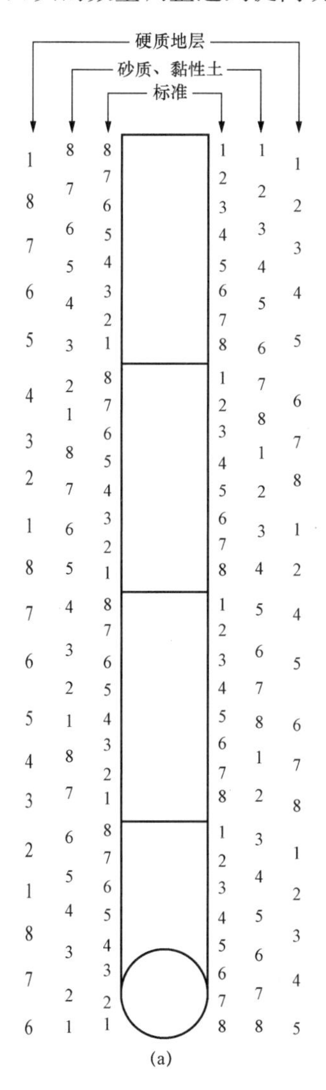

(a)

刀头板型号	刀头板宽度/mm
1	250
2	550
3	450
4	500
5	500
6	550
7	300
8	500
9	600
10	650
11	700
12	750
13	800
14	850

(b)

图 11-4　刀头板、刀具组合排列图

在深厚的密实砂石和软岩地层中，由于地层坚硬，刀具切削时阻力较大，根据工程实践，将组合刀头板的基本排列方式调整为5～6种刀头板为1个组合，适当减少刀头板数量，一方面减小了锯链在运转过程中的阻力，将更多的动力分配给切削刀具，另一方面将有限的功率分配给少量的刀具，以增加单片刀具的切削能力，可提高切割刀具对地层的破碎、挖掘效率。此外，对于复杂地层条件也可以通过对现有刀具的改进增加切削工效。例如，通过对1号刀具加长改进，使其优先去破碎地层，成墙施工工效提高近5倍，平均4延米/d。

11.5 TRD工法的施工工艺

11.5.1 施工工艺

水泥土搅拌墙施工工艺包括施工准备、开挖沟槽放置预埋箱、主机就位、切割箱沉入、浆液拌制、成墙施工、退避挖掘和切割箱养护、切割箱拔出与分解、先后施工墙体及转角墙体搭接等。

1. 施工准备

（1）平整场地。施工设备进场前应对场地进行平整，为施工操作提供良好的作业面和作业环境。TRD工法主机施工过程中会对地面产生一定的压力，为确保地基承载力满足要求，施工时可以在主机作业范围设置钢筋混凝土硬地坪，或在平整场地后铺设双层钢板。一般采用下层钢板长边垂直于主机行走方向铺设、上层钢板平行于主机行走方向铺设的方法，以充分扩散施工设备压力，确保TRDT法机平稳行进，防止发生偏斜。

（2）测量放样。根据设定好的坐标基准点和水准点，按施工图测放每段墙体的轴线及高程，并做好稳固的标识。

2. 开挖沟槽、放置预埋箱

成墙施工前，需沿等厚度水泥土搅拌墙内边控制线开挖预埋穴及导向沟槽。为TRD工法机提供导向参照，在导向沟槽处设置定位型钢。定位型钢内侧与墙体外边净距一般控制在200～300mm。定位型钢及钢板铺设如图11-5所示。

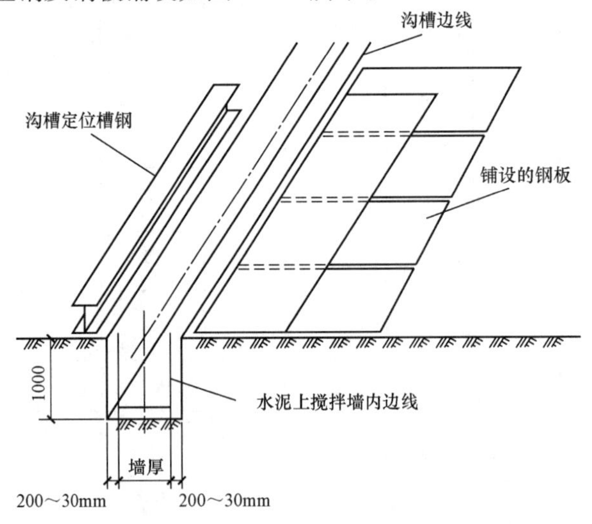

图11-5 定位型钢及钢板铺设示意图

预埋箱吊放入穴后，箱体四周用素土回填密实。当对墙体平面位置及竖向垂直度偏差要求较高时，可沿成墙位置设置钢筋混凝土导墙，以更好地控制墙体的平面位置和墙体的竖向垂直度。

3. 主机就位

主机施工行走时，内侧履带或步履底盘沿钢板上设定的定位线移位。同时控制定位型钢外侧至履带或步腹底盘的距离，用经纬仪和水准仪分别测量主机垂直度、钢板的路面标高。主机就位复核：定位偏差值≤20mm，标高偏差不大于 100mm，主机垂直度偏差≤1/250。

4. 切割箱沉入

TRD 工法机链锯式切割箱是分段拼装的，切削地基并下沉至设计墙底标高。在切割箱切削下沉过程中注入膨润土挖掘液，以稳定槽壁。切割箱侧面链条上的刀具长度一般为 550～900mm，切割箱宽度为 1.7m。单节切割箱长度规格有 1.2m、2.4m、3.6m、4.8m 等几种尺寸，需根据设计墙深对切割箱进行组合拼装，根据设计墙厚对不同尺寸的刀具进行排列组合。切割箱沉入环节关键是控制平面定位、竖向标高和平面内、外的垂直度。平面定位可通过精准的防线定位进行控制，竖向标高可通过预先测量、切割箱上标记控制下沉进尺深度。切割箱体内置多段式测斜仪，切割箱沉入过程中测斜仪将切割箱体（即墙体）垂直度实时显示在驾驶室操控屏幕。垂直度偏差较大时，可采用机身斜支撑调整墙体面外垂直度，竖向油缸调整墙体面内垂直度，将切割箱的垂直度偏差控制在 1/250 以内。切割箱自行打入挖掘步骤如图 11-6 所示。

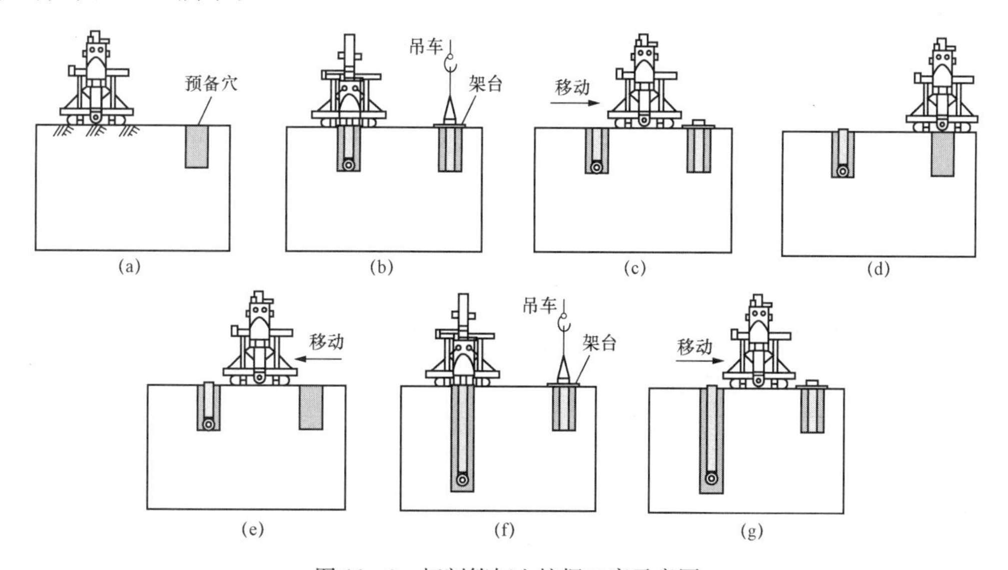

图 11-6　切割箱打入挖掘工序示意图

(a) 连接准备完毕；(b) 切割箱放置预备穴；(c) 主机移动；(d) 连接后将切割箱提起；(e) 主机移动；(f) 连接后向下切削，预备穴放置下一节切割箱；(g) 重复操作 3～6 次，切割箱切削下沉至设计深度

5. 浆液拌制

水泥土搅拌墙在挖掘过程中注入挖掘液，挖掘液主要为膨润土泥浆。在搅拌成墙过程中注入固化液，固化液主要为水泥浆液。固化液和挖掘液的配置是成墙施工的关键环节，直接关系到槽壁稳定和成墙质量。浆液拌制应采用电脑计量自动拌浆设备，浆液拌制好后，停滞

时间不得超过2h，随拌随用。挖掘过程中槽内混合泥浆的流动度，需采用专业流动度测试仪测定。挖掘液水灰比一般控制在5～20，槽内挖掘液混合泥浆流动度一般控制在135～240mm；固化液水灰比一般控制在1.0～1.5。固化液混合泥浆流动度一般控制在150～280mm。

6. 成墙施工

水泥土搅拌墙有一循环成墙和三循环成墙两种成墙施工工艺。三循环成墙对地层进行预先松动切削，成墙推进速度稳定，利于水泥土均匀搅拌，对深度和地层的适用性相比一循环成墙更加广泛。目前国内实施的等厚度水泥土搅拌墙多用于超深隔水帷幕工程和复杂地层条件，成墙施工难度较大，为确保成墙质量多采用了三循环成墙工艺。

（1）三循环成墙包括先行挖掘、回撤挖掘、成墙搅拌三个工序。当主机就位，链锯式切割箱分段拼接并挖掘至设计墙底标高后，沿墙体轴线水平横向挖掘，并在挖掘过程中注入挖掘液。当沿墙体轴线水平横向挖掘一段设定距离（一般8～15m），再向起点方向回撤挖掘，并将已施工的墙体切削掉一定长度（一般不宜小于500mm），然后注入固化液再次向前推进并与土体混合搅拌，形成连续的等厚度水泥土搅拌墙（见图11-7）。

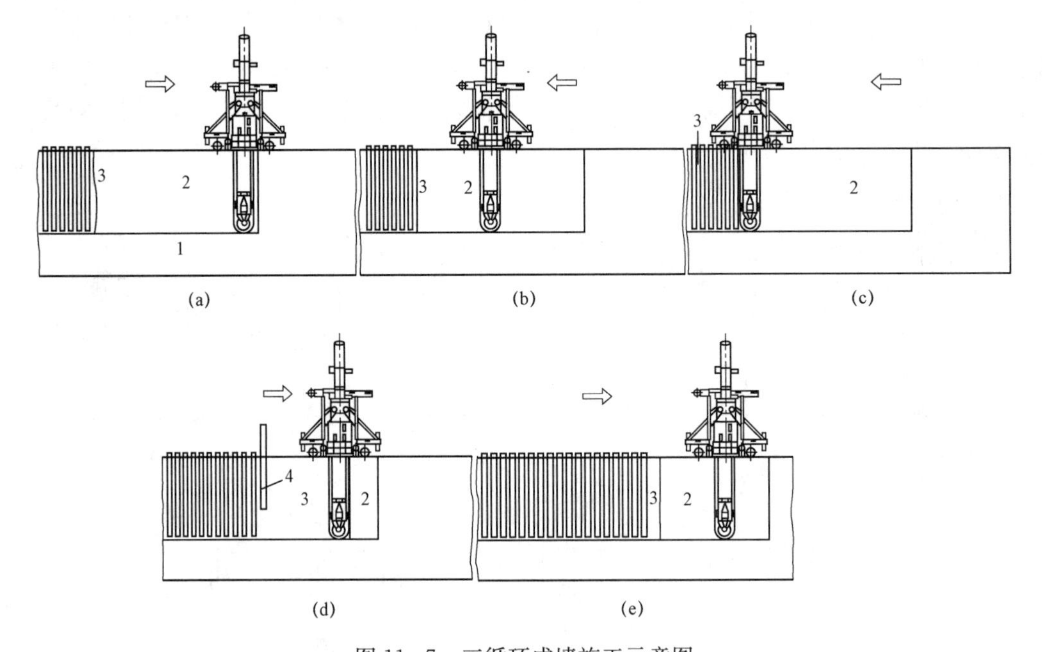

图11-7　三循环成墙施工示意图

（a）先行挖掘；（b）回撤挖掘；（c）切入已经成墙50cm以上；

（d）成墙搅拌、插入构件；（e）退避挖掘，切割箱养护

1—原状土；2—挖掘液混合泥浆；3—搅拌墙；4—构件

（2）一循环成墙省去了三循环成墙中回撤挖掘工序，将先行挖掘与喷浆搅拌成墙合二为一，即链锯式切割箱向前掘进过程中直接注入固化液搅拌成墙。

三循环成墙和一循环成墙各有特点，在复杂地层中及超深墙体施工时采用三循环成墙更易于确保墙体施工质量。当墙体深度不大，地层以软土为主且土层分布比较均匀时，可考虑采用一循环成墙。由于国内地质情况复杂多样，建议通过现场试成墙试验选用合理的成墙工

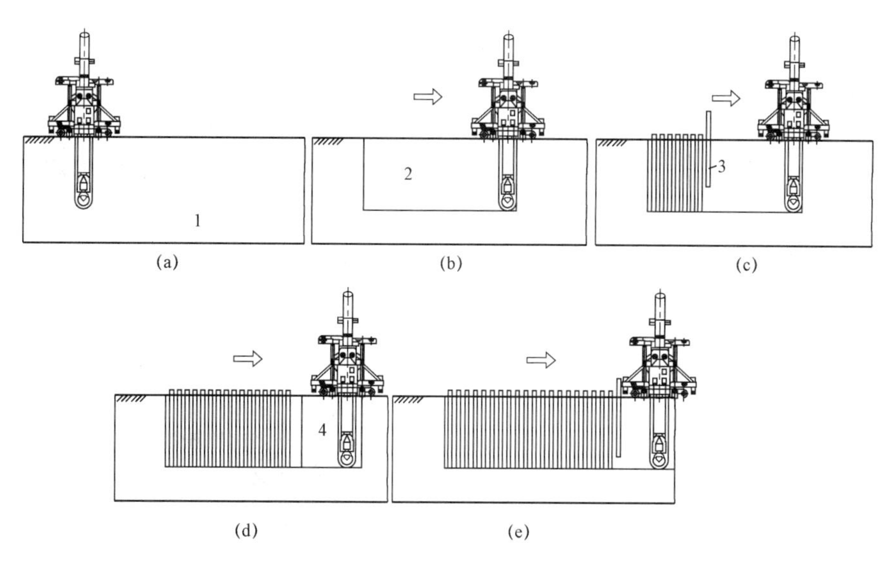

图11-8　一循环成墙施工示意图

(a) 打入挖掘；(b) 横问挖掘搅拌成墙；(c) 搅拌、成墙、构件插入；(d) 切割养护箱；(e) 搭接及后序墙体施工

1—原状土；2—搅拌墙；3—构件；4—养护区

序（见图11-8）。

7. 退避挖掘和切割箱养护

搅拌墙成墙工序在采用一循环或三循环完成一段墙体后（一般每天施工10～20延米），切割箱需进行退避挖掘、退避养护作业。切割箱退避挖掘1m，同时注入1.0～2.0m^{3}的清水冲洗注浆管路，管路冲洗后再注入水灰比不小于5的挖掘液，切割箱再退避 挖掘1m，在距离成墙区域2m位置进行泥浆护壁、切割箱养护30min后方可进入下一段成墙工序（见图11-9）。

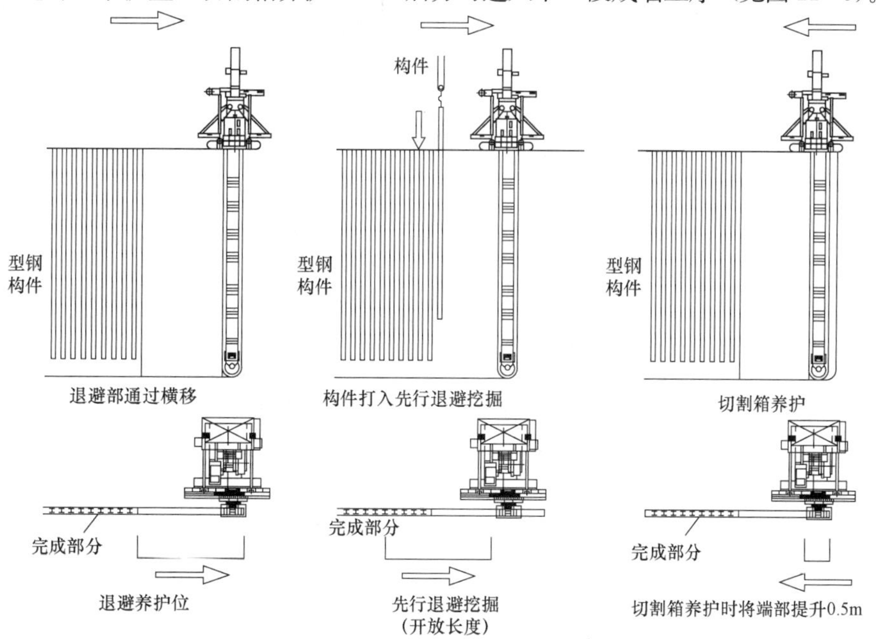

图11-9　退避挖掘和切割箱养护施工示意图

8. 切割箱拔出与分解

等厚度水泥土搅拌墙施工完成后，应立即将主机与切割箱进行分离，以免被凝固的水泥浆液抱住。根据吊车的起吊能力一般将切割箱分成2～3节/次起拔。等厚度水泥土搅拌墙仅作为止水帷幕时，为避免转角部分重叠，墙体成型后在墙体成型面内侧拔出切割箱（简称内拔）；当等厚度水泥土搅拌墙需内插型钢作为挡土止水复合围护结构时，若场地条件允许，宜从墙体施工位置到墙体的外面进行退避挖掘再拔出切割箱（简称外拔）。如图11-10所示为切割箱内拔/外拔位置示意图。

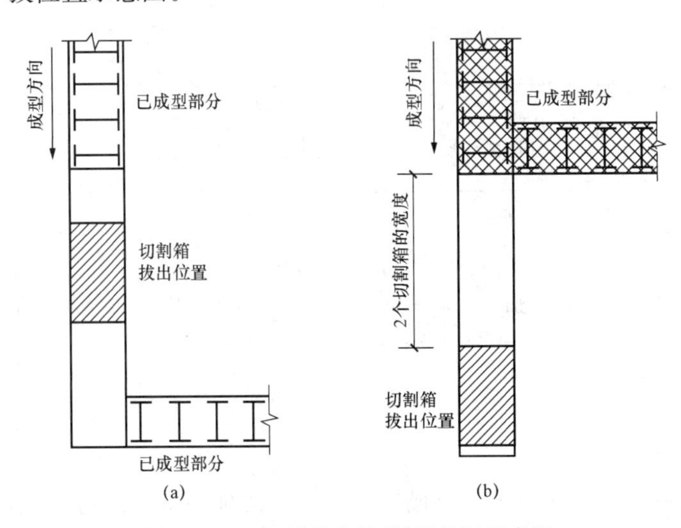

图11-10 切割箱内拔/外拔位置示意图

切割箱采用内拔方式时，在切割箱匀速提升的同时不断注入水泥浆固化液，保证拔出切割箱体积与回灌固化液体积相等，并保持切割刀具的旋转，使注入固化液与槽内浆液拌和均匀，确保切割箱拔出范围槽内墙体的成墙质量。实际施工中在操作空间允许时尽量在正式墙体以外拔出切割箱，且拔出位置与正式墙体保持1～2m净距为宜，以尽量减少对正式墙体的扰动，降低施工难度，如图11-11所示。采用外拔方式也需要及时补充一定量的固化液，

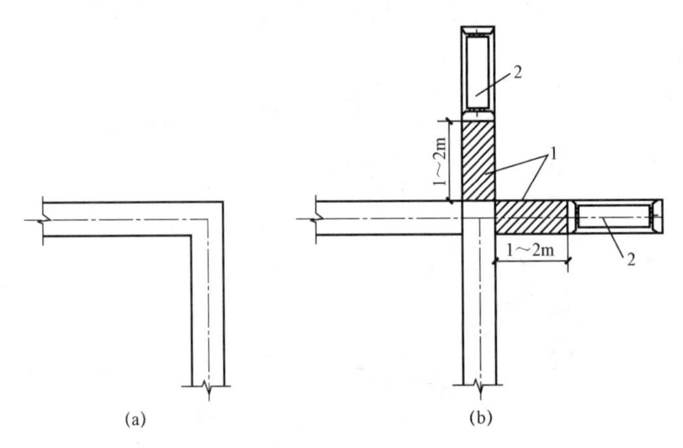

图11-11 墙外拔出切割箱示意图

(a) 设计转角；(b) 实际施工转角

1—转角十字搭接部位；2—切割箱拔出位置

以确保邻近墙体固化液的稳定。

9. 先后施工墙体及转角墙体搭接

（1）先后施工墙体的搭接处理。等厚度水泥土搅拌墙墙体与已成形墙体之间采用切削搭接的方法进行连接，后续施工墙体在施工时采用回撤挖掘对已施工的墙体进行切削搭接，回撤搭接长度一般不小于 500mm（见图 11-12），具体搭接长度可根据墙体深度确定。应严格控制搭接区域喷浆成墙的推进速度，必要时在搭接部位可适当放慢成墙推进速度，使固化液与混合泥浆充分搅拌。

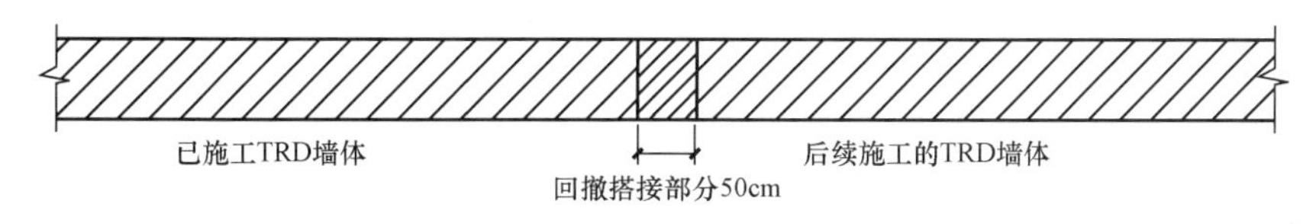

图 11-12　先后施工墙体搭接处理示意图

（2）转角墙体搭接处理。在转角部位的搭接采用切削搭接的方式进行连接。先行施工的等厚度水泥土搅拌墙有效成墙范围需超出与之连接的等厚度水泥土搅拌墙中心线不小于 1.0m。如图 11-13 所示，后续等厚度水泥土搅拌墙施工时对已成形的水泥土墙体进行全截

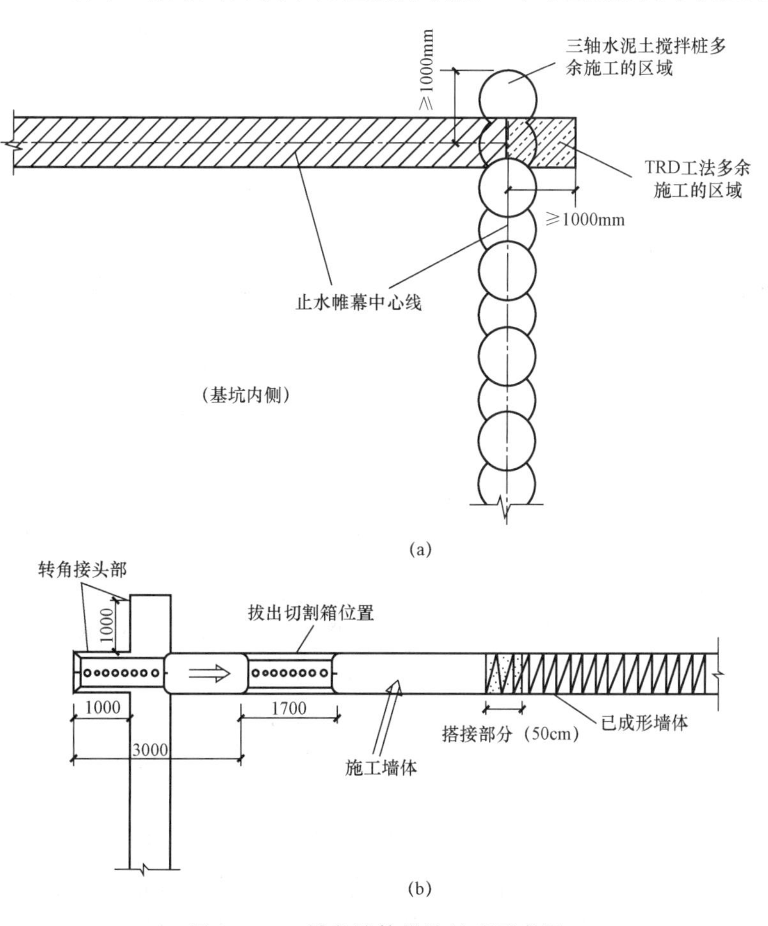

图 11-13　转角墙体搭接处理示意图

面切削搭接，且成墙范围超出先行施工墙体中心线不小于1.0m，以确保转角搭接部位的成墙质量和连接处隔水效果的可靠性。

11.5.2 TRD工法的施工要求

（1）主机应平稳、平正，机架垂直度允许偏差为1/250。

（2）渠式切割水泥土搅拌墙的施工方法可采用一步施工法、两步施工法和三步施工法，施工方法的选用应综合考虑土质条件、墙体性能、墙体深度和环境保护要求等因素。当切割土层较硬、墙体深度深、墙体防渗要求高时宜采用三步施工法。施工长度较长、环境保护要求较高时不宜采用两步施工法；当土体强度低、墙体深度浅时可采用一步施工法。

（3）开放长度应根据周边环境、水文地质条件、地面超载、成墙深度及宽度、切割液及固化液的性能等因素，通过试成墙确定，必要时进行槽壁稳定分析。

（4）应根据周边环境、土质条件、机具功率、成墙深度、切割液及固化液供应状况等因素确定渠式切割机械的水平推进速度和链状刀具的旋转速度，步进距离不宜大于50mm。

（5）采用一步施工法和三步施工法时，型钢插入过程沟槽应预留链状刀具养护的空间，长度不宜小于3m，链状刀具端部和原状土体边缘的距离不应小于500mm。养护段不得注入固化液。

（6）施工过程中应检查链状刀具的工作状态以及刀头的磨损度，及时维修、更换和调整施工工艺。

（7）在硬质土层中切割困难时，可采用增加刀头布置数量、刀头加长、步进距离减少、上挖和下挖方式交错使用以及回行反复等措施。

（8）链状刀具拔出前，应评估链状刀具拔出过程中履带荷载对槽壁稳定的不利影响，必要时对履带下方的土体采取改良处理措施。

（9）链状刀具拔出过程中，应控制固化液的填充速度和链状刀具的上拔速度，保持固化液混合泥浆液面平稳，避免液面下降或泥浆溢出。

（10）链状刀具拔出后应进一步拆分和检查，损耗部位应保养和维修。

（11）施工中产生的涌土应及时清理。需长时间停止施工时，应清洗全部管路中残存的水泥浆液。

11.5.3 施工注意事项

（1）根据坐标基准点和水准点，做好每段墙体的轴线位置及高程的复测工作，并做好相应的稳固标志。

（2）根据工程的地质勘察报告及周边管线布置状况，在施工前，应对不良地质、障碍物及市政管线等早做预案、早做处理，以保证TRD工法桩的施工质量。

（3）要处理好清除障碍物位置土体质量，必须及时回填素土并用挖机分层夯实，施工前根据TRD工法设备重量对施工场地进行铺设钢板等加固处理措施，确保桩机的垂直度，确保切割箱的垂直度。

（4）为保证TRD桩墙的垂直度，导槽的施工质量必须得到保证，同时在TRD机械安装与调试时，应确保其底盘的水平和导杆的垂直度满足要求。并根据TRD工法围护墙设计所要求的深度安装切割箱的数量与长度的配备，通过分段续接切割箱掘削至设计深度。

（5）在施工过程中，应通过安装在切割箱体内部的多段式随钻测斜仪，实时监测墙体的垂直度，发现超差应及时停机处理，等处理好再进行施工。

(6) 进场水泥应按照规定完成检测与报审工作，严格按照设计要求的配合比做好水泥浆的搅拌工作。对相邻两幅 TRD 墙体的搭接宜不小于 50cm，并严格控制搭接区域的推进速度，使固化液与混合泥浆充分混合搅拌。

(7) 施工完毕拔出切割箱时应注意拔出速度，不应使孔内产生负压而造成周边地基沉降，注浆泵工作流量应根据拔切割箱的速度调整。

(8) 做好 TRD 工法桩墙施工过程中的施工记录与质量检测工作，便于追踪。施工过程中如发现异常问题除了留下相应的影像资料外，尚应主动与相关单位报告，以便及时采取补救措施，避免造成不必要的损失。

11.6 施工质量检验

11.6.1 一般规定

(1) 渠式切割水泥土搅拌墙的质量检验应分为成墙期监控、成墙检验和基坑开挖期检查三个阶段。

(2) 成墙期监控应包括下列内容：

1) 检验施工机械性能、材料质量；

2) 检查渠式切割水泥土搅拌墙和型钢的定位、长度、标高、垂直度；

3) 切割液的配合比；

4) 固化液的水灰比、水泥掺量、外加剂掺量；

5) 混合泥浆的流动性和泌水率；

6) 开放长度、浆液的泵压、泵送量与喷浆均匀度；

7) 水泥土试块的制作与测试；

8) 施工间歇时间及型钢的规格、拼接焊缝质量等。

(3) 成墙检验应包括下列内容：

1) 水泥上的强度、连续性、均匀性、抗渗性能和水泥含量；

2) 型钢的位置偏差；

3) 帷幕的封闭性等。

(4) 基坑开挖期检查应包括下列内容：

1) 检查开挖墙体的质量与渗漏水情况；

2) 墙面的平整度，型钢的垂直度和平面偏差；

3) 腰梁和型钢的贴紧状况等。

11.6.2 检验方法

(1) 水泥、外加剂等原材料的检验项目和技术指标应符合设计要求和国家现行标准的规定。按检验批检查产品合格证及复试报告。

(2) 浆液水灰比、水泥掺量应符合设计和施工工艺要求，浆液不得离析。按台班检查，每台班不得少于 3 次。浆液水灰比用比重计检查，水泥掺量用计量装置检查。

(3) H 型钢规格应符合设计要求，检验方法与允许偏差应符合表 11 - 3 的规定。焊缝质量应符合设计要求和国家现行标准《焊接H型钢》（GB/T 33814—2017）和《钢结构焊接规范》（GB 50661—2011）的规定。

表11-3 深层水泥土搅拌墙质量检验标准

序号	检查项目	允许偏差/mm	检查方法
1	截面高度	±5.0	用钢尺量
2	截面宽度	±3.0	用钢尺量
3	腹板厚度	−1.0	用游标卡尺量
4	翼缘板厚度	−1.0	用游标卡尺量
5	型钢长度	±50	用钢尺量
6	型钢挠度	$L/500$	用钢尺量

（4）基坑开挖前应检验墙身水泥土的强度和抗渗性能，强度和抗渗性能指标应符合下列规定：

1）墙身水泥土强度应采用试块试验确定。试验数量及方法按一个独立延米墙身长度取样，用刚切割搅拌完成尚未凝固的水泥土制作试块。每台班抽查1延米墙身，每延米墙身制作水泥土试块3组，可根据土层分布和墙体所在位置的重要性在墙身不同深度处的三点取样，采用水下养护测定28d无侧限抗压强度。

2）需要时可采用钻孔取芯等方法综合判定墙身水泥土的强度。钻取芯样后留下的空隙应注浆填充。

3）墙体渗透性能应通过浆液试块或现场取芯试块的渗透试验判定。

（5）水泥土搅拌墙成墙质量检验标准应符合表11-4规定。

表11-4 水泥土搅拌墙成墙质量检验标准

序号	检查项目	允许偏差/mm	检查方法
1	墙底标高	±30	切割链长度
2	墙中心线位置	±25	用钢尺量
3	墙宽	±30	用钢尺量
4	墙垂直度	1/250	多段式倾斜仪测量

（6）型钢插入允许偏差应符合表11-5规定。

表11-5 型钢插入允许偏差

序号	检查项目	允许偏差/mm	检查方法
1	型钢顶标高	±50	水准仪测量
2	型钢平面位置	50（平行于基坑边线）	用钢尺量
		10（垂直于基坑边线）	
3	型钢垂直度	1/250	经纬仪测量
4	形心转角	3°	量角器测量

11.6.3　具体实施方案

1. 墙体施工期间质量监控

水泥土搅拌墙施工期间质量监控是确保成墙质量的重要环节，从原材料角度，水泥浆液拌制选用的水泥、外加剂等材料的检验项目及参数指标须符合国家现行标准的规定和设计要求。浆液水泥掺量、水灰比需满足设计和施工工艺的要求，浆液不得离析。水泥土搅拌墙施工前，若缺少类似土性的水泥土强度数据或需通过调节水泥用量、水灰比以及外加剂的种类和用量以满足水泥土强度要求，需预先开展水泥土强度室内配比试验，测定水泥土试样 28d 无侧限抗压强度。试验用的土样，需取自水泥土搅拌墙所在深度范围内的土层。当土层分层特征明显、土性差异较大时，宜分别配置水泥土试样。若项目所在区域首次采用等厚度水泥土搅拌墙技术或者类似地层中无可靠设计与施工经验时，需通过现场试成墙试验检验施工设备的作业能力、施工参数及墙体的设计参数。在试成墙施工过程中可通过原位提取刚完成墙体的浆液或养护达到龄期后通过钻孔取芯试块强度试验，确定墙体的强度和抗渗性能，从而为正式墙体的设计和施工提供指导。

2. 墙体完成质量验收

水泥土搅拌墙实施完成后，墙体养护达到 28d 后，需对墙体进行钻孔取芯检测，以便通过取芯芯样全面掌握成墙质量，包括水泥土搅拌均匀性、胶结度、强度以及抗渗性能。墙体取芯检测孔沿墙体延长方向均匀布设，一般每 50m 布设一个取芯孔，取芯孔深度需进入墙底以下原状土或岩层中不小于 2m，以验证墙体与底部隔水层的结合情况。水泥土芯样钻取完成后，应根据埋深和土层分布对每个取芯孔芯样的完整性、胶结度、搅拌均匀性等进行定性评价，并通过对芯样抗压强度和抗渗性能试验进行定量评价。水泥土墙体强度检测可以采用浆液试块或钻孔取芯芯样进行强度试验。实践表明，采用浆液试块检测强度的方法可以避免对试样的扰动，得出的指标更接近实际成墙的强度，当采用钻孔取芯检测强度时，检测结果需乘以 1.2～1.3 的补偿系数。

3. 基坑开挖阶段质量检查

水泥土搅拌墙作为隔水帷幕，基坑正式开挖前，应在基坑外设置坑外水位观测井，包括潜水水位和承压水水位观测井，并通过试抽水检验墙体的封闭性和隔水效果。基坑开挖期间需检查开挖面墙体的渗漏水情况、墙体平整度，并通过坑内降水、坑外水位观测检验水泥土搅拌墙的封闭性和隔水效果。

11.7　工程实例

11.7.1　工程概况

上海某企业大厦的主体建筑包括一幢 40 层的办公塔楼和 4 层裙楼，办公塔楼位于基地西北角。塔楼区域设置 2 层地下室，裙楼区域设置 1 层地下室。基坑总面积约为 $2300m^2$，其中地下二层区域基坑面积约为 $8000m^2$，开挖深度约为 11.85m，地下一层区域基坑面积约 $15000m^2$，开挖深度约为 5.95m。

本工程东侧为城市交通主干道望园南路，基坑围护结构与道路边线距离约为 13.6。道路下埋设有光缆、电缆及污水管等市政管线，其中距离最近的管线与基坑净距约为 8.1m。

本项目实施期间，场地南侧及西侧为待建空地，环境条件宽松；北侧为在建的道路育秀路，尚未通车，与围护结构最小距离约为6.4m。总体而言，除东侧有一定的保护要求，其余侧环境保护要求一般。

本工程场地属于滨海平原地貌类型，自地表往下土层依次为：$①_1$层素填土、$①_2$层浜底淤泥、第②层褐黄一灰黄色粉质黏土、$③_1$层灰色淤泥质粉质黏土、$③_2$层灰色砂质粉土、④层灰色淤泥质黏土、$⑤_1$层灰色黏土、$⑤_2$层灰色粉砂、$⑤_3$层灰色粉质黏土、⑥层暗绿草黄色粉质黏土。地表以下13m深度范围内主要为软塑的粉质黏土和流塑淤泥质黏土，13～19m深度范围为第⑤层粉砂微承压水层，25～28m深度范围为相对隔水层第⑥层粉质黏土层。

场地内浅层地下水属潜水，水位埋深0.5～1.60m。基坑影响范围内主要分布有第⑤层、第⑦层两个承压含水层：第⑤层为微承压含水层，水头埋深5.6～6.1m；第⑦层为第一承压含水层，水头埋深为3～11m。本项目地下一层区域开挖至普遍基底时，基坑底部土体抗承压水的稳定性验算均满足要求；地下二层区域开挖至普遍基底时，基坑底部土体第⑤层承压水的稳定性安全系数不满足要求，需要对第⑤层承压水采取降压措施以确保基坑安全。

11.7.2 基坑支护设计概况

本工程基坑总体采用“分区顺作”的实施方案，考虑到基坑开挖深度小于12m，总工期相对较短，采用型钢水泥土搅拌墙作为围护结构，可以满足基坑安全和周边环境保护要求，同时在本项目工期内型钢租赁经济性较好，因此基坑周边采用型钢水泥土搅拌墙作为围护结构。地下二层与地下一层交界区域临时隔断围护结构采用钻孔灌注排桩结合外侧隔水帷幕，以便后期临时隔断凿除及两个区域的地下结构连接。

本项目实施阶段，型钢水泥土搅拌墙成墙工艺主要有SMW工法和TRD工法，TRD工法型钢水泥土搅拌墙技术在上海地区尚未应用。为验证TRD工法型钢水泥土搅拌墙在上海软土地区的适用性，同时考虑地下二层区域面临承压水控制问题，要求围护体具有较好的隔水性能，在地下二层区域北侧及西侧采用由TRD工法构建的等厚度型钢水泥土搅拌墙，地下一层区域外围围护结构采用常规SMW工法三轴搅拌桩型钢水泥土搅拌桩，各区域结构平面布置如图11-14所示。地下二层区域内设置两道钢筋混凝土圆环水平支撑体系；地下一

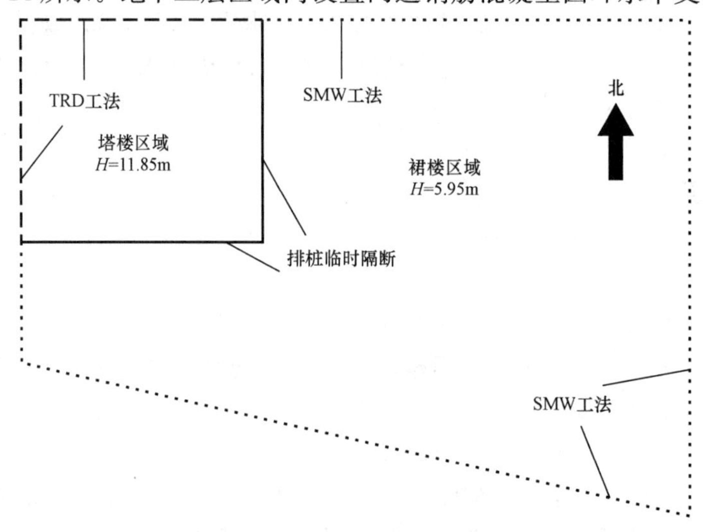

图11-14 基坑支护结构平面布置

区域坑内设置一道钢管斜撑。

11.7.3 等厚度水泥土搅拌墙设计

本工程地下二层区域北侧、西侧型钢水泥土搅拌墙采用 850mm 厚的等厚度水泥土搅拌墙，内插 H700×300×13×24@900 型钢，插入深度为 10.5m 可满足基坑稳定性要求，型钢水泥土复合围护结构相关计算和承载力验算可参见 2.5 节。由于⑤层微承压水含水层埋深较浅，水泥土搅拌墙嵌入隔水性较好的⑥层黏土中，墙底埋深 26.5m，完全隔断微承压含水层，地下二层区域开挖过程中对⑤层进行疏干降水，减小抽降承压水对周边环境的影响。因等厚度水泥土搅拌墙采用 P. O42.5 级普通硅酸盐水泥，水泥掺量为 25%，水灰比为 1.5，28d 天无龄期无侧限抗压强度标准值要求不小于 0.8MPa。水泥土搅拌墙构造图和剖面图分别如图 11-15 和图 11-16 所示。

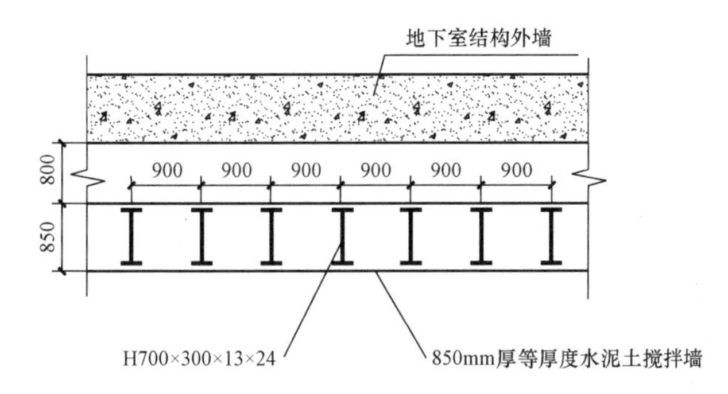

图 11-15　水泥土搅拌墙构造图

11.7.4 试成墙试验

1. 试成墙设计

本工程为 TRD 工法等厚度型钢水泥土搅拌墙在上海地区的首次应用，在正式施工前进行现场试成墙试验，以确定下述施工参数：搅拌墙施工工序；切割挖掘推进速度、回撤挖掘推进速度、喷浆成墙推进速度；搅拌墙挖掘液膨润土掺量、水灰比、流动度；固化液水泥掺量、水灰比、流动度；施工过程切割箱垂直度、成墙垂直度；型钢插拔的难易程度、垂直度等。

现场非原位试验试验段墙幅长度为 6m，墙厚 850mm，墙身有效长度 26.5m。在试验墙段施工过程中插入两根试验型钢，检验型钢插拔的可行性。挖掘液拌制采用钠基膨润土，掺入量为 100kg/m^3，水泥掺量为 25%，水灰比 1.5。在试验墙段施工过程中顺利插入了两个试验型钢。养护 28d 后，对试验墙段进行了钻孔取芯检测，并将试验型钢顺利拔出。

2. 试成墙施工参数

通过试成墙所得的参数见表 11-6。

表 11-6　　水泥土搅拌墙施工参数表

序号	项目	施工参数
1	挖掘液膨润土	100kg·m^3，水灰比 3.3～20（1000kg 水＋50～300kg 膨润土）
	固化液	P. O12.5 级普通硅酸盐水泥，水泥掺量 25%，水灰比 1.2～1.5
2	切割箱体（8 节）	1 节 3.5m 被动轮＋3 节 3.65m 切割箱＋1 节 2.44m 切割箱＋3 节 3.65m 切割箱（总长 27.84m，余尺 1.24m）

续表

序号	项目	施工参数
3	挖掘液混合泥浆流动度	160～240mm
4	固化液混合泥浆流动度	130～280mm

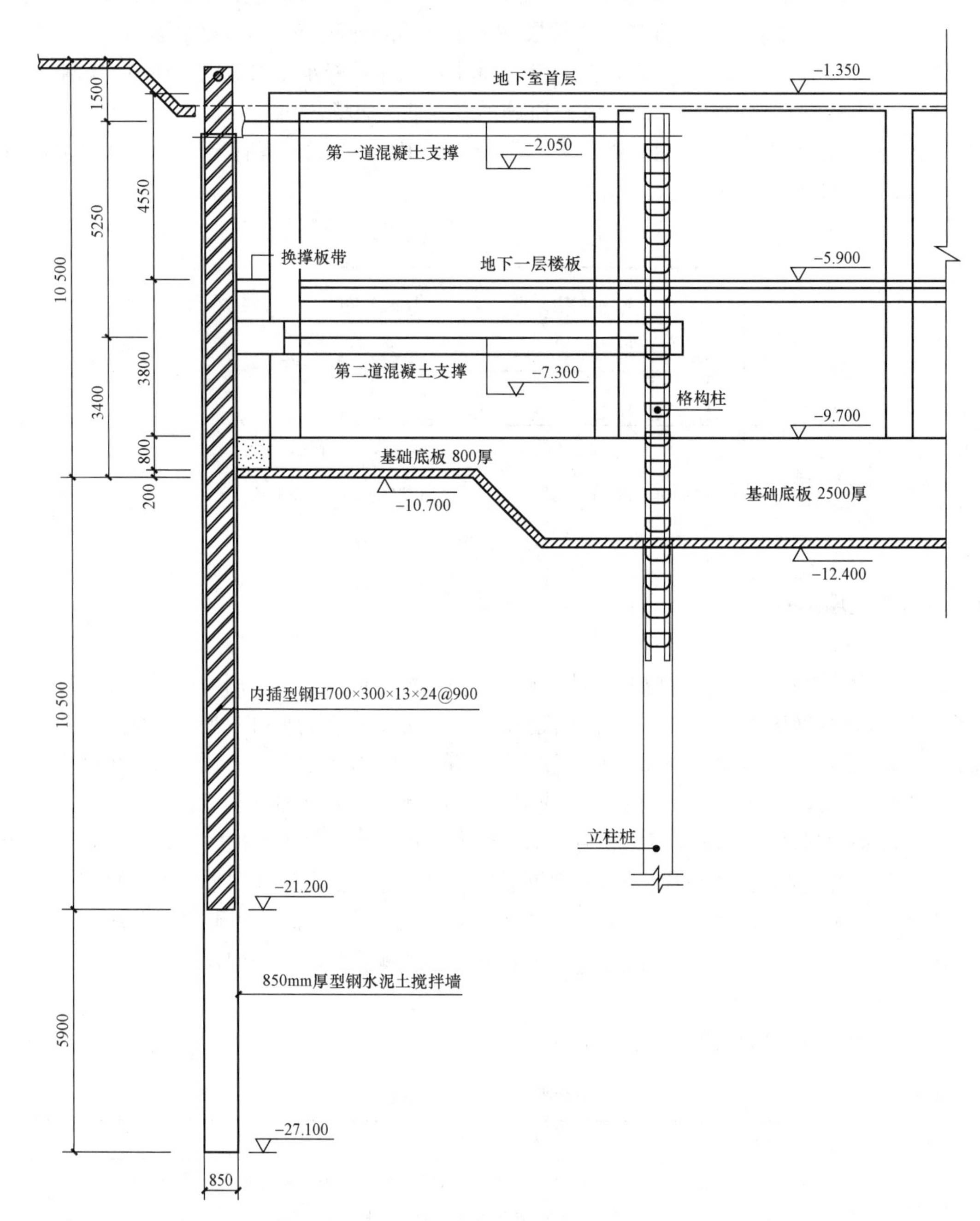

图 11-16　支护结构剖面图

3. 试成墙检测

取芯检测结果表明，TRD 工法试成墙段墙体在竖直方向上连续，土质均匀性较好，各孔芯样平均无侧限抗压强度（见图 11 - 17）基本大于 0.8MPa。试成墙检测结果验证了在本工程地质条件下等厚度水泥土搅拌墙的施工可行性，同时通过试验确定了水泥掺量、水灰比、切割速度、水平向成墙速度等施工参数。

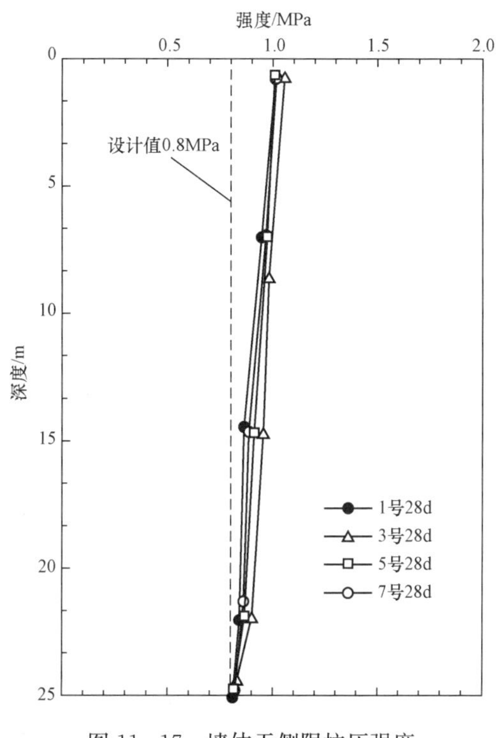

图 11 - 17　墙体无侧限抗压强度

11.7.5　实施效果

等厚度水泥土搅拌墙采用三循环成墙施工工艺（即先行挖掘、回挖掘、搅拌成墙），等厚度水泥土搅拌墙的垂直度不大于 1/200，墙位偏差不大于 50mm，墙深偏差不得大于 50mm，成墙厚度偏差不得大于 20mm，每天可成墙 10～12m，水平掘进速度为 40min/m，回撤速度为 0.5h/2m，喷浆成墙速度为 20～25min/m。在养护 28d 后对水泥土搅拌墙进行了取芯检测，墙体在竖直方向水泥搅拌均匀，芯样成形良好，胶结度较好，各土层中芯样的强度平均值 0.85～1.19MPa，总体较为均匀。基坑实施阶段从开挖暴露面观察，型钢水泥土搅拌墙墙面平整，侧壁干燥，无渗漏水现象。

基坑实施过程中开展了全过程监测，监测数据表明，基坑开挖及降水期间，基坑水位基本无变化，围护结构和周边环境沉降变形出于可控范围。图 11 - 18 为等厚型钢混凝土搅拌墙在基坑开挖过程中的侧向变形曲线，从图中可看出，墙体最大侧向变形不大于 30mm，计算最大变形约 35m，实测数据与理论计算结果接近。图 11 - 19 为坑外水位随时间变化曲线，可见坑外地下水位在基坑实施过程中变化幅度较小，最大变化值为 35mm，说明水泥土搅拌墙隔水帷幕的封闭性好，起到了很好的隔水效果。本工程等厚度型钢水泥土搅拌墙在上海地区基坑工程的成功应用，为该技术在软土地区进一步推广应用提供了参考。

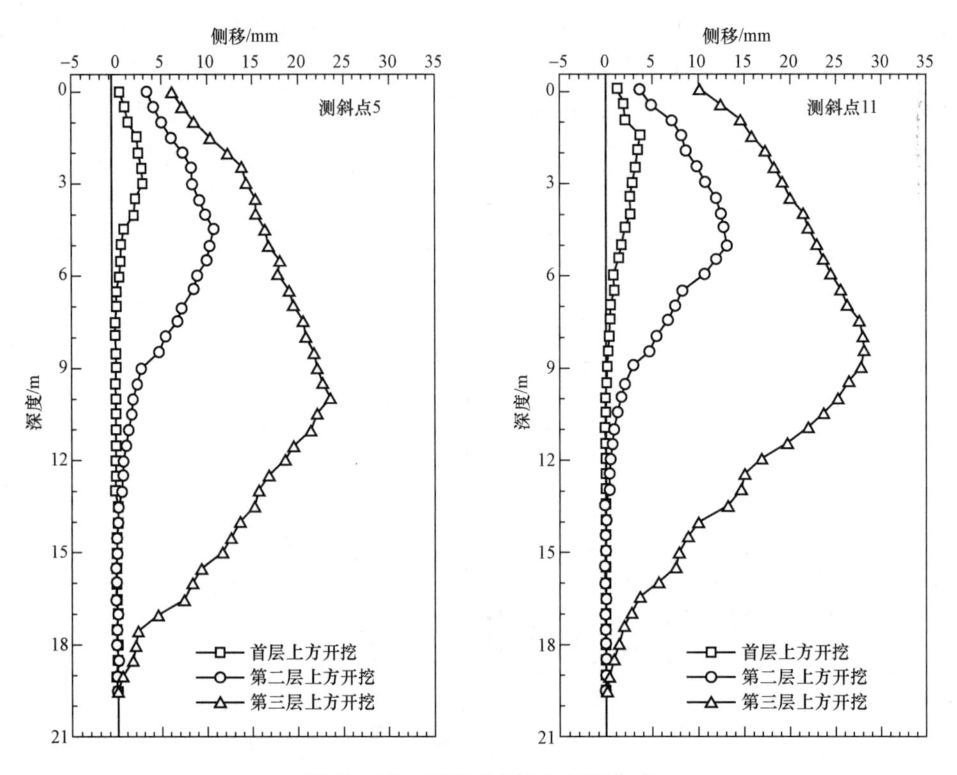

图 11-18　围护墙身侧向变形曲线

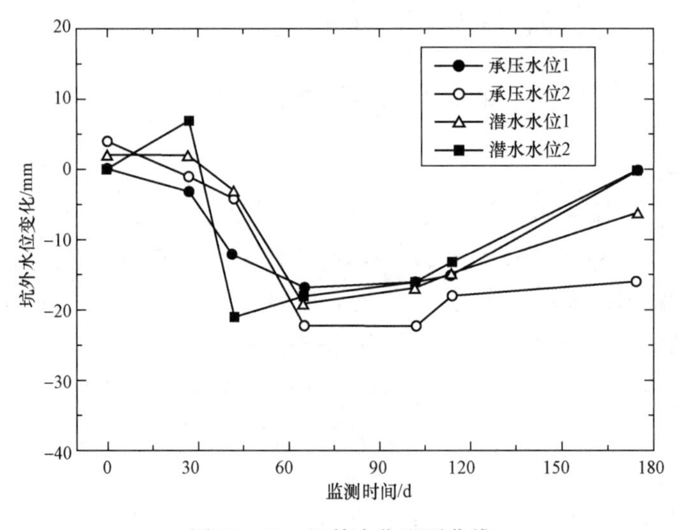

图 11-19　坑外水位观测曲线

本　章　小　结

本章主要介绍了等厚度水泥土搅拌墙（TRD 工法）的作用机理及适用范围、设计与计算、机具设备、施工工艺及质量检验。

（1）等厚度水泥土搅拌墙（TRD 工法）是将满足设计深度的附有切割链条以及刀头的切割箱插入地下，在进行纵向切割横向推进成槽的同时，向地基内部注入水泥浆已达到与原状地基的充分混合搅拌在地下形成等厚度搅拌墙的一种施工工艺。主要应用在各类建筑工程、地下工程、高速公路工程、护岸工程、大坝、堤防的基础加固、防渗处理等方面

（2）加固机理：水泥土对型钢提供侧向约束，型钢承担大部分的竖向应力和大部分的弯矩。

（3）水泥土搅拌墙可作为隔水帷幕、围护结构、地下连续墙等三种应用形式。水泥土搅拌墙适用于涵盖深厚黏土、深厚密实砂土、卵砾石、软岩等多种复杂地层及环境条件。

（4）水泥土搅拌墙设计内容包括内插型钢选择、型钢间距、搅拌墙厚度、墙体水灰比、墙体抗压强度、水泥土抗剪强度、渗透系数、平面布置、垂直度偏差、墙体偏差、挖掘液等。

（5）国内现有的 TRD 工法机有 TRD-Ⅲ型、TRD-CMD850 型、TRD-E 型和 TRD-D 型。目前多采用 TRD-D 型。TRD-D 工法机由主机底盘、前部工作机构、切割机构、动力系统、电气控制系统等部件组成。

（6）水泥土搅拌墙施工工艺包括施工准备、放置预埋箱、主机就位、切割箱沉入、浆液拌制、成墙施工、退避挖掘和切割箱养护、切割箱养拔出与分解、先后施工墙体及转角墙体搭接等。

复习思考题

1. 什么是等厚度水泥土搅拌墙？
2. 简述等厚度水泥土搅拌墙的设计内容及主要参数。
3. 简述等厚度水泥土搅拌墙的主要施工机具。
4. 简述等厚度水泥土搅拌墙的主要施工工艺。
5. 简述水泥土搅拌墙的质量检验标准。

参 考 文 献

[1] 刘景政．地基处理与实例分析 [M]. 北京：中国建筑工业出版社，1998.

[2] 魏新江．地基处理 [M]. 杭州：浙江大学出版社，2007.

[3] 郑俊杰．地基处理技术 [M]. 武汉：华中科技出版社，2004.

[4] 左名麒．地基处理实用技术 [M]. 北京：中国铁道出版社，2005.

[5] 徐至钧．水泥粉煤灰碎石桩复合地基 [M]. 北京：机械工业出版社，2004.

[6] 阎明礼，张东刚．CFG 桩复合地基技术及工程实践 [M]. 北京：中国水利水电出版社，2001.

[7] 李彰明．软土地基加固的理论、设计与施工 [M]. 北京：中国电力出版社，2006.

[8] 牛志荣．地基处理技术及工程应用 [M]. 北京：中国建材工业出版社，2004.

[9] 林彤．地基处理 [M]. 武汉：中国地质大学出版社，2007.

[10] 龚晓南．复合地基设计和施工指南 [M]. 北京：人民交通出版社，2003.

[11] 徐光黎，刘丰收，唐辉明．现代加筋土技术理论与工程应用 [M]. 武汉：中国地质大学出版社，2004.

[12] 刘玉卓．公路工程软基处理 [M]. 北京：人民交通出版社，2003.

[13] 陈冠雄，黄国宣．广东省高速公路软基处理实用技术 [M]. 北京：人民交通出版社，2005.

[14] 何光春．加筋土工程设计与施工 [M]. 北京：人民交通出版社，2000.

[15] 地基处理手册编写委员会．地基处理手册 [M]. 2版．北京：中国建筑工业出版社，2000.

[16] 徐至均，等．地基处理技术与工程实例 [M]. 北京：科学出版社，2008.

[17] 龚晓南．复合地基理论及工程应用 [M]. 北京：中国建筑工业出版社，2002.

[18] 刘保平，宋淑平．深层搅拌法的设计施工与应用 [M]. 济南：济南出版社，2003.

[19] 江苏宁沪高速公路股份有限公司，河海大学．交通土建软土地基工程手册 [M]. 北京：人民交通出版社，2001.

[20] 叶书麟．地基处理与托换技术 [M]. 北京：中国建筑工业出版社，2005.

[21] 吴蔚，谭丽清，李凤兰．高压旋喷桩在高速公路软基处理上的应用 [J]. 西部探矿工程，2006.11.

[22] 贾利亨，赵明好，丁文兵．地铁车站大跨度深基坑支护技术的研究与应用 [J]. 隧道建设，2003，23 (3)：7-15.

[23] 刘建国．套管钻机钻孔咬合桩设计与施工 [J]. 地铁与轻轨，2001 (3)：2-4.

[24] 郑刚，侯树民，等．天津地铁改造中车站箱体位移控制研究 [J]. 岩土力学，2002，23 (6)：733-737.

[25] 王卫东．超深等厚度水泥土搅拌墙技术与工程应用实例 [M]. 北京：中国建筑工业出版社，2017.